T. O. Weigel

Katalog frühester Erzeugnisse der Druckerkunst

T. O. Weigel

Katalog frühester Erzeugnisse der Druckerkunst

ISBN/EAN: 9783743364714

Hergestellt in Europa, USA, Kanada, Australien, Japan

Cover: Foto ©berggeist007 / pixelio.de

Manufactured and distributed by brebook publishing software (www.brebook.com)

T. O. Weigel

Katalog frühester Erzeugnisse der Druckerkunst

KATALOG

FRÜHESTER ERZEUGNISSE

der

DRUCKERKUNST

der

T. O. WEIGEL'SCHEN SAMMLUNG.

Zeugdrucke, Metallschnitte, Holzschnitte, Xylographische Werke, Spielkarten, Schrotblätter,
Teigdrucke, Kupferstiche, Typographische Werke (Horae etc.)

AUSZUG AUS DEM WERKE:

DIE ANFÄNGE DER DRUCKERKUNST

von

T. O. WEIGEL und Dr. A. ZESTERMANN.

MIT 12 ABBILDUNGEN.

Die Versteigerung dieser Sammlung beginnt am 27. Mai 1872 im T. O. Weigel'schen
Auctionslocale.

LEIPZIG,
T. O. WEIGEL.
1872.

Die in dem Werke

DIE ANFÄNGE DER DRUCKERKUNST
IN BILD UND SCHRIFT

beschriebene Sammlung frühester Erzeugnisse der Druckkunst habe ich mich
entschlossen, nachdem mehrere Versuche, solche in ihrer Gesammtheit dem
deutschen Vaterlande zu erhalten, leider erfolglos blieben, auf dem Wege
öffentlicher Versteigerung zu veräussern.

Ueber den Zweck meines nahezu 30jährigen Sammelns habe ich mich
in der Vorrede zu obengenanntem Werke ausgesprochen. In einer für das
Sammeln noch günstigen Zeit gelang es mir Schätze zu erwerben, wie sie
sich in Privatbesitz noch nie vereint befunden haben und schwerlich je
wieder zusammengebracht werden können.

Die „Anfänge der Druckerkunst", welche ich im Verein mit meinem
zu früh verstorbenen Freunde, Professor Dr. A. Zestermann, herausgab, enthalten eine möglichst erschöpfende Beschreibung der 533 Nummern um-
fassenden Sammlung. Mögen nun die Originale selbst von Neuem zum
Studium der Geschichte der frühesten Druckweisen wie der Typographie,
jener unsterblichen Erfindung Gutenberg's, anregen; möchten sie eine For-
schern stets zugängliche Stätte finden! Die Bedeutung und der Werth dieser
Erzeugnisse, von welchen wohl Neun Zehntel Unica sind, dürfte allen Ken-
nern bekannt sein; am Schlusse gebe ich ein Verzeichniss der werthvollsten
Nummern, welche auch im Kataloge je nach ihrer grösseren Wichtigkeit mit
ein bis drei Sternchen bezeichnet sind. Als den Reichthum der Sammlung
im Allgemeinen andeutend, hebe ich noch hervor, dass sich nicht weniger
als 19 verschiedene Ausgaben der Ars Moriendi, 8 von Fust und Schöffer
in Mainz gedruckte Bullen über den Streit der Erzbischöfe Diether von Isenburg und Adolph von Nassau, so wie eine wohl einzig dastehende Anzahl
von 149 Schrotblättern in 79 Nummern in dieser Sammlung vorfinden.

Der vorliegende Katalog ist eine verkürzte Bearbeitung des in dem Werke:

DIE ANFÄNGE DER DRUCKERKUNST *

Gesagten, und dürfte er Vielen als Einführung in das Studium des grösseren
Werkes willkommen sein. Die Wiedergabe der Titel und besonderen Merk-
male der Exemplare in französischer Sprache wurde mit Rücksicht auf das
Ausland bedingt.

Leipzig, Ende März 1872.

T. O. WEIGEL.

* Eine vollständige Anzeige dieser Werke befindet sich auf der Rückseite des Umschlages.

VI

VERZEICHNISS DER WERTHVOLLSTEN NUMMERN.

AUCTIONS-BEDINGUNGEN.

Die Versteigerung geschieht ausnahmslos gegen Baarzahlung.

Eine Rücknahme des Erstandenen findet, sobald dasselbe das Auctionslocal verlassen hat, unter keiner Bedingung statt.

La précieuse collection de premières productions de l'art d'imprimer, que j'ai rassemblée et décrite dans l'ouvrage intitulé

DIE ANFÄNGE DER DRUCKERKUNST
IN BILD UND SCHRIFT

doit être vendue aux enchères. Jamais une pareille collection s'est présentée aux amateurs, qui sauront apprécier cette occasion de se procurer des trésors d'une valeur presque inappréciable pour l'histoire de la gravure et de la typographie.

Le catalogue comprend une suite de 533 numéros, dont je donne ci-après une liste des plus remarquables. Les astériques *, **, *** signifient une gradation ou de plus grande importance ou de plus belle conservation des numéros ainsi marqués.

Le catalogue, comme il se présent ici, est un abrégé de l'ouvrage mentionné plus-haut et doit y servir comme introduction à son étude.

Leipzig, à la fin du Mars 1872.

T. O. WEIGEL.

LISTE DES NUMÉROS LES PLUS PRÉCIEUX.

No. 11. Jésus-Christ attaché à la croix. Gravure sur métal. (1100—1150.)

„ 13. L'Annonciation à St. Marie. Gravure sur métal. (1415—1425.)

„ 36. Credo. Le symbole apostolique. Gravure sur métal. (Vers 1450.)

„ 109. Moral Play. Fragment xylographique anglais. (1450—1470.)

„ 233. Ars Moriendi. Exemplaire unique et complet de cette première de toutes les éditions.

„ 235 et 236. Ars Moriendi. Deux exemplaires de la septième édition.

„ 253. L'Apocalypse de St. Jean. Exemplaire complet de la première édition xylographique.

„ 260. Le „Salve Regina." 14 feuillets. in-folio. (1460—1470.) Seul exemplaire connu.

„ 263. Un manuscrit illustré sur papier, contenant une histoire du monde, l'Antichrist et les quinze signes.

No. 265. L'Antichrist et les quinze signes. Première édition typographique. pet. en-fol.

„ 268. La Bible des Pauvres. Manuscrit sur 24 feuillets de peau de vélin, illustré de 48 tableaux. (1403—1490.)

„ 269. La Bible des Pauvres. Exemplaire complet de la première édition latine en 40 planches. (1460—1475.)

„ 272. La Bible des Pauvres. Edition xylographique avec texte allemand. (1470.)

„ 281. Historia Beatae Mariae Virginis . . . per figuras demonstrata. Exemplaire magnifique de cette édition xylographique.

„ 296. La Danse Macabre. Edition typographique en bas-saxon. Lubeck 1489. Exemplaire unique. pet. in-4.

„ 297. La Danse Macabre. Edition typographique. en pet. in-fol. (1480—1490.)

„ 317. Quatre cartes à jouer du maitre E. S (1460—1470.)

CONDITIONS DE LA VENTE.

La vente a lieu expressément au comptant.

Les feuillets ou livres, une fois sortis de la salle de vente, ne seront repris pour aucune cause.

INHALT. (CONTENU.)

——— —

Die Abbildungen gehören zu
No. 11, 109, 233, 255, 297, 317, 328, 406, 424, 425, 427, 489, 520.

Les 12 planches appartiennent aux
Nos. 11, 109, 233, 255, 297, 317, 328, 406, 424, 425, 427, 489, 520.

Metallschnitte.

(Gravures sur métal.)

No. 11.

_*** Chriſtus am Kreuje. In einem Rahmen. Auf Pergament.
(1100 — 1150.)

*(Jésus-Christ attaché à la croix dans un cadre, gravé sur métal et
imprimé sur peau de vélin, de la première moitié du 12e siècle.)*

Verzierung eines Buchdeckels, in Oberdeutschland gefunden. Das
Mittelbild und der Rahmen sind gedruckt, die Kreise der Medaillons
sind Handzeichnung, die in denselben befindlichen Köpfe gedruckt, die
Verzierungen auf dem Grunde des Mittelbildes Handzeichnung, sowie die
Punkte neben den Arabesken. Die Hauptfiguren: Christus, Maria, Johannes; die Halbfiguren über dem Kreuze: der rothe Mann, die Sonne
(sol), die bräunlich gekleidete Frau, der Mond (luna); die Medaillons
in den Ecken enthalten die vier Evangelisten; von den vier in der
Mitte des Randes befindlichen Bildern ist das obere das Siegeslamm, die
anderen sind unklar. Der jugendliche, fast bartlose Christus mit dem
schmerzlosen Gesichtsausdruck zeigt den frühchristlichen Typus, ver-
mischt jedoch mit den Merkmalen einer späteren Periode; wahrscheinliche Entstehungszeit die erste Hälfte des 12. Jahrhunderts.

H. 8 Z. 9 L., B. 6 Z. 9 L.

No. 12.

*St. Chriſtoph mit dem nackten Chriſtkinde.
(1375 — 1400.)

*(St. Christophe avec l'enfant Jésus nu, de la seconde moitié
du 14e siècle.)*

Gleichfalls oberdeutsch. Nicht nur der Schnitt in auffallend starken
Linien ausgeführt, sondern auch die Einfachheit der ganzen Darstellung
deutet auf hohes Alter. Die breiten ungeknickten Falten von Christophs

Zeugdrucke.
(*Impressions sur étoffe.*)

No. 1.

Zeugdruckfragment auf röthlicher Seide aus dem Ende des 12. Jahrhunderts.

(*Fragment d'une impression sur soie rouge, de la fin du 12e siècle.*)

Modeldruck von Holzstöcken auf röthlicher Seide, im Ghetto zu Neapel angekauft. Gegen Ende des 12. Jahrhunderts wahrscheinlich in Palermo angefertigt. Die Dessins zeigen ein stark stilisirtes Pflanzen-ornament, wie es conventionell feststehend in der romanischen Kunst-epoche immer wiederkehrt. Für den saracenisch-sicilianischen Ursprung spricht namentlich die klar ausgeprägte Lilie in dem Umkreis des Orna-ments. (Aehnliche fleurs de lis an der kaiserlichen Tunicella und den kaiserlichen Handschuhen, die, mit den übrigen Reichskleinodien zu Wien aufbewahrt, den gestickten Inschriften zufolge in Palermo von saraceni-schen Künstlern gefertigt wurden.) Für Palermo spricht insbesondere noch die auffallende Formverwandtschaft des Ornaments mit dem Guir-landenschmuck in den Mosaiken der Abteikirche Monreale zu Palermo.

No. 2.

Bruchtheil einer priesterlichen Stole aus Zwillichstoff aus dem Ende des 13. oder Anfang des 14. Jahrhunderts.

(*Fragment d'une impression sur toile, de la fin du 13e ou du commencement du 14e siècle.*)

Bruchtheil einer priesterlichen Stole aus Zwillichstoff, Modeldruck von Holzformen in gelber und schwarzer Farbe; Pflanzenornament mit Vögeln. Nach der Eigenthümlichkeit des Musters gehört dieses Stück in die Gattung der figurirten Gewebe, die man in den Zeiten der provençalischen Troubadours als „drap fait à l'Arabesque" bezeichnete

1

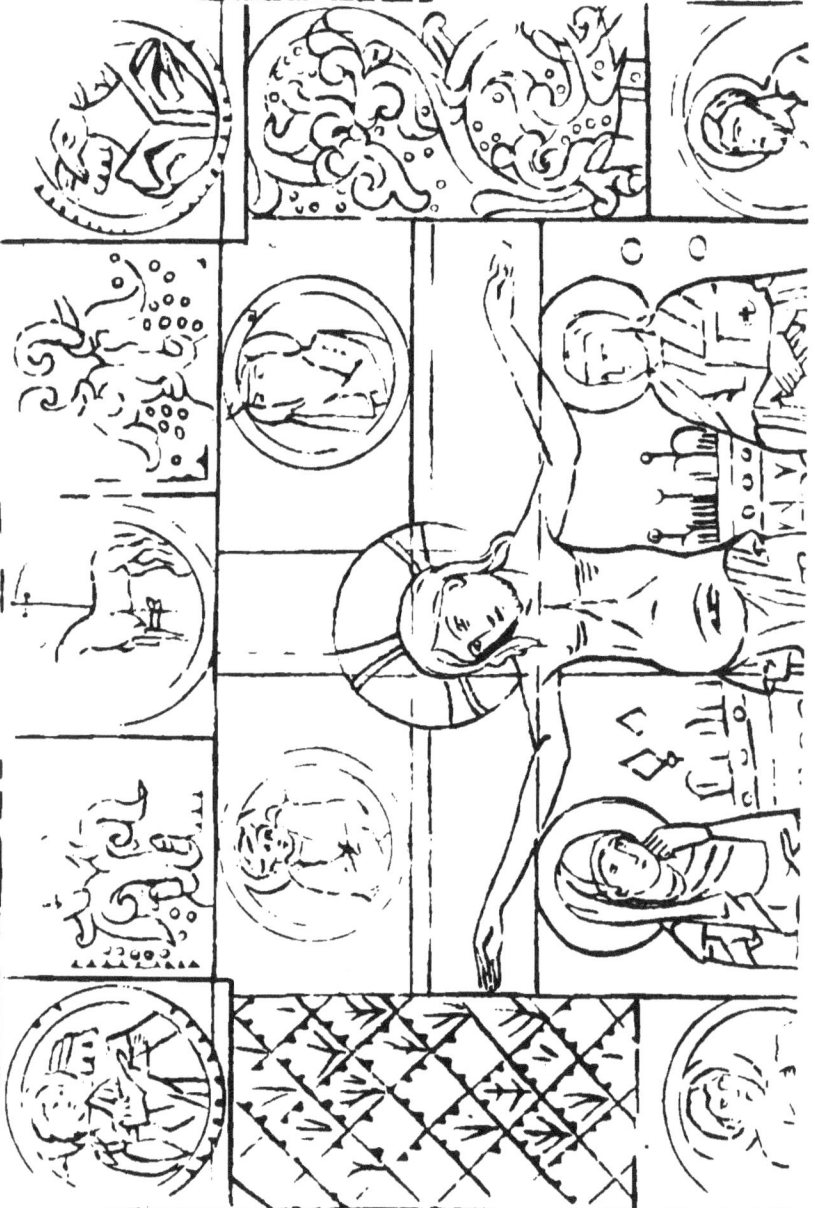

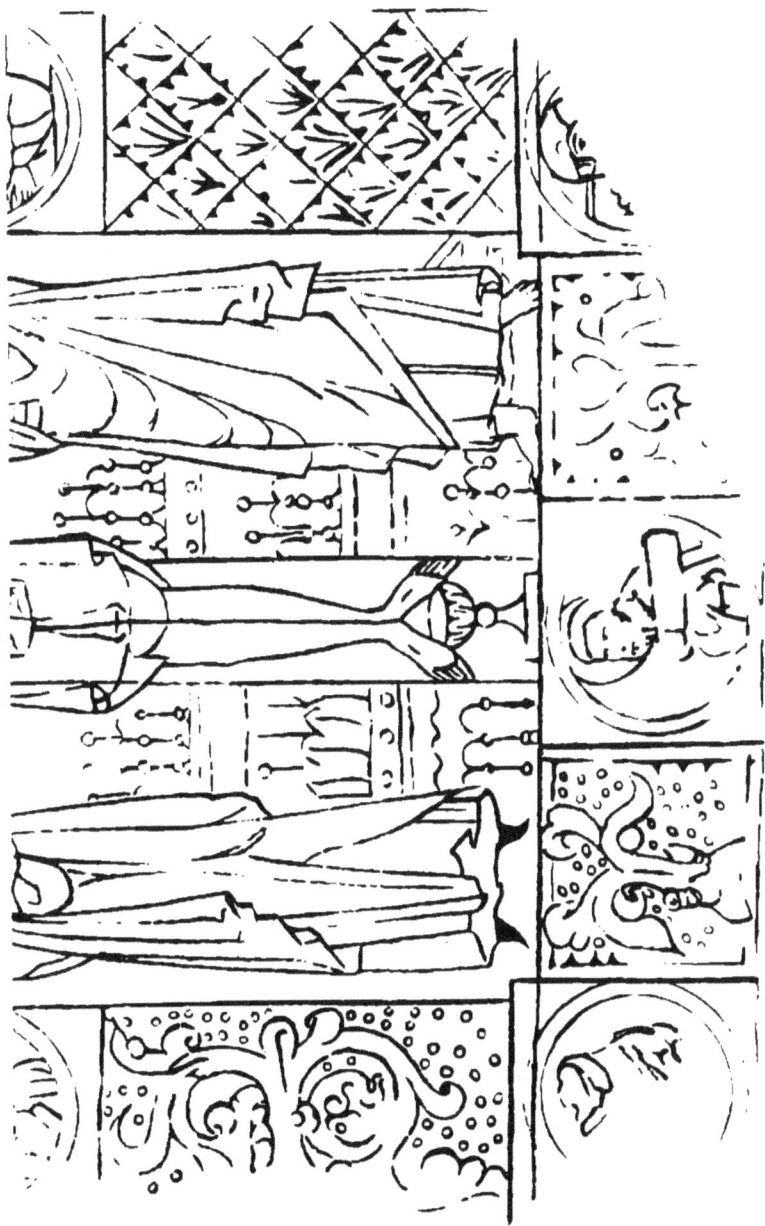

No. 32.

*St. Bernhard's Vision. (1440—1450.)

(La vision du S. Bernard, du milieu du 15e siècle.)

Der Heilige empfängt die Umarmung des Gekreuzigten, während er vor dem Bilde desselben betet. Am Sockel des Kreuzes lehnt das Wappen der Abtei Kaisersheim. Die Arbeit, besonders Falten und Auslage des Kleides am Boden, sowie die Form des Schildes verweisen das Bild in die Mitte des 15. Jahrhunderts. Kaisersheim in Bayern erscheint wegen des Schildes als Heimath.

H. 6 Z. 8 L., B. 4 Z. 6 L.

No. 33.

: das . sint . die . waffen . iesu . cristi: (1450.)

(Les armes de Jésus-Christ [les personnes et armures relatives à la passion du Sauveur], du milieu du 15e siècle.)

Unter den Waffen Jesu Christi, wie sie hier abgebildet sind, versteht man alle die Personen und Werkzeuge, die zu der Passion in Beziehung stehen. Die Inschrift ist oberdeutsch und nach Oberdeutschland, Augsburg oder Ulm, weist auch das Colorit. Nach der Form des Kreuzes in der Glorie, nach der Form des Spiesses, der Buchstaben u. s. w. gehört das Bild in das zweite Viertel des 15. Jahrhunderts.

H. 14 Z., B. 9 Z. 8 L.

(Feuillet colorié.)

No. 34.

St. Margaretha. (Um 1450.)

(St. Marguerite, du milieu du 15e siècle.)

St. Margaretha mit Krone und Glorie, zu ihren Füssen der Drache, ohne Flügel und nicht wie anderwärts gefesselt; sie stösst ihm einen Stab, der oben in ein Kreuz ausläuft, in den Rachen. Zeichnung und Schnitt des Bildes sind richtig und sorgfältig. Die Draperie malerisch, die Falten reich und nicht geknickt. Die Farben erinnern an Augsburger Colorit. Entstehungszeit Mitte des 15. Jahrhunderts. Das Bild ist ausgeschnitten und mit Papier unterklebt; seine Grösse in der Höhe 4 Z. 1 L.

(Gravure découpée et montée sur papier. Elle est coloriée.)

No. 35.

St. Nicolaus von Tolentino. (Um 1450.)

(St. Nicolas de Tolentino, du milieu du 15e siècle.)

St. Nicolaus von Tolentino in der Tracht des Augustinerordens. Seine Embleme: der Stern auf der Brust, ein blühender Lilienstengel in der Linken, ein Nest in Form einer Schüssel mit zwei Vögeln in der Rechten. (Diese Vögel sind seltener Emblem des Heiligen; gewöhnlich ist, zur Andeutung der Mildthätigkeit desselben, die Schüssel mit Gold gefüllt.) Rechts vom Heiligen eine betende Familie, Vater, Mutter und Sohn. Die Zeichnung, besonders der Betenden, ist naturgetreu. Die Gewänder sind lang, fliessend und weich; sie haben nur die kleinen Haken in den Falten, die auch schon vor 1450 vorkommen. Wahrscheinlich ist das Bild kurz nach der Canonisation, also in der Mitte des 15. Jahrhunderts entstanden. Das Colorit ist sorgfältig und lebhaft.

Von diesem Blatte ist unten ein Theil weggeschnitten, übrigens ist es sehr gut gehalten. Seine nunmehrige Grösse: H. 9 Z. 2 L., B. 7 Z.

(Feuillet colorié, découpé à la marge du bas.)

No. 36.

**Credo. Das apostolische Symbolum. (Um 1450.)

(Credo, le symbole apostolique, du milieu du 15e siècle.)

In 18 Bildern dargestellt, welche in drei Reihen zerfallen und auf einem Blatt in gross Querfolio enthalten sind.

Der erste Artikel in einem Bilde: Gott-Vater, die Erdscheibe haltend.

Der zweite Artikel in elf Bildern:

1. Jesus, den Reichsapfel mit Kreuz in der Linken, auf jeder Seite ein betender Engel.

2. Verkündigung Mariä.
3. Geburt Jesu.
4. Jesus vor Pilatos.
5. Jesus am Kreuz.
6. Grablegung.
7. Höllenfahrt. (Die Hölle ein steinernes Gebäude mit gewölbtem Dach.)
8. Auferstehung Christi.
9. Himmelfahrt Christi.
10. Erhöhung Christi, zur Rechten des Vaters.
11. Christus als Weltenrichter auf dem Himmelsbogen, die Füsse auf die Erdkugel gestützt. Aus seinem Munde geht nach links ein Lilienstengel, nach rechts ein Schwert.

Der dritte Artikel ist in sechs Bildern dargestellt:

1. Maria betend in der Mitte des Bildes; auf ihrem Haupte der heilige Geist in Gestalt einer weissen Taube, welche die ausserordentliche Grösse eines Adlers hat, jedenfalls um den heiligen Geist als Hauptgegenstand des Bildes zu bezeichnen. Zu beiden Seiten Marias je ein Apostel.

2. Ein Papst mit dreifacher goldener Krone und blauer Glorie neben einer Kirche sitzend, welche die Form einer romanischen Basilika hat.

3. Maria mit goldener Glorie, von Betenden umgeben.

4. Ein Priester im Beichtstuhl, vor ihm ein knieender Jüngling und eine Frau. Aus der Höhe streckt sich auf den Beichtenden die Hand Gottes herab.

5. Eine grüne Scheibe, von Wasser umgeben; im Hintergrunde derselben eine Kirche und ein grosser runder Thurm. Um die Kirche nach vorn drei geöffnete Gräber, aus denen die Todten auferstehen; aus dem Wasser erheben sich auch rechts und links Auferstehende.

6. In einem Kranze blauer Wolken Jesus und Maria, zu ihren Füssen vier Heilige. Diese Gruppe stellt die Vereinigung der Seligen dar.

Diesen Metallschnitt hielt man früher für den ältesten oder wenigstens für einen der ältesten Holzschnitte. Seine Entstehungszeit ist die erste Hälfte des 15. Jahrhunderts, was sich aus dem oben eng anliegenden, bis zur Hüfte faltenlosen Kleide der Maria auf dem vierten Bilde und aus den weichen, langfliessenden Falten der Gewänder erkennen lässt.

Der Schnitt ist ziemlich roh, lässt aber vermuthen, dass die zu Grunde liegende Zeichnung von nicht ungeschickter Hand herrührte.

Dem Colorit nach gehört das Bild nach Oberdeutschland, vielleicht nach Nürnberg.

Einziger bekannter Originaldruck. Höhe des ganzen Blattes 10 Z. 5 L. Breite 14 Z. 9 L. Höhe der Bilder 3 Z. 4 L. Breite 2 Z. 4 L. Rückseite mit Papier überklebt.

(Impression originale unique, dont un autre exemplaire n'est pas connu. Feuillet colorié et monté sur papier.)

No. 37.

St. Georg ju Pferde im Kampfe mit dem Drachen.
(1450 — 1460.)

(St. George à cheval combattant le dragon, du milieu
du 15e siècle.)

Links im Vordergrunde der felsige Fuss eines Berges, wie es scheint, mit der Höhle des Drachen; auf der Höhe des Berges ein Schloss, vor demselben Aja knieend, ihr zur Seite ein Schaaf. Die Zeichnung ist leicht und gewandt, und mit Ausnahme der conventionellen eckigen Formen der Felswand und des Baumes und der etwas plumpen Form des Pferdes sehr ansprechend. Der Schnitt ist sicher und verhältnissmässig fein. Bewaffnung und Kleidung verweisen das Bild in die Mitte des 15. Jahrhunderts; der Färbung nach ist es schwäbischen Ursprungs.

H. 4 Z. 8 L., B. 3 Z. 3 L.

(Feuillet colorié.)

No. 38.

Maria mit dem Christuskinde auf dem linken Arme und einer Weinrebe mit Trauben in der rechten Hand.
(1450—1460.)

(La Sainte Vierge avec l'enfant Jésus sur le bras gauche et une
vigne avec des raisins dans la main droite, du milieu
du 15e siècle.)

Maria mit der Krone der Himmelskönigin. Der Mittelgrund Wald, der Hintergrund Berge. Die Gesichter der Mutter und des Kindes haben wenig Ausdruck, die Zeichnung ist aber gewandt und sorgfältig. Die Falten sind zwar ohne Angeln, aber doch etwas steif. Es zeigt sich in der Härte der Brüche der Uebergang zu den Knickfalten, wie

2 *

er in der Mitte des 15. Jahrhunderts bemerklich wird. Das Colorit
weist nach Ulm oder Augsburg.

H. 6 Z. S L., Br. 4 Z. 10 L.

(Feuillet colorié.)

No. 39.

St. Chriſtoph trägt das mit dem Mantel und Ceibrock bekleidete Chriſtuskind. (1450—1460.)

(St. Christophe portant l'enfant Jésus rêtu avec manteau et
soutanelle, du milieu du 15e siècle.)

Auf der rechten Seite des Bildes kniet ein Mönch mit Laterne und
Spitzhammer. Ueber demselben im Hintergrunde eine Kirche auf einem
vorspringenden Felsen. Das Wasser ist durch drei Fische angedeutet.
Das Bild erscheint im Vergleich mit anderen Christophbildern
weniger naiv. Der Lastträger Christoph ist zu einem wohlgekleideten,
vielverehrten Heiligen geworden. Das könnte für einen späteren Ursprung des Bildes sprechen, wenn nicht durch den Mangel der Knickfalten gefordert wäre, dasselbe noch in die Mitte des 15. Jahrhunderts
zu verlegen (1450—1460.). Das Colorit weist nach Augsburg.

H. 6 Z. 11 L., B. 4 Z. 8½ L.

(Feuillet colorié.)

No. 40.

Chriſti Geißelung. (1450 — 1460.)

(Le fouet de Jésus-Christ, du milieu du 15e siècle.)

Christus steht an eine Säule gefesselt; rechts streckt sich eine
Hand aus der Mauer, die ihn mit einer Ruthe peitscht, darüber an derselben Wand eine Geissel mit drei Stricken. Links zwei junge Männer
mit Ruthe und Geissel. Das Bild ist zwar roh geschnitten und roh
colorirt, aber nicht ohne Verständniss gezeichnet. Der eckige Schnitt
und das Colorit sind ähnlich, wie in Augsburger Werken. Die überaus
magere Gestalt Christi und der Mangel aller Knickfalten verweisen das
Bild noch in die Mitte des 15. Jahrhunderts.

H. 6 Z. 7 L., B. 4 Z. 5 L.

(Feuillet colorié.)

No. 41.
Dreieinigkeit. (1450 — 1460.)

(La sainte trinité, du milieu du 15e siècle.)

Gott-Vater unterstützt den Sohn, welcher leidensvoll vor ihm steht und sich kaum aufrecht erhalten zu können scheint. Der heilige Geist, in Gestalt einer Taube aus Wolken herabkommend, dicht über dem Haupte Jesu. Das Bild ist sehr gut und ausdrucksvoll gezeichnet und mit Sicherheit geschnitten. Das Colorit hält die Conturen ziemlich sorgfältig ein, zeigt aber keine Schattirung. Die angewendeten Farben gleichen denen der schwäbischen Schule. Nach der Art des Faltenwurfs gehört das Bild in den Anfang der zweiten Hälfte des 15. Jahrhunderts.

H. 7 Z. 9 L., B. 5 Z.

Auf Pergament aufgezogen. (Feuillet colorié, monté sur peau de vélin.)

No. 42.
Christi Geburt. (1450 — 1460.)

(La naissance de Jésus-Christ, du commencement de la 2e moitié du 15e siècle.)

In dem vorderen Raume eines durch eine Brettwand in zwei Theile geschiedenen Stalles kniet Maria, zur Seite rechts liegt das Christuskind in einer Aureola, hinter Maria sitzt Joseph. In der hinteren Abtheilung des Stalles Ochs und Esel vor der Krippe. Die Zeichnung ist nicht besonders fein, aber bestimmt, die Färbung wenig sorgfältig. Die Arbeit des Schnittes und die Wahl der Farben spricht für Oberdeutschland, besonders für die schwäbische Schule; das fliessende Gewand der Maria und die schwachen Anfänge der Hakenfalten weisen noch in den Anfang der zweiten Hälfte des 15. Jahrhunderts.

H. 4 Z. 11 L., B. 3 Z. 3 L.

(Feuillet colorié.)

No. 43.
Christi Geburt. (1450 — 1460.)

(La naissance de Jésus-Christ, du milieu du 15e siècle.)

Auf dem Boden des Stalles liegt rechts das Christkind nackend in einem Wolkenkranz; vor ihm betend Maria, weiter nach links Joseph,

wenig deutlich. Die Bauart des Gebäudes unklar. Nach der Kleidung
der Maria könnte als Entstehungszeit des Bildes die erste Hälfte des
15. Jahrhunderts angenommen werden. Doch macht das kleine Format
des Blattes, welches auf Verwendung in Büchern schliessen lässt, eine
etwas spätere Entstehungszeit (1450—1460) wahrscheinlich. Arbeit und
Colorit sind oberdeutsch.

Ein doppelter Rand umgibt das Bild, mit demselben H. 2 Z. 7 L.,
B. 2 Z. 1 ½ L,

(Feuillet colorié.)

No. 44.

a. Chrifti Erablegung. (Um 1450 — 1460.)

(La mise au tombeau de Jésus-Christ, du milieu du 15e siècle.)

Der Druck ist ziemlich blass und unvollkommen, so dass man über
die Zeichnung nicht wohl urtheilen kann. Das Colorit ist matt.

b. Die Ausgießung des heiligen Geiftes. (Um 1450—1460.)

(L'infusion du St.-Esprit, du milieu du 15e siècle.)

Der Schnitt ist nicht scharf, die Falten sind jedoch deutlich gezeichnet.
Wahrscheinlich gehören beide Bilder zu einer Passionsfolge und
nach Oberdeutschland; wegen der schwachen Knickfalten ist ihre Entstehung in den Anfang der zweiten Hälfte des 15. Jahrhunderts zu verlegen. Das Blatt ist colorirt.

H. 2 Z. 11 L., B. 2 Z. 2 L.

(Feuillets coloriés.)

No. 45.

Die Waffen Chrifti. (Um 1460.)

(Les armes de Jésus-Christ, du milieu du 15e siècle.)

Die Waffen Christi an einem mit der breiten Inschrift INRI versehenen Kreuze. Die Zeichnung ist correct, aber in äusserst rohen und
starken Linien; nicht minder roh ist das Colorit. Ueber das Alter und
die Abstammung lässt sich etwas Sicheres nicht behaupten; doch scheint
die farbige Schattirung des Kreuzes auf die 2. Hälfte des 15. Jahrhunderts zu verweisen.

H. 2 Z. 9 L., B. 2 Z. 2 L.

(Feuillet colorié.)

No. 46.

Chriftus ftößt den Teufel in den Höllenrachen. (Um 1460.)

(Jésus-Christ poussant le diable dans la bouche des enfers, du milieu du 15 siècle.)

Christus links auf einem Throne, hinter ihm ein Engel mit erhobenem Schwert, vor ihm Satan mit phantastischem Thierkopf, zusammengedrückt, die Arme wie gebunden, unter demselben der geöffnete Höllenrachen. Zu Jesu Seite vier Engel. Die Zeichnung, besonders die des Teufels, ist charactoristisch, die Ausführung im Schnitt aber roh und hart. Das Colorit fehlt. Die Arbeit ist oberdeutsch und wahrscheinlich um die Mitte des 15. Jahrhunderts entstanden. Die oben abschliessende Linie ist nur in der Mitte vorhanden.

H. 2 Z. 6½ L., B. 2 Z.

No. 47.

Chriftus erfcheint einer Heiligen, vielleicht Ratharina von Siena. (Um 1460.)

(Jésus-Christ paraissant à une Sainte, probablement à Cathérine de Siena, du milieu du 15e siècle.)

Nach Arbeit und Grösse gleicht dieses Bild so ziemlich dem vorigen und fällt demnach auch in dieselbe Zeit.

No. 48.

Chrifti Entkleidung. (Um 1460.)

(Le déshabillement de Jésus-Christ, du milieu du 15e siècle.)

Die Zeichnung der Figur Christi und der Gruppe der Kriegsknechte ist gut, die Linien sind scharf, aber auch hart, die Falten der Kleider sind theilweise geknickt. Arbeit, Auffassung und Colorit sprechen wieder für schwäbischen Ursprung; Zeit der Entstehung gegen 1460.

H. 4 Z. 9 L., B. 3 Z. 11 L.

(Feuillet colorié.)

No. 49.

** St. Jacobus des ältern Leben und das Wunder der Vögel.
(Um 1460.)

(La vie de St. Jacques aîné et le miracle des oiseaux,
du milieu du 15e siècle.)

Auf einer in fünfzehn Felder getheilten Tafel sind in den ersten sieben derselben Scenen aus dem Leben des h. Jacobus und in den folgenden acht das Wunder der Vögel dargestellt. Die ersten sieben tragen am oberen Rande den Namen S. Jacobus, der, wie die Verschiedenheit der Buchstaben zeigt, nicht mit Typen gedruckt, sondern geschnitten ist.

Die Zeichnung der Bilder ist zwar roh und die Linien sind stark, aber der Haltung der Figuren fehlt es nicht an Naturwahrheit. Das Colorit ist nachlässig und zeigt auf Ulm. (Besonders häufig der rothe, glänzende Lack.) Die Formen der Kopfbedeckung (Pilgerhut, Helm), der Schwerter u. s. w. weisen auf Anfang der zweiten Hälfte des 15. Jahrhunderts.

H. 14 Z. 5 L., B. oben 9 Z. 9 L., unten 9 Z. 7—8 L.
(Feuillet colorié.)

No. 50.

Signum Sancti Spiritus 1464.

(Le symbole du Saint Esprit, de l'année 1464.)

Bemerkenswerth die scharfe Zeichnung der Musculatur an den Armen und dem Oberkörper Jesu. Das Gewaud Gott-Vaters hat, obgleich starke Linien zur Bezeichnung der Falten, doch keineswegs bestimmte Hakenfalten oder geknickte Falten. Die Entstehungszeit des Bildes ist durch die beigegebene Jahreszahl 1464 ausser Zweifel. Das Colorit, namentlich das feurige Roth des Krapplacks, verweisen dasselbe in die Donaugegenden von Schwaben, höchst wahrscheinlich nach Augsburg.

H. 8 Z. 7 L., B. 6 Z. 4 L.
(Feuillet colorié.)

No. 51.

*Maria mit der Sternenglorie und dem Christuskinde auf dem rechten Arme. Halbfigur. (Um 1470.)

(St. Marie avec une gloire étoilée et l'enfant Jésus sur le bras droit. Demi-figure, du 3ᵉ quart du 15ᵉ siècle.)

Von dem Motiv dieses Bildes eine zweite Darstellung in der folgenden Nummer. Die Falten der Gewandung sind scharf, verlaufen aber noch grossentheils in runde Haken. Das Schwert auf der linken Brust Marias ist von zierlicher Form. Die Glorie des Christuskindes ist von einem Lilienkreuze gestützt. Die Form der Falten, welche für die Zeit der Entstehung maassgebend ist, verweist das Bild in das dritte Viertel des 15. Jahrhunderts. Arbeit und Colorit bezeichnen das Blatt als schwäbisches Erzeugniss.

H. 14 Z. 7 L., B. 10 Z.

(Feuillet colorié.)

No. 52.

*Maria mit der Sternenglorie und dem Christuskinde, auf dem linken Arme. Halbfigur. (Um 1470.)

(St. Marie avec une gloire étoilée et l'enfant Jésus sur le bras gauche. Demi-figure, du 3ᵉ quart du 15ᵉ siècle.)

Eine zweite, etwas jüngere und ausgeführtere Darstellung des vorigen Motivs. Die Zeichnung ist sicher und correct, und, was das Haupt und die Hände der Maria betrifft, sogar zierlich. Die Linien aber der Zeichnung und des Schnittes sind stark und kräftig. Das Colorit hält ziemlich genau die Conturen inne. Die Arbeit ist unstreitig oberdeutsch, aber, nach dem Colorit zu urtheilen, besonders wegen des schmutzigen Carmoisinroth und gelblichen Grün, wohl kaum schwäbisch. Die Form der Parirstangen und die steifen Hakenfalten lassen annehmen, dass das Bild um die Mitte der zweiten Hälfte des 15. Jahrhunderts (um 1470) entstanden ist.

H. 14 Z., B. 9 Z. 7 L.

(Feuillet colorié.)

No. 53.

Die Vermählung St. Katharina's von Alexandria mit dem Christuskinde. (Um 1470.)

(Le mariage de St. Cathérine d'Alexandrie avec l'enfant Jésus, du 3e quart du 15e siècle.)

Die Scene ist im Himmelsgarten. Die heilige Jungfrau hat das Kind auf dem Schoosse, welches sich nach der h. Katharina wendet und ihr den Brautring an den Finger steckt. Umgeben ist diese Gruppe von einem Kreise von Märtyrerinnen (St. Dorothea, St. Barbara, St. Margaretha, St. Apollonia, St. Ursula). Ein Theil des Bildes fehlt. Die Zeichnung ist nicht incorrect, aber ziemlich hart; die Falten sind oft eckig und nicht genügend motivirt. Der Schnitt ist schwerfällig und handwerksmässig. Das Colorit ist nachlässig, die Wahl der Farben von einer sonderbaren Eigenthümlichkeit, die sich weder bei schwäbischen, noch fränkischen Bildern zeigt. Vielleicht stammt dieses Colorit aus Cöln oder Burgund. Die Form der Haare bei den Frauen, die vortretende weibliche Brust, die starken Locken beim Christkind, die schon etwas geknickten Falten der Gewänder bestimmen zu der Annahme, dass das Bild im dritten Viertel des 15. Jahrhunderts (gegen 1470) entstanden ist.

H. 9 Z. 3 L., B. 6 Z. 1 L.

An der linken und unteren Seite beschädigt.

(Feuillet colorié, endommagé aux marges gauche et inférieure.)

No. 54.

Eine Heilige betet vor einem Christusbilde. (Um 1470.)

(Une sainte faisant sa prière devant un tableau de Jésus-Christ, de la fin du 3e quart du 15e siècle.)

Die Heilige ist ohne alle bestimmende Embleme, vor ihr ein Altar, in dessen hölzerne Rückwand ein Brustbild Christi eingesetzt ist. Das Local ist ein Raum mit cassettirtem Tonnengewölbe, welches von corinthischen Säulen gestützt wird. Die Zeichnung der weiblichen Figur und der architektonischen Theile ist ansprechend und correct. Das Kleid der Betenden fällt in langen natürlichen leichten Falten herab. Die Falten und die schattigen Theile der Architektur sind schraffirt. Der

Schnitt ist sicher und ziemlich fein, der Druck aber nicht recht scharf. Arbeit und Colorit lassen das Bild als ein schwäbisches Product aus dem Ende des dritten Viertels des 15. Jahrhunderts erkennen.

H. 4 Z. 11 L., B. 3 Z. 3½ L.

(Feuillet colorié.)

No. 55.

Die heilige Maria als Himmelskönigin, Brustbild, mit nacktem Christuskinde. Links vom Haupte der Maria erscheint Gott-Vater, rechts Gott heiliger Geist als Taube mit ausgebreiteten Flügeln. (Um 1470.)

(St. Marie comme reine du ciel, buste, avec l'enfant Jésus nu. A gauche de la tête de la Vierge paraît Dieu-Père, à droite le Saint-Esprit figuré par un pigeon avec des ailes éployées, du 3e quart du 15e siècle.)

Die Zeichnung ist im Ganzen correct, der Schnitt grossentheils in starken Linien ausgeführt. In den Falten der Gewänder finden sich scharfe Brüche und Angeln. Das Colorit ist im Ganzen matt. Ueber den Ort der Entstehung lässt sich etwas Bestimmtes nicht sagen, doch spricht der an einzelnen Stellen bis zum Glanze sich erhebende Krapp für Ober-Deutschland. Nach Costüm und Behandlung muss das Bild dem dritten Viertel des 15. Jahrhunderts zugeschrieben werden.

H. 10 Z. 1 L., B. 7 Z. 9 L.

(Feuillet colorié.)

No. 56.

Das Christuskind auf einer erblühenden Blume. Ein Neujahrswunsch. (Um 1470.)

(L'enfant Jésus sur une fleur fleurissante. Un souhait de bonne année, du 3e quart du 15e siècle.)

Auf einer Blume, die einer monströsen Tulpe ähnelt, steht das Christkind in langem Gewande, auf ein Schriftband zeigend, welches die Aufschrift trägt: ein — goot — selig — jar. Hinter dem Kinde erhebt sich aus dem Boden der Blume ein Kreuz. Ein ähnlicher Neujahrswunsch kommt schon unter den ältesten Kupferstichen des unbekannten Meisters von 1466 vor. Die Entstehungszeit des Blattes dürfte diesem

Jahre sehr nahe liegen. Die Inschrift scheint zu der Annahme zu be-
rechtigen, dass dasselbe am Rheine gefertigt worden ist. Das Blatt
ist colorirt.

H. 6 Z. 8 L., B. 4 Z. 3 L.

(Feuillet colorié.)

No. 57.

Chriſtus am Kreuze mit Dornenkrone. (Um 1475.)

(Jésus-Christ attaché à la croix avec la couronne d'épines, du
dernier quart du 15e siècle.)

Maria in der Kleidung einer Wittwe und Johannes, ein Buch hal-
tend, stehen unter dem Kreuze. Auffallend ist an dem Bilde die schroffe
Härte, mit welcher die Contouren und Schattenlinien ausgeführt sind.
Wahrscheinliche Entstehungszeit des Bildes der Anfang des letzten
Viertels des 15. Jahrhunderts. Die Heimath desselben, wie namentlich
die Aehnlichkeit des Gekreuzigten mit dem Christus auf dem Signum
Spiritus Sancti (No. 50) vermuthen lässt, wahrscheinlich Schwaben. Das
Blatt ist leicht colorirt.

H. 6 Z. 6 L., B. 4 Z.

(Feuillet colorié.)

No. 58.

Das Abendmahl. (Um 1480.)

(La communion, du dernier quart du 15e siècle.)

Gruppirung und Zeichnung ist ansprechend, die Falten sind kräftig,
aber geschmeidig, ohne Knicke, die Linien des Schnittes stark und
rauh. Das Colorit hält sorgfältig die Contouren ein und schattirt die
Falten durch dunklere Tinten. Diese Sorgfalt im Colorit und die Form
der Arme im Glorienkreuz Jesu, sowie auch an der Architektur die
flache Form der Bogen, welche dem Renaissancestil nahe tritt, begrün-
den die Annahme, dass das Bild im letzten Viertel des 15. Jahrhunderts
entstanden ist.

H. 4 Z. 1 L., B. 2 Z. 10 L.

Die Umfassungslinie ist fast abgeschnitten.

(La ligne entourant ce feuillet colorié est presque découpée.)

No. 59.

Chriſtus am Kreuze noch lebend und mit Dornenkrone.
(Um 1480.)

(Jésus-Christ attaché à la croix encore vivant et avec la couronne d'épines, du dernier quart du 15ᵉ siècle.)

Der Heiland blickt auf Maria, die, wie gewöhnlich, unter seinem rechten Arme steht; ihr gegenüber Johannes mit offenem Buche. Die Zeichnung ist klar und mit Reflexion durchgeführt, die Ausarbeitung durch angebrachte Schatten sorgfältiger als gewöhnlich. Das Colorit weist entschieden auf Augsburg. Entstehungszeit um 1480.

H. 9 Z. 9 L., B. 6 Z. 11 L.

(Feuillet colorié.)

No. 60.

Drei Blätter einer Paſſion. (Um 1480.)

(Trois feuillets pris d'une Passion, du dernier quart du 15ᵉ siècle.)

a. **Chriſtus vor Pilatus.**

(Jésus-Christ devant Pilatus.)

Christus vor Pilatus, der unter einem Thronhimmel auf hölzernem Richterstuhle sitzt; zwei Knechte halten Jesum, hinter ihm ein geharnischter Krieger. Die Zeichnung ist ausdrucksvoll. Jesus hat eine edle und feste Haltung, Pilatus erscheint ernst und theilnehmend. Die beiden Knechte plump und hässlich. Der Schnitt ist in sehr starken Linien ausgeführt. Das Colorit hält die Conturen ein, ist aber ohne alle Schattirung. Durch den länglich runden Reif der Glorie, durch die kappenförmige, durchbrochene Eisenhaube des Knechtes rechts, durch die weiten schlichten Falten der Röcke ist man veranlasst, das Bild in das letzte Viertel des 15. Jahrhunderts zu setzen. Die Auffassung des Gegenstandes und das Colorit sind oberdeutsch.

b. **Chriſti Geißelung.**

(Le fouet de Jésus-Christ.)

In Zeichnung, Schnitt, Druck, Colorit, Grösse und Papier entspricht dieses Blatt dem vorhergehenden. Es muss ihm deshalb dieselbe Entstehungszeit und dieselbe Heimath zugeschrieben werden.

c. Chriſtus wird an das Kreuz geſchlagen.

(*Les bourreaux attachant Jésus-Christ à la croix.*)

Das Kreuz liegt auf einer sanft ansteigenden Höhe, Christus auf demselben; drei Henker sind um ihn beschäftigt. Das Blatt gleicht in allen Punkten den beiden vorigen.

(Feuillets coloriés.)

No. 61.

Das nackte Chriſtuskind mit dem Papagei. Ein Neujahrswunſch. (Um 1480.)

(*L'enfant Jésus nu avec le perroquet. Un souhait de bonne année, du dernier quart du 15ᵉ siècle.*)

Das Kind sitzt auf einem Teppich, einen Papagei liebkosend; links neben ihm die Weltkugel. Die Inschriften (fil. god. jar.; un dage leben; fil god;) und das Colorit weisen nach Niederdeutschland, vielleicht Cöln. Die Zeit der Anfertigung lässt sich nur aus der Leichtigkeit und Sicherheit der Zeichnung feststellen: letztes Viertel des 15. Jahrhunderts. Der untere Theil des Blattes hat gelitten.

H. 6 Z. 7 L., B. 4 Z. 11 L.

(Feuillet colorié, endommagé en bas.)

No. 62.

*Der Roſenkranz mit der Jahrzahl 1485.

(*Un rosaire avec la date de 1485.*)

In der Mitte dieses figurenreichen Metallschnittes die Krönung der Maria durch Engel und die Anbetung derselben durch Priester und Laien beiderlei Geschlechts und verschiedener Stände. Um dieses Mittelstück zieht sich ein Kranz von rothen und weissen Rosen, die zu Bildermedaillons erschlossen sind; in fünf rothen sind die Freuden der Maria, in ebensoviel weissen die Leiden Christi dargestellt, und diese Darstellungen wechseln mit einander ab. In den Ecken des Bildes sind die symbolischen Bilder der vier Evangelisten angebracht.

Das Mittelbild stimmt bis auf Kleinigkeiten mit dem Titelbild zu Jacob Sprengers Rosenkranzbuch überein. Unter dem Bilde stehen 20½ Zeile Text, ein fast wörtlicher Auszug aus diesem Rosenkranzbuch mit veränderter Schreibart. Die Jahreszahl 1485 und das Wappen

von Ulm am Schlusse des Textes constatiren, dass das Bild 1485 in
Ulm gefertigt ist. Da ein ganz ähnlicher, wenn auch etwas grösserer
Rosenkranz von Hanns Schawr in Ulm vorhanden ist, so liegt der Ge-
danke nahe, dass auch dieser Rosenkranz von ihm herrühre.

H. 13 Z. 10 L., B. oben 9 Z. 4 L., unten 9 Z. 2 L.

Die schwarze Einfassungslinie nebst dem unteren Theile des
Wappenschildes abgeschnitten.

*(Feuillet colorié, dont la ligne noire, qui l'entoure, est decoupée
en bas.)*

No. 63.

Apulei Platonici Herbarium ad Marcum Agrippam. Romae Joannes Philippus de Lignamine. (Um 1485—1490.)

In den Text dieses Herbariums, bestehend aus 106 Blättern in
klein Quart, sind 131 Pflanzenabbildungen gedruckt, ziemlich rohe Metallschnitte. Das Buch wurde gegen 1480 in Rom von J. P. de Lignamine
hergestellt und bildet einen interessanten Beitrag zur Geschichte der
durch Metallschnitte illustrirten Werke.

*(Livre intéressant par les 131 gravures sur métal dont il
est orné.)*

No. 64.

Sanctus Antonius Eremita. (Um 1500.)

(S. Antoine l'hérémite, de la fin du 15° siècle.)

Bemerkenswerth zunächst die Attribute: Das Kreuz in Form eines
T, das Glöckchen und das Schwein. Die über dem Heiligen aufge-
hängten Gliedmassen erinnern an die von ihm vollbrachten Heilungen.
Was die Technik des Bildes betrifft, so fällt die Leichtigkeit und Breite
der Behandlung, die Weichheit der Zeichnung, die Genauigkeit der
Ausführung, die Sorgfalt namentlich in der Schattirung sogleich in die
Augen. Auch das Colorit zeigt in Wahl der Farbe Eigenthümlichkeit
und in Verwendung derselben Aufmerksamkeit. Das Bild steht offenbar
an der Schwelle der neueren Kunst, welche die Härte und Steifheit des
Mittelalters abstreift. Es muss ungefähr um 1500 entstanden sein. Die
Heimath desselben lässt sich nicht mit Sicherheit bestimmen.

H. 6 Z. 7 L., B. 4 Z. 7 L.

(Feuillet colorié.)

No. 65.
Chriſtus am Kreuz. (Um 1500.)

(Jésus-Christ attaché à la croix, de la fin du 15e siècle.)

Links Maria, rechts Johannes. Die Zeichnung ist gefühl- und geschmackvoll, der Mantel der Maria malerisch drapirt, nicht minder das
Tuch, das Kopf und Schultern bedeckt. Ebenso geschmackvoll ist die
Gewandung des Johannes angeordnet, die Falten sind sorgfältig durch
Schraffirung schattirt. Der Schnitt ist scharf und fein, weniger scharf
der wahrscheinlich mit der Presse hergestellte Druck. Auch das Colorit
ist sorgfältig und lebhaft. Die Zeichnung und die Schattirung durch
Töne derselben Farbe lassen annehmen, dass das Bild gegen 1500 entstanden ist. Durch die Eigenthümlichkeit des Colorits bezeichnet es
sich als ein Erzeugniss des westlichen Oberdeutschlands.

H. 2 Z. 10 L., B. 2 Z. 3 L.

(Feuillet colorié.)

No. 66.
St. Altho. (Um 1500.)

(St. Altho, de la fin du 15e siècle.)

Die Gründung der Benedictinerabtei Althomünster in Ober-Baiern.
Das Bild trägt nicht den Charakter der meisten Bilder Oberdeutschlands,
es zeigt schwerfällige Versuche, durch Linien zu schattiren, der Kunstwerth ist gering. Die Neuerungen im Baumschlag, in der Tracht des
Bischofs, sowie in der Schriftform sprechen für das Ende des 15. Jahrhunderts. Das Blatt ist colorirt.

H. 5 Z., B. 6 Z. 10 L.

(Feuillet colorié.)

No. 67.
Chriſti Kreuztragung. (Um 1500.)
Miniaturartig gemalt.

*(Jésus-Christ portant la croix, de la fin du 15e siècle, imprimé
sur peau de vélin et monté en couleurs comme une
miniature.)*

Der Schnitt ist sehr fein und kaum durch etwas Anderes, als durch
die intermittirenden Linien und stumpferen Ecken vom Holzschnitt zu

unterscheiden. Gesichter und Gewänder sind mit grosser Sorgfalt gemalt, die Lichter zum Theil mit mattem Golde gehöht, die Farben lebhaft und gut gewählt. Das Bild, auf Pergament gedruckt, ist hinten
beschrieben und stammt aus einem Manuscript von 1502, aus Oberdeutschland, wie sich aus der Orthographie ergiebt.

Grösse des Bildes ohne Rand H. 2 Z. 10 $\frac{1}{2}$ L., B. 2 Z. $\frac{1}{2}$ L.
Grösse des Bildes mit Rand H. 4 Z. 7 $\frac{1}{2}$ L., B. 3 Z. 3 L.
Breite des Unterrandes 1 Z. 4 L., Breite des Ober-
randes 6 $\frac{1}{2}$ L., Breite der Seitenränder 7 L.

No. 68.

*St. Bruno. St. Agnes. St. Hugo. Derselbe. Die heilige
Maria und Johannes der Täufer. (1515.)

*(St. Bruno. St. Agnès. St. Hugues. Le même. St. Marie et
Jean Baptiste, de la première moitié du 16e siècle.
6 feuillets, dont le 1er en 2 exemplaires.)*

Die Zeichnung dieser 6 Bilder ist gut, das beste ist dasjenige der
h. Agnes, bei welchem die Auffassung an Giotto erinnert; der Schnitt
der Linien ist stark, und der Druck roh mit der Presse ausgeführt.
Für die Entstehungszeit der Bilder giebt der Heiligenschein des St. Bruno
einen bestimmten Anhalt: St. Bruno wurde 1514 durch Leo X. heilig ge-
sprochen. Wahrscheinlich sind die Bilder bald nachher (um 1515) gefertigt worden; später als 1550 können sie nicht entstanden sein.

H. 5 Z. 6 L. bis 5 Z. 10 L., B. 4 Z. 10 L.

No. 69 a. b.

*Schandgemälde mit Schmähbrief. Pictura famosa. (1554.)

*(Peinture de honte avec lettre de blâme, du milieu du 15e siècle.
2 feuillets avec une lettre de blâme originale.)*

Schandgemälde und Schmähbriefe sind Mittel einer rechtlichen
Selbsthülfe, welche seit der Zeit Rudolphs von Habsburg aufkam und
bis Ende des 16. Jahrhunderts angewendet wurde. — Die Figuren sind
alle in der spanischen Modetracht des 16. Jahrhunderts dargestellt, in
der Kleidung der vornehmen Stände. Die Zeichnung ist naturwahr, die
Linien des Schnittes stark und rauh, das Colorit von sehr geringer

3

Sorgfalt. Ueber den Ort, wo die Bilder gedruckt sind, giebt es keine Nachricht. Passavant im Peintre-graveur T. I, p. 82 nennt Schwaben; man kann jedoch ebenso gut Frankfurt a. M., Leipzig oder einen andern Ort, wo der Buch- und Kunsthandel blühte, annehmen.

a: H. 12 Z. 2 L., B. 15 Z. 5 L.

b: H. 11 Z. 1 L., B. 14 Z. 11 L.

(Feuillets coloriés.)

Holzschnitte in Metallrahmen.

*(Les gravures sous No. 70 à 74 sont des gravures sur bois,
mais encadrées par des bordures gravées sur métal et
en partie imprimées conjointement.)*

No. 70.

* 𝕸𝖆𝖗𝖎𝖆 𝕸𝖆𝖌𝖉𝖆𝖑𝖊𝖓𝖆 𝖒𝖎𝖙 𝖉𝖊𝖗 𝕾𝖆𝖑𝖇𝖊𝖓𝖇ü𝖈𝖍𝖘𝖊.
(Um 1430—1440.)

(St. Marie Madeleine avec le boîtier, du 2 quart du 15e siècle.)

Ein viereckiger Rand mit kreisrunden Rosetten in den Ecken und
Palmetten an den Seiten umschliesst das Bild. Das Colorit ist matt
und scheint auf den Niederrhein zu verweisen. Das schöne Blatt dürfte
im zweiten Viertel des 15. Jahrhunderts (zwischen 1430 und 1440) entstanden sein, wie sich aus dem faltenlosen Oberleibe des Kleides, aus
der weichen Drapirung und aus dem breit fliessenden Gewande der
Heiligen entnehmen lässt.

H. 7 Z. 2 L., B. 4 Z. 9 L.

(Feuillet colorié.)

No. 71.

𝕾𝖙. 𝕭𝖗𝖎𝖌𝖎𝖙𝖙𝖆 𝖛𝖔𝖓 𝕾𝖈𝖍𝖜𝖊𝖉𝖊𝖓. (Um 1450.)

(St. Brigitte de Suède, du milieu du 15e siècle.)

In der Tracht des Brigittenordens, den sie gründete. Der Metallrahmen des Bildes ist in jeder Ecke mit einer silbernen Rosette, in
den übrigen Theilen mit grünem Laubwerk und röthlichen Blumen ausgefüllt. Die Zeichnung der Figur, der Embleme und des Rahmens ist
sicher, geschmackvoll und ohne Steifheit. Das Colorit ist sorgfältig, der

3 *

Ausdruck des Gesichtes ernst und sprechend. Der Ort der Entstehung
ist nicht genau zu ermitteln (vielleicht Augsburg); die Zeit der Entstehung dürfte wegen des gänzlichen Mangels der Knickfalten die Mitte
des 15. Jahrhunderts sein.

H. 6 Z. 11 L., B. 5 Z. 1 L.

(Feuillet colorié.)

No. 72.

St. Hieronpmus. (Um 1450.)

(St. Jérome, du milieu du 15e siècle.)

Mit dem Cardinalshut und Cardinalsmantel, in einem Zimmer, vor
ihm der Löwe. Der Metallrahmen zeigt arabeskenartige Figuren auf
schwarzem Grunde, in jeder Ecke ein phantastisches Menschenhaupt.
Zeichnung und Schnitt sind allenthalben fein und gewandt. Das Colorit
ist sehr matt. Der weiche Faltenwurf und die breitfliessende Fülle des
Mantels auf dem Fussboden verweisen das Bild in die Mitte des
15. Jahrhunderts. Die Heimath des Bildes ist schwer zu bestimmen.
(Wahrscheinlich Oberdeutschland).

H. 6 Z. 9 L., B. 4 Z. 6½ L.

(Feuillet colorié.)

No. 73.

*Das Martprium St. Johannes des Evangelisten.

(1450—1460.)

(Le martyre de St. Jean l'évangeliste, du 3e quart du 15e siècle.)

Illustration der Sage, dass Johannes auf Befehl des Kaisers Domi-
tian vor der Porta Latina zu Rom mit siedendem Oel überschüttet
wurde, aber vollkommen unversehrt blieb. Dieses Blatt ist ein besonders
schönes Erzeugniss der Holzschneidekunst, und ist in seiner Ausführung
nur der Maria Magdalena No. 70 zur Seite zu stellen. Die Composition
ist lebendig, die Zeichnung correct, der Ausdruck sprechend, der Schnitt
leicht und sicher. Das Colorit, welches die Conturen sorgfültig einhüllt,
ist unter keine bekannte Kategorie zu bringen und kann für die Bestimmung der Heimath des Bildes nicht maassgebend sein. Dem Character der Inschrift nach gehört das Bild nach Süddeutschland. Die
Tracht der Figuren, die natürliche, nicht mehr conventionelle Form
und Farbe der Wolken, die Schriftform und die allgemeine Art der

Behandlung machen als Entstehungszeit die zweite Hälfte des 15. Jahrhunderts wahrscheinlich. Der Metallrahmen gleicht demjenigen von No. 70.

H. 10 Z., B. 7 Z. 8 L.

(Feuillet colorié.)

No. 74.

Das jüngste Gericht. '(1469.)

(Le jugement dernier, du 3ᵉ quart du 15ᵉ siècle.)

Die Conception des Bildes ist ansprechend, der Ausdruck lebendig, die Zeichnung ziemlich gewandt, der Schnitt aber ungeschickt. Die Gewandung ist ohne schroff geknickte Falten, der Stoff der Kleider noch weich. Das Unterkleid der Maria ist oben und in der Taille ganz anliegend, die Falten beginnen erst an den Hüften. Es zeugt dies für die zweite Hälfte des 15. Jahrhunderts, womit die handschriftliche Jahreszahl des Bildes (14) 68 — Anno trom — stimmen würde. Das Colorit ist von dem der schwäbischen Schule verschieden (vielleicht niederrheinisch).

H. 9 Z. 10 L., B. 7 Z. 2 L.

(Feuillet colorié.)

Holzschnitte.

(Gravures sur bois.)

No. 75.

**Chriſtus unter der Kelter. (1380—1390.)

(Jésus-Christ sous le pressoir, du dernier quart du 14e siècle.)

Die Linien der Zeichnung ſind kräftig. Das Colorit iſt auf dem
ſehr vergelbten Papier ſchwer zu erkennen. Der Urſprungsort iſt un-
gewiss. Die Entstehungszeit möchte nach dem Mangel der Glorie, nach
der Form des Kelches, die ganz der einfachen von Theophilus Presbyter
vorgeſchriebenen entspricht und nach der hageren, schlanken Figur Jesu
zu schliessen in das letzte Viertel des 14. Jahrhunderts fallen. Offenbar gehört das Bild zu den älteſten Erzeugnissen der Xylographie.

H. 9 Z. 10 L., B. 6 Z. 9½ L.

Das Bild ist an der linken Seite ziemlich defekt.

(Feuillet colorié, endommagé à la marge gauche.)

No. 76.

Chriſtus im Garten Gethſemane. (1420—1430.)

*(Jésus-Christ au jardin Gethsemane. 2 fragments du 1er quart
du 15e siècle.)*

Zwei Fragmente. Das erste Fragment enthält nur Inschrift; das
zweite besteht aus dem linken Theile eines Holzschnittes und zeigt die
ſchlafenden Jünger aus einer Darstellung von Christus im Garten Gethſemane. Die Farben sind die von Augsburg oder Ulm. Entstehungszeit
zwischen 1420 und 1430.

I.: H. 1 Z. 4 L., B. 7 Z. 2 L.

II.: H. 9 Z., B. 1 Z. 6 L.

(Feuillets coloriés.)

No. 77.

Maria im Bruftbild mit dem Kinde, welches die Mutter liebkofet. (Um 1430.)

(St. Marie en buste avec l'enfant Jésus caressant la mère, du 2 quart du 15ᵉ siècle.)

Die Zeichnung ist correct, der Schnitt in kräftigen Linien ausgeführt, das Colorit sorgfältig, aber der Ausdruck in den Gesichtern ziemlich hart. Die weiche Rundung der Falten spricht hinsichtlich der Entstehungszeit des Bildes für die ersten Jahre des 15. Jahrhunderts; da aber die Colorirung der Luft und insbesondere die farbige Schattirung der Falten eine spätere Zeit anzudeuten scheint, so liegt es nahe, das Bild für die Copie eines Gemäldes aus dem Anfang des 15. Jahrhunderts zu halten, dessen Eigenthümlichkeiten der Formschneider beibehielt. Wahrscheinliche Entstehungszeit um 1430. Das Colorit erinnert an niederrheinische Producte.

H. 12 Z. 4 L., B. 9 Z. 4 L.

(Feuillet colorié.)

No. 78.

Maria im Bruftbild mit dem Chriftuskinde an der Bruft.
(Um 1430.)

(St. Marie en buste avec l'enfant Jésus à la mamelle, de la 1ʳᵉ moitié du 15ᵉ siècle.)

In der rechten Hand trägt sie ein Crucifix. Die Tracht, besonders die glatten Haare der Maria, weisen auf das Ende des ersten und den Anfang des zweiten Drittels des 15. Jahrhunderts, das Colorit spricht für Augsburg und Ulm.

H. 6 Z. 6 L., B. 5 Z.

Der ganze untere Theil des Bildes ist bis nahe an die Füsse des Christuskindes weggeschnitten und ebenso fehlt durch Abschnitt Einiges oben und an der linken Seite der Darstellung.

(Feuillet colorié, découpé en bas jusqu'aux pieds de l'enfant Jésus et un peu aux marges supérieure et gauche.)

No. 79.

St. Johannes Evangelista mit Schlangenkelch. (Um 1430.)

(St. Jean l'évangeliste avec le calice de serpent, de la première
moitié du 15⁰ siècle.)

Die Gewandung auf diesem Bilde ist von ungewöhnlicher Leichtigkeit und Weichheit, die Linien sind fein und scharf wie mit der Feder
gezeichnet. Wahrscheinliche Entstehungszeit die Mitte der ersten Hälfte
des 15. Jahrhunderts. Ueber die Heimath des Bildes lässt sich etwas
Bestimmtes nicht feststellen. Das Colorit ist matt.

H. 4 Z. 6 L., B. 2 Z. 5 L.

An den langen Rändern weggeschnitten.

(Feuillet colorié, découpé aux marges.)

No. 80.

*Die Waffen Christi mit Ablaßbrief. (Um 1430.)

(Les armes de Jésus-Christ avec une lettre d'indulgence, de la
1ᵉ moitié du 15ᵉ siècle.)

Unter den ähnlichen Compositionen der Sammlung ist diese die
umfänglichste. Die Zeichnung ist frei und ungezwungen, der Schnitt
nicht besonders fein, doch sicher und gewandt. Das Colorit wenig sorgfältig, aber ungewöhnlich frisch. Die Spracheigenthümlichkeit des unter
dem Bilde befindlichen Textes und das Colorit lassen das südwestliche
Deutschland als die Heimath des Bildes erkennen. Die Entstehungszeit
desselben, wie sich namentlich aus dem Mangel der Hakenfalten ergiebt,
fällt in die erste Hälfte des 15. Jahrhunderts.

H. 15 Z. 4 L., B. 10 Z. 3 L.

(Feuillet colorié.)

No. 81.

*Mariä Verkündigung.

(L'annonciation à St. Marie.)

Vergleiche die Bemerkungen zu dem Parallelbild No. 18.

(Une description détaillée de ce feuillet important est déjà donnée
sous No. 18 de cette collection, dont celui-ci est une copie
gravée sur bois.)

No. 82.

St. Bernhard's Vision. (Um 1440.)

(La vision du St. Bernard, de la fin du 2 quart du 15e siècle.)

Die Hauptgruppe ist ganz dieselbe, wie auf dem Metallschnitt
No. 32. Hinzugefügt sind drei Engelgestalten in halber Figur. Die
Zeichnung ist correct und im St. Bernhard ausdrucksvoll, während der
Schnitt, besonders in den Nebenfiguren, ziemlich hart ist. Das Colorit
ist sorgfältig. Das weite, in fliessende Falten endende Gewand des h. Bern-
hard und die locker geflochtenen Haare der Engel deuten auf das zweite
Viertel des 15. Jahrhunderts; durch das beigefügte Wappen ist die Abtei
Kaisersheim bei Donauwörth als die Heimath des Bildes bezeichnet.

H. 5 Z. 10 L., B. 4 Z. 2 L.

(Feuillet colorié.)

No. 83.

Christus im Garten Gethsemane. (Um 1440.)

*(Jésus-Christ au jardin Gethsemane, de la fin du 2 quart du
15e siècle.)*

Die Zeichnung ist roh und unbeholfen, die Köpfe der Figuren sind
ohne Ausdruck, die Falten der Kleider ziemlich weich, die Linien bestimmt, das Colorit lebhaft, aber roh. Die Buchstaben der Spruchbänder
sind gothische Minuskeln, wie sie in der Schrift seit der Mitte des
14. Jahrhunderts gebraucht werden. Entstehungszeit um 1440.

H. 7 Z. 3 L., B. 4 Z. 8 L.

(Feuillet colorié.)

No. 84.

Christus am Kreuze. (Um 1440.)

*(Jésus-Christ attaché à la croix, de la fin du 2 quart
du 15e siècle.)*

Die Zeichnung ist etwas unbeholfen, die Gewandung in den Falten
weich und fliessend, das Colorit verblichen. Die Arbeit ist oberdeutsch,
wahrscheinlich aus dem zweiten Viertel des 15. Jahrhunderts.

H. 3 Z. 10 L., B. 2 Z. 5 L.

(Feuillet colorié.)

No. 85.

*Maria mit dem Kinde, umgeben von acht Heiligen.
(1440—1450.)

*(St. Marie avec l'enfant Jésus, entourée de huit saints, du
milieu du 15e siècle.)*

Maria sitzt auf einem Throne unter einem grossen gothischen Bal-
duchin; die Heiligen sind ohne Glorien. Das Bild ist gut gruppirt, die
Zeichnung richtig und der Ausdruck in den Gesichtern, obgleich der
Schnitt etwas hart und eckig ist, ziemlich lebhaft. In Rücksicht auf
die Tracht und die weichen, hakenlosen Falten der Mäntel ist das Bild
in die Mitte des 15. Jahrhunderts zu setzen. Die Arbeit ist oberdeutsch
und das Colorit lässt speciell auf Augsburg als die Heimath des Bildes
schliessen.

H. 10 Z., B. 7 Z. 4 L.

(Feuillet colorié.)

No. 86.

*Maria mit dem lefenden Chriftuskinde. (1440—1450.)

(St. Marie et l'enfant Jésus lisant, du milieu du 15e siècle.)

Die Gestalt der Maria von grosser Einfachheit der Haltung, der
Gesichtsausdruck ansprechend und mild. Der Teppich im Hintergrunde
und der, auf welchem das Kind sitzt, von ungewöhnlich reicher Zeichnung. Das Bild ist der Gewandung nach in die Mitte des 15. Jahrhunderts zu setzen. Der ruhige Character des Ganzen, die weichen
Formen des Gesichts der Maria und das Colorit deuten auf Cöln als
Entstehungsort.

H. 10 Z. 5 L., B. 6 Z. 11 L.

(Feuillet colorié.)

No. 87.

St. Hieronpmus mit dem Pluviale unter dem Cardinalshute
zieht dem Löwen den Dorn aus. (1440—1450.)

*(St. Jérome avec le pluvial sous le chapeau de cardinal tirant
l'épine du pied du lion, du milieu du 15e siècle.)*

Vergleiche Metallschnitt No. 24. Die Hauptfigur ist befriedigend
gezeichnet, die Falten sind ziemlich weich, doch kündigen sich bereits

Knickfalten an. Das Colorit ist dasjenige von Augsburg und Ulm. Entstehungszeit: Mitte des 15. Jahrhunderts.

H. 10 Z., B. 7 Z. 4 L.

(Feuillet colorié.)

No. 88 a.

* St. Katharina von Aegypten. (1440—1450.)

(St. Cathérine d'Egypte, du milieu du 15e siècle.)

Ihre Attribute Rad und Schwert. Die Falten des Mantels sind ziemlich weich, noch ohne Hakenfalten. Die Zeichnung ist gut, aber im Schnitte, was das Gesicht betrifft, wenig geschickt ausgeführt. Nach Drapirung, Schnitt und Colorit zu urtheilen, ist das Bild in der Mitte des 15. Jahrhunderts in Augsburg oder Ulm entstanden. Es ist in einen Rahmen eingesetzt, der demjenigen des folgenden Bildes vollkommen gleicht.

H. 7 Z. 2 L., B. 5 Z. 1 L.

(Feuillet colorié.)

No. 88 b.

* St. Barbara.

(St. Barbe, du milieu du 15e siècle.)

Ihr Attribut ein Thurm, darin ein Kelch mit einer Hostie. Zeichnung und Colorit sind ganz im Character des vorhergehenden Bildes, daher Zeit und Ort der Entstehung dieselben wie bei jenem.

H. 7 Z. 2 L., B. 5 Z. 2 L.

(Feuillet colorié.)

No. 89.

Maria in der Rosenlaube. (1440—1450.)

(St. Marie dans un cabinet de roses, du milieu du 15e siècle.)

Die Form der Haare und die reichen fliessenden Falten deuten auf die Mitte des 15. Jahrhunderts und die lebhaften Farben sprechen für Augsburg als Heimath des Bildes.

H. 7 Z., B. 4 Z. 10 L.

(Feuillet colorié.)

No. 90.

Chriftus am Oelberge. (1440—1450.)

(Jésus-Christ à la montagne des oliviers, du milieu du 15e siècle.)

Im Vordergrunde drei schlafende Jünger, im Hintergrunde Judas und die Kriegsknechte. Die Zeichnung ist charactervoll, die Gewandung zeigt nur den Anfang der Knickfalten, ist aber übrigens weich und fliessend. Das Blatt ist jedenfalls oberdeutsch; die Auffassung der Oertlichkeit stimmt ganz mit der auf oberdeutschen Blättern gewöhnlichen überein. Entstehungszeit: Mitte des 15. Jahrhunderts.

H. 5 Z., B. 3 Z. 6 L.

No. 91.

*Chriftus und die Nonne. (1440—1450.)

(Jésus-Christ et une réligieuse, du milieu du 15e siècle.)

Der Text unter dem Bilde, der ein versificirtes Wechselgespräch der dargestellten Personen enthält, zeugt für oberdeutschen Ursprung. Das Colorit spricht bestimmter für Augsburg oder Ulm. Die reiche Fülle der Kleidung, die hin und wieder auftretenden harten Falten, wie die Form der Glorie Christi versetzen das Bild in die Mitte des 15. Jahrhunderts.

H. 14 Z., B. 9 Z. 5 L.

(Feuillet colorié.)

No. 92.

Die Meffe St. Gregorius von Baftian Ulmer.
(Um 1440—1450.)

(La messe de St. Grégoire par Bastien d'Ulm, du 2 quart du 15e siècle.)

Christus erscheint zur Bestätigung der Transsubstantiation des Brodes aus einer Grabkiste auf dem Altar. Die Unterschrift, die einen Ulmer Bastian als den Formenschneider bezeichnet, stellt die Heimath des Bildes ausser Zweifel, giebt aber, da die Lebensumstände dieses

Bastian uubekannt sind, für die Bestimmung der Entstehungszeit keinen
Anhaltepunkt. Costüm und Draperie sprechen für die Zeit zwischen
1440 und 1450. Das Colorit ist fast verblichen.

H. 6 Z. 9 L., B. 4 Z. 10 L.

(Le colorit a presque disparu.)

No. 93.

*Die Buße des St. Hieronymus. (Um 1440—1450.)

(La pénitence du St. Jérôme, du milieu du 15e siècle.)

Die Zeichnung ist ziemlich roh, Perspective fehlt, das Colorit ist
nachlässig. Die Falten am Rocke des Heiligen sind bereits etwas
hakenförmig. Das Blatt gehört in die Mitte des 15. Jahrhunderts und
stammt dem Colorit nach aus Augsburg oder Ulm.

H. 9 Z. 10 L., B. 6 Z. 7 L.

(Feuillet colorié.)

No. 94.

*St. Johannes der Täufer in der Wüste.. (1440—1450.)

(St. Jean Baptiste dans le désert, du milieu du 15e siècle.)

Die Conception des Bildes hat etwas Freies, die Haltung des Johannes ist würdig. Schnitt und Colorit haben die Eigenthümlichkeit
Augsburger oder Ulmer Arbeiten. Die Haarform, die weiche, wenn
auch strenge, doch nicht hart gebrochene Gewandung sprechen für die
Mitte des 15. Jahrhunderts.

H. 10 Z. 4 L., B. 6 Z. 11 L.

(Feuillet colorié.)

No. 95.

Christus am Kreuze mit Sonne und Mond und drei Engeln.
(1440—1450.)

(Jésus-Christ attaché à la croix avec le soleil, la lune et 3 anges,
du milieu du 15e siècle.)

Drei Engel fangen das Blut aus seinen Wunden auf. Unter dem
Kreuze Maria und Johannes. Die Zeichnung ist hart, namentlich im

Körper Jesu, das Colorit roh und nachlässig, in den Gewändern finden
sich Andeutungen der Knickfalten. Das Bild ist in der Mitte des
15. Jahrhunderts entstanden und gehört der schwäbischen Schule an.

H. 10 Z. 4 L., B. 6 Z. 11 L.

(Feuillet colorié.)

No. 96.

Greisrundes Medaillon mit der Inschrift y h s.

(1440—1450.)

(Médaillon rond avec l'inscription y h s, du milieu du 15ᵉ siècle.)

Die Inschrift y h s (Jesus hominum salvator) in gothischer Form.
In der Mitte des Medaillons das Crucifix, ausserhalb desselben die Symbole der vier Evangelisten. Die Zeichnung ist gut, der Schnitt scharf.
Die Gewandung und das Crucifix weisen auf die Mitte des 15. Jahrhunderts, das Colorit deutet auf Ulm.

H. 10 Z. 2 L., B. 7 Z. 1 L.

(Feuillet colorié.)

No. 97.

Die Stigmatifirung des St. Franciscus von Affifi.

(Um 1440—1450.)

(La stigmatisation de St. François d'Assise, du milieu
du 15ᵉ siècle.)

Neben Franciscus sein Schüler Leo als Mönch, im Mittelgrunde
der Landschaft ein Bär. Das Bild ist gut concipirt, aber in starken
Linien ausgeführt. Die Falten sind schon ziemlich, scharf geknickt.
Das Colorit, das wenig sorgfältig behandelt ist, weist auf Augsburg
oder Ulm. Entstehungszeit: Mitte des 15. Jahrhunderts.

H. 6 Z. 2 L., B. 4 Z. 1 L.

(Feuillet colorié.)

No. 98.

Die Heimfuchung Mariä.   (1440—1450.)

(La visitation de la vierge, du milieu du 15ᵉ siècle.)

Zeichnung und Schnitt sind sehr befriedigend, der Ausdruck der
Gesichter ist characteristisch. Die Kleidung mit einigen Hakenfalten

weist in die Mitte des 15. Jahrhunderts. Die Heimath des Bildes ist dem Colorit nach jedenfalls Oberdeutschland, wahrscheinlich Schwaben.

H. 2 Z. 11 L., B. 1 Z. 11 L.

Der Rand des Blättchens ist abgeschnitten.

(Feuillet colorié, rogné aux marges.)

No. 99.
Die Vertreibung Adam's und Eva's aus dem Paradiese.
(1440—1450.)

(L'expulsion d'Adam et d'Eve du paradis, du milieu du 15e siècle.)

Arbeit und Colorit weisen auf Augsburg oder Ulm. Entstehungszeit: Mitte des 15. Jahrhunderts.

H. 4 Z. 10 L., B. 3 Z. 3 L.

Das Blatt ist oben und an der linken Seite beschädigt und auf Pergament gezogen.

(Feuillet colorié, endommagé aux marges gauche et du haut et monté sur vélin.)

No. 100.
Maria im Brustbild das Christkind säugend. (Um 1450.)

(St. Marie en buste allaitant l'enfant Jésus, du milieu du 15e siècle.)

Die Zeichnung ist correct, das Colorit der Figuren hält die Linien sorgfältig ein, das des Teppichs ist nachlässig. Das Bild gehört der Mitte des 15. Jahrhunderts an.

H. 10 Z. 1 L., B. 6 Z. 9 L.

(Feuillet colorié.)

No. 101.
St. Apollonia. (Um 1450.)

(St. Apollonie, du 3e quart du 15e siècle.)

In der Linken die Zange mit einem Zahn, in der Rechten ein Buch. Costüm, Faltenwurf und Einband des Buches lassen das dritte

Viertel des 15. Jahrhunderts als Entstehungszeit annehmen. Das Colorit
ist Ulmisch.

H. 6 Z. 4 L., B. 3 Z. 10 L.

Das Blatt ist etwas defekt.

(Feuillet colorié, peu défectueux.)

No. 102.

St. Agnes. (Um 1450.)

(St. Agnès, du milieu du 15ᵉ siècle.)

Die Zeichnung ist, wenn auch das Gesicht ausdruckslos erscheint,
besonders in Darstellung der Hände sehr gewandt und die Drapirung
im Ganzen gefällig. Das Colorit ist sorgfältig. Der Ursprungsort lässt
sich mit Sicherheit nicht bestimmen, doch scheint das Blatt wegen der
grossen Feinheit des Schnittes keine oberdeutsche Arbeit zu sein. Entstehungszeit: Mitte des 15. Jahrhunderts.

H. 6 Z. 6½ L., B. 2 Z. 5 L.

Etwas beschnitten.

(Feuillet colorié, peu rogné.)

No. 103.

*a. Chriſtus der gute Hirte. (Um 1450.)

Auf der Rückseite des Blattes ein misslungener Druck:

b. Die Dreieinigkeit.

*(Jésus-Christ le bon pasteur, du milieu du 15ᵉ siècle; sur le verso
une impression malfaite d'une gravure sur bois du même
temps représentant la St. Trinité.)*

Die Zeichnung des ersten Bildes ist ausdrucksvoll. Die Sprache
der Inschrift weist auf Schwaben, das Colorit auf Augsburg oder Ulm.
Die schlichten Falten, welche nur Andeutungen von schärferen Brüchen
zeigen, lassen als Entstehungszeit die Mitte des 15. Jahrhunderts annehmen.

Der Druck des Bildes b. (die Dreieinigkeit) ist durch Verschiebung
des Holzstockes doppelt, blass und schief geworden. Zeichnung und
Schnitt dieses Blattes scheinen vorzüglich. Das reiche Gewand Gott-
Vaters hat schon ziemlich scharfe Brüche. Die Arbeit ist offenbar

besser, als die des „guten Hirten" und scheint in den Anfang der
zweiten Hälfte des 5. 1Jahrhunderts zu gehören. Das Blatt ist nicht
colorirt.

H. 9 Z. 10 L., B. 6 Z. 9 L.

(Le feuillet „a" est colorié.)

No. 104.

Chrifti Gefangennehmung und Chrifti Kreuztragung.

Zwei Blätter aus einer Paffion. (Um 1450.)

*(L'arrestation de Jésus-Christ et le Sauveur portant la croix.
2 feuillets d'une Passion, du milieu du 15e siècle.)*

Nach der Tracht und Rüstung der Kriegsknechte auf beiden Bildern
muss die Entstehungszeit derselben in die Mitte des 15. Jahrhunderts
verlegt werden. Das Colorit ist schwäbisch.

H. 3 Z. 8 L., B. 2 Z. 10 L.

(Feuillet colorié.)

No. 105.

Die Meffe des heiligen Gregorius. (1450—1460.)

(La messe du St. Grégoire, du milieu du 15e siècle.)

Das Bild ist von einem Rahmen umgeben, der von Rosetten in
Quadraten und von Akanthusblättern in Oblongen, die mit einander ab-
wechseln, gebildet wird. Die Linien sind fein geschnitten, die Stellung
der Figuren ist natürlich, und Alles mehr ausgeführt und reicher verziert, als auf der Darstellung des nämlichen Gegenstandes unter No. 92.
Die Gewandung hat scharf geschnittene, aber noch keine geknickten
Falten. Entstehungszeit: Mitte des 15. Jahrhunderts. Das Colorit weist
auf Ulm. Vergleiche No. 92.

H. 9 Z., B. 6 Z. 9 L.

(Feuillet colorié.)

No. 106.

*Die Meffe des heiligen Gregorius.

Nicht colorirt. (1450—1460.)

(La messe du St. Grégoire, du milieu du 15e siècle.)

Die Zeichnung ist in starken Linien durchgeführt, aber die Gesichter haben Ausdruck, die Figuren natürliche Haltung und die Dra-

perie ist geschmackvoll und fliessend. Entstehungszeit: Mitte des 15. Jahrhunderts. Die Sprache des unter dem Bilde befindlichen Textes ist mitteldeutsch und erinnert an Thüringen. Vergleiche No. 92.

H. 10 Z., B. 6 Z. 9 L.

(Exemplaire non colorié.)

No. 107.

St. Hieronymus heilt den Löwen. (1450—1460.)

(St. Jérome guérissant le lion, du 3e quart du 15e siècle.)

Die Zeichnung ist sicher und gewandt, aber die Linien stark und für das Gesicht unangemessen. Dem Colorit nach scheint der Ober-Rhein die Heimath des Bildes zu sein, und, wie die beginnenden Haken-falten andeuten, gehört dasselbe dem dritten Viertel des 15. Jahr-hunderts an.

H. 5 Z. 11 L., B. 4 Z. 2 L.

(Feuillet colorié.)

No. 108.

Christus als Schmerzensmann vor der Grabkiste. (1450—1460.)

(Jésus-Christ, l'homme douloureux, devant le cercueil, du milieu du 15e siècle.)

Der Schnitt ist scharf, die Zeichnung deutlich, aber ohne Perspec-tive, die Haltung Jesu fest und entschieden. Das Bild ist wahrschein-lich eine Arbeit aus der Mitte des 15. Jahrhunderts und colorirt.

H. 5 Z. 2 L., B. 2 Z. 11 L.

(Feuillet colorié.)

No. 109.

*** Moral Play;

oder:

Stanzen auf die sieben theologischen Tugenden.

(1450 — 1470.)

(Le seul fragment xylographique connu d'un „Moral Play"; ou Stances sur les sept vertus théologiques", du 3ᵉ quart du 15ᵉ siècle. Voir la longue description sous le même numéro de mon ouvrage „Collectio Weigeliana".)

Dieses bis jetzt einzige bekannte Fragment eines eng-
lischen xylographischen Schriftdruckes besteht aus sieben
Reihen von je zwei Versen, welche Mr. Payne Collier für Reste eines
bisher gänzlich unbekannten Morel Play, Mr. Henry Bradshaw für
Stanzen auf die sieben theologischen Tugenden erklärt, die zu Schriftbändern für bildliche Darstellungen dieser Tugenden bestimmt gewesen
seien. Der Schrift nach dürfte das interessante Unicum in die Zeit
zwischen 1450 und 1470 zu setzen sein.

Brit. Museum. H. 16 Z. 6 L., B. 19 Z. 9 L.

No. 110.

*Die XIV Nothhelfer.

Zwei Blätter in Querfolio. (Gegen 1460.)

(Les XIV martyrs ou secours libérateurs. 2 feuillets en folio-oblong, du milieu du 15ᵉ siècle.)

Von diesen Nothhelfern, Märtyrern der christlichen Kirche, die man
als Fürbitter anrief, sind auf dem ersten Blatt sechs, in der Mitte derselben die Kreuzigung, auf dem zweiten Blatt acht dargestellt. Der
Mangel der Knickfalten, die Rüstung des heiligen Georg und das Schwert
der h. Katharina verweisen die Blätter in die Mitte des 15. Jahrhunderts. Das wenig sorgfältige Colorit deutet auf Augsburg oder Ulm.

Jedes Blatt: H. 4 Z. 5 L., B. 12 Z. 9 L.

(Feuillets coloriés.)

4*

No. 111.

*Turris Sapientiae.   (Um 1460.)

(Le tour de la sagesse, du 3e quart du 15e siècle.)

Das Sinnbild der christlichen Moral, wie der Inhalt der Inschriften
zeigt. Ausser diesem Exemplar sind nur noch zwei Darstellungen des
nämlichen Gegenstandes bekannt, von denen die eine im Besitz des
Brit. Museums mit dem Blatt unserer Sammlung vollständig übereinstimmt; eine zweite ist vom Buchhändler J. Lilly in London im Catalogue von 1852, S. 63 aufgeführt worden. Das in sehr beschränkter
Weise angewendete Colorit scheint für Süddeutschland als die Heimath
des Bildes zu sprechen. Nach dem Character der Schrift dürfte dasselbe dem dritten Viertel des 15. Jahrhunderts angehören.

H. 14 Z. 4 L., B. 9 Z.

Die das Blatt umfassende Linie ist oben und unten weggeschnitten.

(La ligne entourant ce feuillet colorié est découpée en haut
et en bas.)

No. 112.

**Die acht Schalkheiten.   (Um 1460.)

(Les huit espèces de rusés, du 3e quart du 15e siècle.)

Ein xylographisches Werkchen, ohne Titel und Jahrzahl, wie ohne
Angabe des Druckortes und des Verfassers, jetzt in acht Blätter zer-
legt, ursprünglich auf einem Bogen zusammen gedruckt; bis jetzt in
diesem einzigen Exemplar bekannt. 1. Der Kaufmann mit
leichtem Gewicht. 2. Der Kaufmann mit kurzer Elle. 3. Der Gold-
schmied mit unechtem Silber. 4. Der glatte Betrüger und Wucherer.
5. Der betrügerische Seiler. 6. Der betrügerische Grobschmied. 7. Der
Kirchendieb. 8. Der betrügerische Unterhändler. Die Zeichnung ist
scharf bestimmt und nicht ungeschickt. Die Schattirung fehlt gänzlich
und ist nur durch etwas stärkere Linie angedeutet. Der Dialekt der
Inschriften ist schwäbisch. Die Schriftform und das Costüm lassen annehmen, dass die Blätter im dritten Viertel des 15. Jahrhunderts entstanden sind.

(Seul exemplaire connu jusqu'à présent.)

No. 113.

**Die Messe des heiligen Gregorius mit Ablaß in niederländischer Sprache. (Um 1460.)

(La messe du St. Grégoire avec lettre d'indulgence en langue néerlandaise, du 3e quart du 15e siècle.)

Dieser Holzschnitt ist einer von den wenigen niederländischen des 15. Jahrhunderts und deshalb besonders beachtenswerth. Die Zeichnung ist fein und ausdrucksvoll in den Köpfen, der Schnitt ist zart und sorgfältig, ganz in der Manier der künstlerisch schönen Ausgaben der lateinischen Biblia Pauperum. Die Gewänder sind weit und faltenreich, die Falten haben den hakenförmigen Bruch. Entstehungszeit um 1460. Der niederländische Ursprung bezeugt sich nicht allein durch die Sprache der Inschrift, sondern auch durch die Manier des Schnittes und der Zeichnung sowie durch das Colorit.

H. 9 Z. 4 L., B. 6 Z. 8 L.

(Feuillet colorié.)

No. 114.

Die Messe des heiligen Gregorius. (Um 1460.)

(La messe du St. Grégoire, du 3e quart du 15e siècle.)

Dieses Blatt gleicht dem vorhergehenden so vollständig, dass das eine dem andern zur Nachbildung vorgelegen haben muss; jenes aber ist in Schnitt und Colorit ungleich besser ausgeführt, als dieses. Die Entstehungszeit desselben ist, wie die schwarzen Knickfalten bezeugen, gleichfalls das dritte Viertel des 15. Jahrhunderts. Text und Colorit, sowie die Art des Schnittes zeigen an, dass das Blatt der schwäbischen Schule angehört.

H. 9 Z. 4 L., B. 6 Z. 9 L.

An der linken Seite ist die Schrift und der Leib des Cardinals, der die Tiara trägt, verletzt.

(Feuillet colorié, endommagé du côté gauche.)

.

No. 115.

St. Chriſtoph. (Um 1460.)

(St. Christophe, du 3e quart du 15e siècle.)

St. Christoph, mit dem bekleideten Christuskinde, in reicher Landschaft. Die Zeichnung und Gruppirung ist nicht geistlos, der Schnitt
aber ist, die Gesichter und Gewänder abgerechnet, hart und steif, das
Colorit sorgfältig. Der ursprünglich nicht zum Bilde gehörende Rand
besteht aus Arabesken auf schwarzem Grunde. Da die Falten noch
nicht zu hart sind und die conventionelle Form der Felsen ohne alle
Schraffirung gegeben ist, so darf man das Bild ungefähr in das sechste
Jahrzehend des 15. Jahrhunderts setzen. Das Colorit ist oberdeutsch.

H. 8 Z. 1 L., B. 5 Z.

(Feuillet colorié.)

No. 116.

Chriſtus erſcheint der Maria Magdalena im Garten.
Joh. 20, 15. (Gegen 1460.)

(Jésus-Christ paraissant à Marie-Madeleine au jardin,
du 3e quart du 15e siècle.)

Die Gesichter, Hände und Füsse sind roh gezeichnet, die Gewandung und die Fahne sind zwar nicht ohne Härten, aber etwas ge-
fälliger. Der Schnitt hat feine Linien und erinnert an manche Arbeiten
von Ulm und Nördlingen. Das Colorit ist sehr verblichen.

H. 2 Z. 8 L., B. 2 Z. 1 L.

(Feuillet colorié.)

No. 117.

Chriſtus und Simeon. (Um 1460.)

(Jésus-Christ et Siméon, du 3e quart du 15e siècle.)

Die Zeichnung des Bildes ist naturtreu, die Gewandung leicht ge-
faltet, doch nicht ohne Haken, der Schnitt ist fest und sicher. Entstehungszeit um 1460. Arbeit und Colorit weisen auf Schwaben.

H. 2 Z. 8 L., B. 2 Z. 2 L.

(Feuillet colorié.)

No. 118.

Zwei Blätter aus einer Folge von Darstellungen des Lebens Jesu. (Um 1460.)

(Deux feuillets d'une suite de représentations de la vie de Jésus-Christ, du 3e quart du 15e siècle.)

a. Der Besuch der heiligen Jungfrau bei Elisabeth.
(La visite de la St. Vierge chez Elisabeth.)

Gruppirung und Zeichnung ist natürlich. Das faltenlose Unterkleid, der lose herabhängende Mantel, die schlanken Figuren in reicher Gewandung, die leichten ungeknickten Falten sprechen für die Mitte des 15. Jahrhunderts.

b. Christus als Weltenrichter.
(Jésus-Christ comme dernier juge.)

In Zeichnung, Schnitt, Colorit, Einfassung und Grösse stimmt dieses Blatt mit dem vorhergehenden überein. Beide sind als zu derselben Folge, in dieselbe Zeit und demselben Ort gehörig zu betrachten. Schnitt und Colorit sprechen für Oberdeutschland.

H. 2 Z. 6 L., B. 2 Z. 1½ L.

(Feuillets coloriés.)

No. 119.

Zwei Blätter einer Passion. (Um 1460.)

(Deux feuillets d'une Passion, du commencement du 3e quart du 15e siècle.)

1. Christus am Oelberge. (Jésus-Christ au mont des Oliviers.)

Die Zeichnung ist, was die Figuren betrifft, zufriedenstellend, der Schnitt scharf, das Colorit matt.

H. 2 Z. 6 L., B. 2 Z. 1 L.

2. Christi Grablegung. (La mise au tombeau de Jésus-Christ.)

Die Zeichnung ist sehr ansprechend, die Drapirung leicht und gefällig, der Schnitt ziemlich fein. — Beide Bilder sind in das dritte

Viertel des 15. Jahrhunderts zu setzen; als ihre Heimath ist Oberdeutschland zu bezeichnen.

H. 2 Z. 6 L., B. 2 Z. 1 L.

(Feuillets coloriés.)

No. 120.

Maria fäugt das Chriftuskind, umgeben von St. Katharina und St. Barbara. (Um 1460.)

*(St. Marie allaitant l'enfant Jésus entourée de St. Cathérine et
St. Barbe, du milieu du 15e siècle.)*

Die Zeichnung ist etwas steif, die Gesichter ausdruckslos. Die
Falten sind hart, entbehren aber noch die scharfen Haken der Knickfalten. Das Colorit ist ohne Schattirung und wenig sorgfältig. Die
angewendeten Farben, sowie die Form des Schnittes, sprechen für Ulm,
jedenfalls für Oberdeutschland, Kleidung und Faltenwurf für die Mitte
des 15. Jahrhunderts.

H. 4 Z. 11 L., B. 3 Z. 6 L.

(Feuillet colorié.)

No. 121.

Zwei Blätter Heilige. (Um 1460)

(Deux feuillets de Saintes, du 3e quart du 15e siècle.)

1. St. Katharina. (St. Cathérine.)

Die Zeichnung ist fein, die Falten sind gefällig und weich. Nach
Schnitt und Colorit erscheint Oberdeutschland als die Heimath des
Bildes; seine Entstehungszeit fällt in das dritte Viertel des 15. Jahr-
hunderts.

H. 2 Z. 5 L., B. 1 Z. 8 L.

2. St. Margaretha. (St. Marguérite.)

St. Margaretha, mit dem Drachen. Zeichnung, Schnitt, Druck und
Colorit sind in der Art des vorhergehenden Blattes; Zeit und Ort der
Entstehung daher dieselben, wie bei jenem.

H. 2 Z. 5 L., B. 1 Z. 8½ L.

(Feuillets coloriés.)

No. 122.

Maria im Bruſtbild mit dem Chriſtuskinde im linken Arme und Perlenſchmuck um den Hals. (Um 1460.)

(St. Marie en buste avec l'enfant Jésus sur le bras gauche et un collier de perles, du 3e quart du 15e siècle.)

Ohne Colorit. Die Zeichnung ist nicht fein aber sicher, die Ge-sichter ausdruckslos. Ungeachtet der scharfen Knickfalten scheint das Bild, namentlich wegen der Schriftform des beigefügten Textes, noch in die Mitte des dritten Viertels des 15. Jahrhunderts versetzt werden zu müssen.

H. 10 Z., B. 7 Z. 3 L.

(Feuillet non-colorié.)

No. 123.

Mariä Verkündigung. (Um 1460.)

(L'annonciation à St. Marie, du 3e quart du 15e siècle.)

In der Architektur des Zimmers ist ein Rundbogen und ein Spitz-bogen mit Eselsrücken bemerklich; die Holzdecke des Zimmers ist ge-wölbt. Die Zeichnung ist geistlos, das Colorit nachlässig; die Wahl der Farben deutet auf Ulm. Entstehungszeit um 1460.

H. 9 Z. 9 L., B. 6 Z. 9 L.

(Feuillet colorié.)

No. 124.

St. Theoneſtus oder St. Emeran und St. Alban. (Um 1460.)

(St. Théoneste ou St. Eméran et St. Alban, du 3e quart du 15e siècle.)

Zeichnung und Schnitt sind correct und kräftig, haben aber nichts Eigenthümliches. Das Colorit weist auf Regensburg. Entstehungszeit um 1460.

H. 7 Z., B. 4 Z. 9 L.

Feuillet colorié.)

No. 125.

St. Maria Aegyptiaca Himmelfahrt. (Um 1460.)

(L'assomption de St. Marie d'Egypte, du 3e quart du 15e siècle.)

Die Zeichnung ist naturgemäss, der Schnitt scharf, das Colorit
sorgfältig. In den Gewändern zeigt sich der Beginn der Knickfalten.
Entstehungszeit: das dritte Viertel des 15. Jahrhunderts. Die Gegend,
welcher das Bild angehört, muss unbestimmt gelassen werden.

H. 4 Z. 3½ L., B. 3 Z.

Der untere Rand fehlt.

(La marge inférieure de ce feuillet colorié est découpée.)

No. 126.

St. Stephanus. (Um 1460.)

(St. Etienne, du 3e quart du 15e siècle.)

Die Zeichnung der Figur ist naturgemäss, . die Falten sind zwar
etwas hart, aber nicht geknickt. Bäume und Felsen conventionell.
Entstehungszeit: das dritte Viertel des 15. Jahrhunderts. Das Colorit
ist oberdeutsch.

H. 3 Z. 10 L., B. 2 Z. 10 L.

(Feuillet colorié.)

No. 127.

Ecce homo. (Um 1460.)

Das Bild stammt wahrscheinlich vom Niederrhein; dies scheint namentlich die fleischige Behandlung des Körpers und die sorgfältige
Ausführung der Hände Christi anzudeuten; doch könnten die kraftvollen
Linien allerdings auch für Oberdeutschland sprechen. Nach der Form
der Lanze und der Art des Faltenwurfs muss das dritte Viertel des
15. Jahrhunderts als die Entstehungszeit des Bildes angenommen werden.

Das Blatt ist colorirt.

H. 7 Z. 3 L., B. 4 Z. 10 L.

(Feuillet colorié.)

No. 128.
St. Wolfgang. (Um 1460.)

(St. Wolfgang, du 3e quart du 15e siècle.)

Vergl. No. 20. Die ganze Arbeit hat oberdeutschen Character; die Kirche gleicht der Domkirche in München. Der Faltenwurf, die Schraffirung der Falten und die Form der schleppenden Alba bezeichnen das dritte Viertel des 15. Jahrhunderts als die Entstehungszeit des Bildes. Dasselbe ist colorirt.

H. 5 Z. 1 L., B. 3 Z. 2 L.

(Feuillet colorié.)

No. 129.
St. Dorothea. (Um 1460.)

(St. Dorothée, du milieu du 15e siècle.)

St. Dorothea, vor ihr das Christuskind auf einem Steckenpferde reitend. Die Zeichnung ist gut, der Schnitt sicher, die Linien sind kräftig. Die ganze Arbeit ist oberdeutsch, das Colorit erinnert insbesondere an Freisingen. Die Form der offenen, rückwärtsgekämmten Haare, wie die schlichten, nur in der Nähe des Bodens etwas scharf gebrochenen Falten weisen auf den Anfang der zweiten Hälfte des 15. Jahrhunderts.

H. 3 Z. 4 L., B. 2 Z. 6 L.

(Feuillet colorié.)

No. 130.
St. Margaretha. (Um 1460.)

(St. Marguérite, du 3e quart du 15e siècle.)

Zu ihren Füssen der Teufel in der Gestalt, die er häufig in der xylographischen Ausgabe der ars moriendi hat. Die Zeichnung ist sicher und natürlich, die Linien des Schnittes sind ziemlich stark, das Colorit hält die Conturen inne. Das Bild ist abgelöst aus dem Einbande eines Exemplares des Jac. de Voragine, legenda sanctorum, ed. August. Vindel. G. Zeiner., wodurch der Ort und die Zeit der Entstehung angedeutet ist.

H. 2 Z. 5 L., B. 2 Z. 2 L.

(Feuillet colorié.)

No. 131.

Auferstehung eines Heiligen.   (Um 1460.)

(La résurrection d'un Saint, du 3e quart du 15e siècle.)

Der Heilige erhebt sich aus einer Grabkiste, umgeben von einer Anzahl betender Heiliger, über denselben Gott-Vater und ein Engel. Entstehungszeit des Bildes: der Anfang der zweiten Hälfte des 15. Jahrhunderts. Das Colorit ist im oberdeutschen Geschmack.

H. 3 Z. 8 L., B. 2 Z. 3 L.

(Feuillet colorié.)

No. 132.

Christus und Thomas.   (Um 1460.)

(Jésus-Christ et St. Thome, deux feuillets du 3e quart du 15e siècle, le second une copie du premier.)

Zwei Blätter. 1. Die Gruppirung ist gut und die Zeichnung, mit Ausnahme der Gesichter, befriedigend, die Linien kräftig, der Druck deutlich. Der leichte Faltenwurf und die Form des im flachen Halbkreis geschlossenen Portals kennzeichnen als Entstehungszeit den Anfang des dritten Viertels des 15. Jahrhunderts.

H. 2 Z. 6 L., B. 2 Z. ½ L.

2. Derselbe Gegenstand in derselben Auffassung und Grösse. Einige Unterschiede machen sich in dem architektonischen Theile des Blattes bemerklich; die Linien des Schnittes sind dünner und der Druck minder kräftig. Wahrscheinlich ist dieses Blatt eine Copie des vorigen, die dem Ende des dritten Viertels des 15. Jahrhunderts und gleichfalls Schwaben angehört. Beide Blätter tragen Ulmisches Colorit.

(Feuillets coloriés.)

No. 133.

St. Stephanus und St. Laurentius.   (1460—1470.)

(St. Etienne et St. Laurent, du 3e quart du 15e siècle.)

Die Zeichnung ist zwar correct, aber die Ausführung im Schnitt ziemlich roh. Der Faltenwurf ist etwas steif und in den Brüchen hart

und eckig; die Kleiderform ist die nämliche, wie die auf den Bildern
bei Günther Zeiner von 1472; das Blatt muss daher um die Zeit von
1470 entstanden sein. Die Heimath desselben ist, wie sich aus dem
Colorit ergiebt, Schwaben, wahrscheinlich Ulm.

H. 7 Z. 2 L., B. 4 Z. 7 L.

(Feuillet colorié.)

No. 134.

*Ecce homo. (1460—1470.)

Durch den sprechenden Ausdruck des Gesichts und die künstlerische
Art der Zeichnung erhebt sich das Blatt bedeutend über viele handwerksmässig gefertigte Bilder des 15. Jahrhunderts. Man wird durch
dasselbe an Meister wie Martin Schön erinnert. Der ganze Character
des Blattes weist auf die Mitte der zweiten Hälfte des 15. Jahrhunderts,
auf die Zeit zwischen 1460 und 1470. Ueber den Ort seiner Entstehung
lässt sich etwas Bestimmtes nicht behaupten. Das Blatt ist colorirt.

H. 5 Z. 5 L., B. 3 Z. 10 L.

Das Bild ist leider nicht gut erhalten.

(Malheureusement la conservation de ce beau feuillet colorié n'est pas
la meilleure.)

No. 135.

Die Messe des heiligen Gregorius. (1460—1470.)

(La messe du St. Grégoire, du 3e quart du 15e siècle.)

Vergl. No. 92. Die Zeichnung ist sicher, aber hart und steif. Im
Colorit, in der Art der Zeichnung und des Schnittes stimmt das Blatt
mit den Arbeiten von Augsburg und Ulm überein. Die steifen, geknickten Falten und die steifen Kragen an den Röcken, sowie das
Kreuz der Glorie lassen annehmen, dass das Bild im dritten Viertel
des 15. Jahrhunderts gefertigt ist.

H. 5 Z. 7 L., B. 4 Z. 6 L.

(Feuillet colorié.)

No. 136.

*Speculum humanae salvationis als eine Hand.
(1460 — 1470.)

*(Un Speculum humanae salvationis représenté par une main,
du 3e quart du 15e siècle.)*

Links über dem Daumen kniet die Büsserin Maria Magdalena, zur
Rechten steht Maria Martha mit den Symbolen des Gebetes, des Fastens
und der Almosen. Die Zeichnung des Bildes ist gut, der Schnitt scharf,
aber etwas eckig. Das Colorit ist schwäbisch. Entstehungszeit zwischen
1460 und 1470.

H. 13 Z. 9 L., B. 10 Z.

Das Blatt ist rechts an den Ecken etwas abgerieben, sonst gut
erhalten.

(Feuillet colorié, peu effacé aux coins droits, du reste bien
conditionné.)

No. 137.

Das jüngste Gericht. (1460—1470.)

(Le jugement dernier, du 3e quart du 15e siècle.)

Die Zeichnung ist ziemlich roh und ungeschickt, besonders sind
die Gesichter von Christus und Joseph sehr ausdruckslos; die Falten
der Gewänder sind steif und schroff geknickt; die Frauen tragen die
Kopfbedeckung, wie sie auf der Ulmer Beichttafel No. 25 vorkommt.
Das Bild ist also gegen das Ende des dritten Viertels des 15. Jahrhunderts zu setzen. Dem Colorit nach ist seine Heimath jedenfalls
Oberdeutschland, wahrscheinlich Ulm.

H. 10 Z. 1 L., B. 7 Z.

Das Exemplar hat ziemlich gelitten.

(Feuillet colorié, peu fatigué.)

No. 138.
Ein Veronicabild des St. Petrus und St. Paulus.
(1460—1470.)

(St. Pierre et St. Paul tenant le suaire de St. Véronique,
du milieu du 15e siècle.)

Vergl. No. 208. Petrus zur Linken und Paulus zur Rechten halten
das Schweisstuch der Veronica. Das Haupt Christi auf demselben, ohne
Glorie, aber mit lilienförmigen Ansätzen, erscheint gealtert und von
schmerzlichem Ausdruck. Die Entstehungszeit ist die Mitte des 15. Jahrhunderts, das Colorit deutet auf Baiern.

H. 6 Z. 10 L., B. 4 Z. 4 L.

(Feuillet colorié.)

No. 139.
Christus unter der Kelter. (1460—1470.)

(Jésus-Christ sous le pressoir, du 3e quart du 15e siècle.)

Vergl. No. 75. Diese Darstellung weicht darin von ähnlichen ab,
dass Christus hier Trauben tritt, also nicht selbst für die Traube gilt.
Warum er gleichwohl gepresst erscheint, ist wenig begreiflich. Auch
das Lamm, das aus dem Kelche trinkt, d. h. doch Christus selbst, ist
nicht recht verständlich, da man an Stelle desselben die Gemeinde er-
warten sollte. Der feine Schnitt der Linien, die Wolken in Form eines
Kranzes mit Weinblättern, wie das Colorit, erinnern an Ulmer Arbeiten.
Das Blatt gehört jedenfalls nach Oberdeutschland, in das dritte Viertel
des 15. Jahrhunderts.

H. 5 Z., B. 2 Z. 7 L.

(Feuillet colorié.)

No. 140.
Die Krönung der Maria. (1460—1470.)

(Le couronnement de St. Marie, du 3e quart du 15e siècle.)

Die Zeichnung ist zwar correct, aber doch ziemlich hart; ebenso
der Schnitt. Nach Costüm, Haltung der Figuren und Colorit entstand
das Blatt um 1470 und ist nach Oberdeutschland zu versetzen.

H. 2 Z. 9½ L., B. 2 Z. 1 L.

(Feuillet colorié.)

No. 141.

Maria als Himmelskönigin reicht ihrem Kinde einen Apfel. (1460—1470.)

(St. Marie, reine du ciel, présentant une pomme à l'enfant Jésus, du 3e quart du 15e siècle.)

Maria auf der Mondsichel und von einer Mandorla umgeben. Die Zeichnung ist richtig, der Schnitt fein. Die Entstehungszeit ist das dritte Viertel des 15. Jahrhunderts, das Colorit schwäbisch.

H. 2 Z. 4 L., B. 1 Z. 8 L.

(Feuillet colorié.)

No. 142.

Christus und St. Thomas. (1460—1470.)

(Jésus-Christ et St. Thome, du 3e quart du 15e siècle.)

Die Zeichnung ist correct. Die Schraffirung, die volle Gestalt der Figuren und die weite Kleidung mit weiten Aermeln deutet auf die Mitte der letzten Hälfte des 15. Jahrhunderts. Das Colorit scheint der Ulmer oder Augsburger Schule anzugehören.

H. 2 Z. 10 L., B. 2 Z. 2 L.

(Feuillet colorié.)

No. 143.

Die Waffen Christi. (1460—1470.)

(Les armes de Jésus-Christ, du 3e quart du 15e siècle.)

Christus vor der Grabkiste knieend, von den „Waffen" umgeben. Zeichnung und Schnitt sind fein. Entstehungszeit: das dritte Viertel des 15. Jahrhunderts. Das Colorit ist oberdeutsch.

H. 2 Z. 9 L., B. 2 Z. 1 L. bis 2 Z. 2 L.

(Feuillet colorié.)

No. 144.

Mofes. (1460 — 1470.)

(Moïse, du 3e quart du 15e siècle.)

Die Hörner, mit denen Moses gewöhnlich bezeichnet wird, stehen
zu beiden Seiten der Stirn wie die Seitentheile einer Lyra empor. Auf
dem Rocke Mosis ist eine Reihe von zehn Täfelchen mit den zehn Ge-
boten angebracht; in der rechten Hand hält er ein Diptychon, welches
die neutestamentliche Fassung des Gesetzes ausspricht; in der linken
Hand ein Schriftband mit den Worten: **Decem | Abusiones plebis**
darunter in Bildern die Darstellung dieser zehn Uebertretungen, ihnen
entsprechend auf der andern Seite die Darstellungen der zehn ägyptischen
Plagen. Das Bild ist sehr gut angelegt, die Haltung des Moses würde-
voll, die Zeichnung künstlerisch, der Schnitt sicher, gewandt und kräftig.
In den Falten fehlen noch die scharfen Brüche, aber es zeigen sich bereits runde Haken, woraus sich hinsichtlich der Entstehungszeit auf
das dritte Viertel des 15. Jahrhunderts schliessen lässt. Das Colorit
scheint Ulmisch zu sein.

H. 15 Z. 1 L., B. 10 Z. 8 L.

An den Seiten und am unteren Rande zu scharf beschnitten.

(Feuillet colorié, endommagé et trop rogné aux marges.)

No. 145.

Chrifti Kreuzesabnahme. (1460—1470.)

*(La descente de la croix de Jésus-Christ, du 3e quart
du 15e siècle.)*

Die Zeichnung ist, was die Stellung der Figuren betrifft, naturtreu,
aber etwas roh, besonders in den ausdruckslosen Gesichtern. Die Schatten
sind hart und nur durch Linien angedeutet. Die Zeit der Entstehung
ist schwer zu bestimmen, doch scheint das Costüm für das dritte Viertel
des 15. Jahrhunderts zu sprechen. Das Colorit weist nach Oberdeutschland.

H. 2 Z. 10 L., B. 2 Z. 4 L.

(Feuillet colorié.)

No. 146.

Maria als Fjimmelskönigin in der Aureola. (1460—1470.)

*(St. Marie, la reine du ciel, dans une auréole,
du 3e quart du 15e siècle.)*

Die Zeichnung ist allenthalben sorgfältig, die Gewandung malerisch;
die Falten kräftig, doch ohne Härten; die Schatten sorgfältig schraffirt.
Entstehungszeit: das dritte Viertel des 15. Jahrhunderts. Das Colorit
erinnert an Freisingen.

H. 2 Z. 8 L., B. 1 Z. 8 L.

(Feuillet colorié.)

No. 147.

(St. Margaretha von Ungarn. (1460—1470.)

(St. Marguérite d'Hongrie, du 3e quart du 15e siècle.)

St. Margaretha von Ungarn, als Dominicanerin gekleidet, zu ihren
Füssen das Wappen von Ungarn. Das Bild fällt durch seltene Schönheit auf und steht nach Zeichnung, Schnitt und Feinheit des Colorits in
dieser Sammlung einzig da. Die Form des Schildes und die nur
schwachen Hakenfalten kennzeichnen das Bild als dem dritten Viertel
des 15. Jahrhunderts angehörig.

H. 7 Z. 2 L., B. 4 Z. 8 L.

(Un des plus beaux feuillets de notre collection, soit par le colorit,
soit par la composition et la conservation.)

No. 148.

St. Margaretha. (1460—1470.)

(St. Marguérite, du 3e quart du 15e siècle.)

St. Margaretha, auf dem Drachen sitzend. Vergl. No. 34. Das
Colorit, welches die Conturen sorgfältig innehält, weist auf den Nieder-

rhein, insbesondere auf Cöln als Entstehungsort des Blattes hin. Der
Kleidung und der Schraffirung der Falten nach gehört dasselbe in das
dritte Viertel des 15. Jahrhunderts.

H. 4 Z. 8½ L., B. 4 Z. 7 L.

(Feuillet colorié.)

No. 149.

St. Katharina von Aegypten. (Um 1470.)

(St. Cathérine d'Egypte, du 3e quart du 15e siècle.)

Die Zeichnung ist fein, der Schnitt zart und sicher. Das Blatt
scheint gegen das Ende des dritten Viertels des 15. Jahrhunderts gefertigt zu sein und ähnelt sehr den Kupfersticharbeiten jener Zeit.
Das Colorit ist matt. Vergl. No. 53 und 88 a.

H. 3 Z. 4 L., B. 2 Z. 5 L.

(Feuillet colorié.)

No. 150.

St. Wolfgang. (Um 1470.)

(St. Wolfgang, du 3e quart du 15e siècle.)

Vergl. No. 20 und No. 128. Die Zeichnung ist, was Haltung des
Körpers und Drapirung betrifft, naturgemäss, in den Biegungen der
Falten etwas hart. Das Bild ist in einen besondern Rahmen eingesetzt,
der in den Ecken gelbe Rosetten, in der Mitte der vier Seiten kreisrunde weisse Medaillons hat. In Schnitt und Färbung zeigt das Blatt
den Charakter oberdeutscher Arbeiten; der sorgfältig gearbeitete Krummstab und der Mangel an eigentlichen Knickfalten sprechen noch für die
Mitte der zweiten Hälfte des 15. Jahrhunderts.

H. 4 Z. 1 L., B. 3 Z. 2 L.

(Feuillet colorié.)

No. 151.

*St. Antonius und St. Sebastianus auf einem durch einen senkrechten 3 C. breiten Streifen getheilten Blatte.
(Um 1470.)

(St. Antoine et St. Sébastien sur un feuillet separé par une bande d'une largeur de 3 lignes, du 3ᵉ quart du 15ᵉ siècle.)

St. Antonius. Die Zeichnung ist steif, die Falten haben ausgebildete Haken. St. Sebastian, nackend, nur mit einem Schurz um die Lenden. Die Zeichnung etwas besser. Das Blatt gehört in das dritte Viertel des 15. Jahrhunderts, und nach Schwaben. Dasselbe ist colorirt.

H. 10 Z. 1 L., B. 7 Z.

Die das Bild einfassende Leiste zum Theil abgeschnitten.

(Feuillet colorié dont la ligne qui l'entoure est en partie découpée.)

No. 152.

St. Christoph. (Um 1470.)

(St. Christophe, du 3ᵉ quart du 15ᵉ siècle.)

Vergl. No. 12. Die Umgebung des Heiligen besonders eigenthümlich; am Himmel die Mondsichel, auf der rechten Seite des Ufers ein Einsiedler mit einer Laterne. Der neben und unter dem Bilde befindliche Text beginnt mit einem schön geschnittenen Initial S, welches mit den bekannten Palmetten der Augsburger Buchdrucker verziert ist. Die ziemlich harten und scharf geknickten Falten, die Schraffirungen der Schatten, das S zu Anfang des Textes verweisen das Blatt in das letzte Viertel des 15. Jahrhunderts. Der Schnitt, die Typen der Schrift und die Form der Kleidung bezeichnen Oberdeutschland als Heimath des Bildes. Das Colorit ist matt.

H. 9 Z. 6 L., B. 6 Z. 5 L.

(Feuillet colorié.)

No. 153.

St. Barbara. (Um 1470.)

(St. Barbe, au commencement du dernier quart du 15ᵉ siècle.)

Vergl. No. 88 b. Die Zeichnung ist sauber, der Schnitt fein, beides in oberdeutschem Charncter. Die Knickfalten, die offenen Haare und der Schnitt der Kleidung sprechen schon für das letzte Viertel des 15. Jahrhunderts. Das Blatt ist colorirt.

H. 2 Z. 5 L., B. 2 Z. 1 L.

(Feuillet colorié.)

No. 154.

Chriſtus als Weltenrichter. (Um 1470.)

(Jésus-Christ le juge du monde, du dernier quart du 15ᵉ siècle.)

Die Zeichnung ist, wenn man die Gesichter ausnimmt, gut, ebenso die Gruppirung. Die sorgfältige Schraffirung der Schatten, das Colorit der Luft und des Mantels der Maria lassen annehmen, dass das Blatt in das letzte Viertel des 15. Jahrhunderts, und nach Oberdeutschland gehört.

H. 2 Z. 8 L., B. 2 Z.

(Feuillet colorié.)

No. 155.

Chriſtus als Weltenrichter. (Um 1470.)

(Jésus-Christ le juge du monde, du dernier quart du 15ᵉ siècle.)

Die Zeichnung ist correct, Gesichter, Hände und Gewandung sind ansprechend. Der Schnitt ist fein, der Schatten ist schraffirt. Die Falten, die an sich noch weich, doch zu den Knickfalten übergehen, sowie das Colorit weisen auf das letzte Viertel des 15. Jahrhunderts. Was die Heimath des Bildes betrifft, so spricht das Colorit für Baiern, insbesondere für Freisingen.

H. 3 Z., B. 2 Z. 3 L.

(Feuillet colorié.)

No. 156.

Die Vermählung St. Katharina's mit dem Christuskinde.
(Um 1470.)

(Le mariage de St. Cathérine avec l'enfant Jésus,
du 3e quart du 15e siècle.)

Vergl. No. 53. Maria als Himmelskönigin im Paradiesgarten, auf
ihrem Schoosse das Christuskind, vor derselben knieend Katharina mit
goldener Krone und Glorie und ihren Attributen (Rad und Schwert).
Dieser Gegenstand fand in der abendländischen Kunst ziemlich spät,
erst im 15. Jahrhundert, Eingang, und ist, wie es scheint, von deutschen
Meistern sehr selten behandelt worden. Die Zeichnung ist naturgetreu,
der Schnitt ziemlich fein und sorgfältig. Die Falten der Gewänder aber
ziemlich hart und mit Ausnahme einer Stelle nicht schraffirt. Das Bild
stimmt in Zeichnung, Schnitt und Illumination mit Günther Zeiners
Bildern aus dem Jahre 1472 überein, weshalb dasselbe dem dritten
Viertel des 15. Jahrhunderts und der augsburger Schule zuzurechnen ist.

H. 2 Z. 10 L., B. 2 Z. 1 L.

(Feuillet colorié.)

No. 157.

Die Verklärung Christi. (Um 1470.)

(La transfiguration de Jésus-Christ, du 3e quart du 15e siècle.)

Die Verklärung Christi auf dem Berge Tabor. Zur Linken desselben Moses, zur Rechten Elias. Tiefer am Berge drei Jünger, Johannes, Jacobus und Petrus. Die Figur Jesu ist von edler Haltung, die
Bewegung der Jünger characteristisch. Die Zeichnung, Schnitt und
Colorit weisen nach Oberdeutschland und in das letzte Viertel des
15. Jahrhunderts.

H. 2 Z. 10 L., B. 2 Z. 1 L.

(Feuillet colorié.)

No. 158.

Chriſtus in der Vorhölle. (Um 1470.)

(Jésus-Christ dans l'avant-enfer, du 3e quart du 15e siècle.)

Im Vordergrund der Höllenschlund mit den Verdammten, dahinter
eine Ebene; auf der linken Seite derselben steht ein Kelch mit einer
Hostie, auf der rechten befindet sich ein kreuzförmiger Raum, aus
welchem Christus zur Hölle herabsteigt. Ueber dem Kelch Gott-Vater
und der heilige Geist. Das Bild erinnert lebhaft an die Holzschnitte
der Eichstädter typographischen Ausgabe der Ars moriendi. Es ist ungefähr in das dritte Viertel des 15. Jahrhunderts zu setzen. Das Colorit
hat baierischen Character.

H. 2 Z. 8 L., B. 2 Z. 2 L.

(Feuillet colorié.)

No. 159.

Chriſtus als Lehrer. (Um 1470.)

*(Jésus-Christ comme précepteur, de la fin du 3e quart
du 15e siècle.)*

Christus als Lehrer vor einer knieenden Menge von Männern und
Frauen. Die Zeichnung ist leicht und natürlich, der Ausdruck der Gesichter jedoch nicht characteristisch und ansprechend; der Schnitt ist
scharf, die Falten sind nicht allzuhart und die Vertiefungen durch
Linienschraffirung in entsprechender Lage und Richtung gut dargestellt.
Das Bildchen ist besonders desshalb hervorzuheben, weil das Leben Jesu
gewöhnlich nur nach Geburt, Taufe und Marter dargestellt wird. Der
ganze Character des Blattes weist nach Oberdeutschland; als Entstehungszeit dürfte das letzte Viertel des 15. Jahrhunderts anzusehen
sein. Das Colorit ist sorgfältig.

H. 2 Z. 8½ L., B. 2 Z. ½ L.

(Feuillet colorié.)

No. 180.

Der Tod der Jungfrau Maria. (Um 1470.)

*(La mort de la St. Vierge Marie, de la fin du 3e quart
du 15e siècle.)*

Vergl. No. 21. Die Zeichnung, besonders die der Gewandung, der
Hände und der Haare ist sehr gut, der Schatten sorgfältig schraffirt,
der Schnitt ist sehr fein und verräth einen geübten Künstler. Er erinnert an die feinen Arbeiten der lateinischen Biblia pauperum. Nach
Gewandung und Faltenwurf gehört das Bild in das letzte Viertel des
15. Jahrhunderts. Die Heimath desselben ist mit Sicherheit nicht zu
bestimmen. Das Colorit ist lebhaft.

H. 3 Z. 1 L., B. 2 Z. 4 L.

(Feuillet colorié.)

No. 181.

Maria als Fürbitterin. (Um 1470.)

(St. Marie la sollicitrice, de la fin du 3e quart du 15e siècle.)

Links kniet Christus auf einem Antoniuskreuz, vor ihm Maria
hinter derselben eine Menge von Betenden. Ueber der Gruppe erscheint
Gott-Vater mit einem Bogen in der Hand, dessen Pfeile gegen die
Betenden gerichtet sind. Die Haltung Jesu und des Kopfes der Maria
ist etwas manierirt, die Gewandung dagegen sehr gut. Nach Zeichnung,
Schnitt und Colorit gehört das Bild nach Oberdeutschland, in das letzte
Viertel des 15. Jahrhunderts.

H. 2 Z. 11 L., B. 2 Z. 2 L.

(Feuillet colorié.)

No. 182.

St. Petrus Martyr. (Um 1470.)

(St. Pierre le martyr, de la fin du 3e quart du 15e siècle.)

Vergl. No. 157. Sein Attribut, ein kurzes einschneidiges Schwert,
welches ihm von hinten in den Schädel gehauen ist. Die Zeichnung
ist correct, aber etwas eckig und hart. Die mit Linien schraffirten
Falten, sowie das in gleicher Form auf dem Bilde St. Petrus Martyr

auf dem Stammbaume der Dominikaner von 1473 (No. 157.) vor-
kommende Schwert sprechen für das dritte Viertel des 15. Jahrhunderts,
das Colorit und die ganze Art der Arbeit für die schwäbische Schule.

H. 6 Z. 7 L., B. 4 Z. 4 L.

Der Rand des Bildes oben und unten bis auf eine schmale Linie
abgeschnitten.

(Feuillet colorié, dont la bordure est decoupée en haut et en bas.)

No. 163.

Der Schmerzensmann. (Um 1470.)

*(Jésus-Christ, l'homme des douleurs, de la fin
du 3e quart du 15e siècle.)*

Der Schmerzensmann, ein Engel zu jeder Seite. Zeichnung und
Schnitt sind zierlich, die Falten ein wenig schattirt, Knickfalten sind
nicht sichtbar. Der Ausdruck in den Gesichtern ist nicht ansprechend.
Das Colorit ist oberdeutsch, wahrscheinlich Augsburgisch oder Ulmisch.
Nach der Haartracht und weichen Gewandung ist die Arbeit in das
dritte Viertel des 15. Jahrhunderts zu setzen.

H. 2 Z. 10 L., B. 2 Z.

(Feuillet colorié.)

No. 164.

Die Mutter Gottes; Halbfigur in Wolken. (Um 1470.)

*(La mère de Dieu; demi-figure en nuages,
du 3e quart du 15e siècle.)*

Die Zeichnung ist sehr ansprechend, naturgetreu und zierlich; die
Falten brechen sich mässig hart, die Drapirung ist geschmackvoll, zum
Theil schraffirt, das Colorit ist sorgfältig und durch Aussparen der
Lichter schon etwas malerisch. Entstehungszeit gegen 1470.

H. 2 Z. 10 L., B. 2 Z. ½ L.

(Feuillet colorié.)

No. 165.

St. Dominicus. (Um 1470.)

(St. Dominique, de la fin du 3e quart du 15e siècle.)

St. Dominicus, in der Rechten ein geschlossenes Buch, in der Linken eine oben in zwei Aeste gespaltene blühende Lilie haltend, an welcher Jesus gekreuzigt ist; links am Boden eine Bischofsmütze, rechts ein Hund mit einer brennenden Fackel im Maule. Die Zeichnung ist lebensvoll, das sorgfältige Colorit zeigt Ulmischen Character. Die leichten Falten ohne eckige Zacken weisen noch in das dritte Viertel des 15. Jahrhunderts.

H. 2 Z. 10 L., B. 2 Z. 2 L.

(Feuillet colorié.)

No. 166.

Die Messe St. Gregorius. (Um 1470.)

(La messe du St. Grégoire, du 3e quart du 15e siècle.)

Die Arbeit gleicht ganz der auf den vorigen Blättern No. 163—165; Die Entstehung des Bildes ist daher nach Ulm in das dritte Viertel des 15. Jahrhunderts zu verlegen. Auf der Rückseite steht handschriftlich ein Gebet in oberdeutscher Sprache. Das Colorit ist sorgfältig.

H. 2 Z. 11 L., B. 2 Z. 3½ L.

(Feuillet colorié.)

No. 167.

St. Bernhardin von Siena. (1470—1480.)

(St. Bernardin de Siena, du 3e quart du 15e siècle.)

Das Bild ist nach den „Attributen der Heiligen" nicht sicher zu erklären. Vermuthlich soll der Stachelkranz eine Sonne und der viereckige Gegenstand ein Buch bedeuten. Fügt man in die Mitte der Sonne noch die Buchstaben I H S, so würde dieser Kranz die Sonne St. Bernardins von Siena sein. Das Buch wäre dann Symbol des Lehrers. Der Formschneider scheint beide Gegenstände nicht verstanden zu haben. Das Bild ist einfach und gut gezeichnet. Das Colorit ist matt und verblichen. Die Arbeit hat oberdeutschen Ansehen und gehört, nach den geraden Falten des Rockes und der Schraffirung des Fussbodens zu urtheilen, in das Ende des dritten Viertels des 15. Jahrhunderts.

H. 3 Z. B. 2 Z.

(Fouillet colorié.)

No. 168.

Die Buße des St. Hieronymus. (Um 1470.)

(La pénitence du St. Jérôme, du 3e quart du 15e siècle.)

Vergl. No. 93. Der Schnitt ist scharf, aber die Linien sind eckig, die Figur des Hieronymus und des Löwen ist natürlich, das Gesicht des Heiligen ausdrucksvoll, aber die Felsen und der Wald, sowie die ganze Landschaft ist steif und manierirt. Das Colorit, wie auch die übrige Arbeit, weist auf Oberdeutschland. Die Zeit der Herstellung ist in das dritte Viertel des 15. Jahrhunderts zu verlegen.

H. 7 Z. 2 L., B. 4 Z. 10 L.

(Fouillet colorié.)

No. 169.

Ein Veronicabild von St. Petrus und St. Paulus gehalten. (Um 1470.)

(Le suaire de St. Véronique tenu par St. Pierre et St. Paul, du 3e quart du 15e siècle.)

Vergl. No. 138. Der Schnitt ist etwas rauh, die Schatten sind durch Schraffirung scharf bezeichnet. Das lebhafte und ziemlich sorgfältige Colorit zeigt oberrheinisch-alemannischen Character. Wegen der mangelnden Knickfalten ist das Bild noch in das dritte Viertel des 15. Jahrhunderts zu versetzen.

H. 5 Z. 1 L., B. 3 Z. 10 L.

(Fouillet colorié.)

No. 170.
Paffion in 26 Blättern. (1470—1480.)

(La passion en 26 feuillets, du 3ᵉ quart du 15ᵉ siècle.)

No. 1. Die Opferung Isaaks. Die hintere Wand des Altares besteht
aus einem Schreine mit dem Marienbild.

No. 2. Der Einzug Christi in Jerusalem.

No. 3. Christus zeigt den Verräther an.

No. 4. Christus im Garten Gethsemane.

No. 5. Die Gefangennehmung Christi. In No. 173 copirt.

No. 6. Christus vor Hannas.

No. 7. Petrus verleugnet Christum.

No. 8. Christus vor dem Hohenpriester Kaiphas.

No. 9. Christus vor Herodes.

No. 10. Christus vor Pilatus.

No. 11. Pilatus wäscht sich die Hände.

No. 12. Christus wird von den Kriegsknechten entkleidet

No. 13. Die Dornenkrönung.

No. 14. Die Geisselung Christi.

No. 15. „Sehet welch ein Mensch“.

No 16. Die Kreuztragung.

No. 17. Die Vorbereitung zur Kreuzigung.

No. 18. Christus wird ans Kreuz genagelt.

No. 19. Der Tod Christi.

No. 20. Die Abnahme Christi vom Kreuz.

No. 21. Die Salbung Christi.

No. 22. Die Grablegung Christi.

No. 23. Die Höllenfahrt Christi.

No. 24. Die Auferstehung Christi.

No. 25. Die Verherrlichung Christi.

No. 26. Der Tod, eine allegorische Gestalt, welche den ascetischen
Zweck der ganzen Bilderreihe andeutet.

Diese 26 Blätter sind nicht alle von der Hand des nämlichen
Künstlers; es lassen sich drei verschiedene Arbeiter unterscheiden. Der
erste hat die Opferung Isaaks, der zweite den Einzug in Jerusalem,
die Höllenfahrt und die Auferstehung, der dritte alle übrigen Blätter
gearbeitet. Isaaks Opfer ist von grobem Schnitt und hat keine Schraf-

firung in den Falten, das Colorit ist wenig sorgfältig, zeigt aber dieselben Farben, wie die Mehrzahl der Blätter. Die Arbeiten des zweiten Künstlers sind auch ziemlich grob geschnitten, haben fast nur Contouren und in den Falten keine Schraffirung; das Colorit aber ist sorgfältig und hält die Contouren genau inne. Die Gesichter sind ausdruckslos, das Incarnat nicht befriedigend und alles Uebrige steif. Dagegen sind die 22 Blätter des dritten Künstlers eine zierliche Arbeit. Die Gruppirung ist ansprechend, die Zeichnung naturtreu, der Faltenwurf reich und nur die Gesichter haben nicht überall den wünschenswerthen Ausdruck. — Alle Bilder ohne Ausnahme haben einen dunkeln mineralblauen Grund und sind von einem farbigen Rahmen umgeben. — Das Lilienkreuz in der Glorie Jesu, die farbige Schattirung, die vollkommene Ausfüllung des Grundes, die spitzen Schuhe lassen als Entstehungszeit noch das dritte Viertel des 15. Jahrhunderts annehmen. Als Ursprungsort ist, wofür namentlich der Character der Inschrift auf dem letzten Blatte spricht, Oberdeutschland, wahrscheinlich Schwaben anzusehen.

Die Grösse der Bilder mit dem Rahmen durchschnittlich
H. 3 Z. 4 L., B. 2 Z. 7 L.

(Feuillets coloriés.)

No. 171.

Die Kreuzigung Christi. (1470—1480.)

(Jésus-Christ crucifié, du milieu de la 2ᵉ moitié du 15ᵉ siècle.)

Die Zeichnung ist sorgfältig, der Schnitt ziemlich fein, aber nicht scharf, die Gesichter sind etwas plump. Das Colorit ist lebhaft, die Schatten sind nicht nur durch Schraffirung, sondern auch durch Abstufung der Farben ausgedrückt. Nach der Eigenthümlichkeit der Kleidung und Rüstung gehört das Blatt in das dritte Viertel des 15. Jahrhunderts; das Colorit scheint an den Niederrhein als Entstehungsort desselben zu verweisen.

H. 5 Z., B. 3 Z. 11 L. ohne Rand.

(Feuillet colorié.)

No. 172.

Chriſtus als Weltenrichter.   (1470—1480.)

(Jésus-Christ, le juge du monde, de la fin du 3e quart du 15e siècle.)

Die Gewänder zeigen reiche und scharfe Falten, die auf den Schluss des dritten Viertels des 15. Jahrhunderts deuten. Das Colorit weist auf Augsburg oder Ulm.

H. 7 Z. 1 L., B. 4 Z. 5 L.

(Feuillet colorié.)

No. 173.

Die Gefangennahme Chriſti.   (1470—1480.)

(L'arrestation de Jésus-Christ, de la fin du 3e quart du 15e siècle.)

Eine Copie von No 5. in der Passion No. 170. Der Schnitt sauber, das Colorit sorgfältig.

H. 2 Z. 8½ L., B. 1 Z. 11½ L. ohne Rand.

(Feuillet colorié.)

No. 174.

Chriſtus vor das Richthaus geführt.   (1470—1480.)

(Jésus-Christ conduit devant la maison du juge, du dernier quart du 15e siècle.)

Eine Copie des fünfzehnten Blattes in der Passion No. 170. Der Character des Colorits und der ganzen Arbeit weist auf Oberdeutschland und trägt die Merkmale des letzten Viertels des 15. Jahrhunderts.

H. 2 Z. 10 L., B. 2 Z. 2 L. mit dem Rande.

(Feuillet colorié.)

No. 175.

Chriſtus aus der Meſſe St. Gregorius. (1470—1480.)

*(Jésus-Christ de la messe du St. Grégoire, du dernier quart
du 15e siècle.)*

Der Pelikan und das Lamm sind Symbole des Erlösers. Das Colorit
weist nach Ulm, die Glorie Christi auf den Anfang des letzten Viertels
des 15. Jahrhunderts.

H. 7 Z., B. 4 Z. 8 L.
(Feuillet colorié.)

No. 176.

St. Auguſtinus (1470—1480.)

(St. Augustin, du milieu de la 2e moitié du 15e siècle.)

In derselben Weise dargestellt bei Günther Zeiner, Leben der
Heiligen, Sumerteil, S. CLXVI. Die Zeichnung ist correct, aber etwas
steif, die Falten sind zum Theil scharf geknickt. Der Fussboden hat
Langschraffirung ohne Blumen oder Gras. Die Arbeit weist auf Augsburg, die Art der Kleidung auf die Mitte der zweiten Hälfte des 15. Jahrhunderts, in die Zeit Günther Zeiners (1472). Das Blatt ist colorirt.

H. 2 Z. 9½ L., B. 2 Z.
(Feuillet colorié.)

No. 177.

Das Martyrium von St. Urſula. (1470—1480.)

(Le martyre de St. Ursule, du dernier quart du 15e siècle.)

Das Bild stellt die Scene dar, wie St. Ursula auf der Rückkehr
von Rom in Begleitung des Papstes Cyriacus vor Cöln ankommt und
von den Barbaren, welche diese Stadt belagern, angegriffen und mit
ihrer ganzen Begleitung, 11000 Jungfrauen niedergemacht wird. Das
Costüm ist schwer zu bestimmen, weil die Figuren nicht ganz sichtbar
sind. Die Zeichnung und Gruppirung ist ansprechend und die Gesichter
sind nicht ohne Character. Die Form der niedrigen Bischofsmütze, der
Ausschnitt der Kleider, sowie der Umstand, dass um das Jahr 1490

der Cultus der hl. Ursula am Oberrhein besonders gepflegt wurde,
sprechen dafür, dass das Bild im letzten Viertel des 15. Jahrhunderts
seine Entstehung gefunden, wahrscheinlich in Oberdeutschland, was die
auf dem Niederrhein nicht anwendbare, auf dem Oberrhein aber jetzt
noch übliche Schiffsform und auch die Tracht und das Colorit zu be-
weisen scheinen.

H. im Bogen 4 Z. 1 L., B. 2 Z. 6 L.

(Feuillet colorié.)

No. 178.

St. Maternus.   (1470—1480.)

(St. Materne, du dernier quart du 15e siècle.)

Der Bischofsstab des Heiligen hat eine schön ausgearbeitete Krüm-
mung in gothischer Form. Die Zeichnung ist gut, die Falten sind leicht
und zeigen sorgfältige Schraffirung. Das Colorit fehlt. Der Schnitt
scheint oberdeutsch und gehört der Kleidung nach in die Zeiten Günther
Zeiners. (1472).

H. 3 Z. 6 L., B. 2 Z. 3 L.

(Feuillet non-colorié.)

No. 179.

St. Sebastian.   (Um 1470—1480.)

(St. Sébastien, du dernier quart du 15e siècle.)

Vergl. No. 29. Die Tracht auf dem Bilde, insbesondere der weite
besetzte Talar, die Mütze des Bogenschützen, die spitzen Schuhe, sowie
die scharf geknickten Falten weisen auf das letzte Viertel des 15. Jahrhunderts; das Colorit erinnert an Freising. Die Sprache des unter dem
Bilde befindlichen 12 zeiligen Textes ist schwäbisch.

H. 9 Z. 10 L., B. 7 Z.

(Feuillet colorié.)

No. 180.

Maria die Himmelskönigin mit dem nackten Chrijtuskinde auf einem Throne unter gothijchem Baldachin.
(1470—1480.)

(St. Marie la reine du ciel, avec l'enfant Jésus nu sur un trône au dessous d'un baldaquin gothique, du 3e quart du 15e siècle.)

Der Schnitt ist kräftig und etwas steif, aber die Zeichnung natur-treu. Die Falten der Gewandung sind hart, der Schatten ist durch Schraffirung angedeutet. Der Schnitt wie das Colorit sind zweifellos oberdeutsch, wahrscheinlich schwäbisch. Entstehungszeit: das dritte Viertel des 15. Jahrhunderts.

H. 5 Z. 5 L., B. 3 Z. 9 L.

(Feuillet colorié.)

No. 181.

Der Stammbaum der Dominicaner vom Jahre 1473.

(L'arbre généalogique des Dominicains de l'année 1473.)

Der Stammbaum der Dominicaner vom Jahre 1473, auf welchem die hervorragendsten Mitglieder der drei Dominicanerorden bis zu diesem Jahre als die geistlichen Kinder des hl. Dominicus dargestellt sind. In der ersten Reihe: St. Petrus Martyr, St. Vincencius de Valencia, St. Thomas de Aquino, Heinrich Suso, St. Margaretha von Ungarn, St. Katharina von Siena; in der zweiten Reihe: Agnes de Monte Polli-ciano, Cecilia Romana; in der dritten Reihe: Jordanus, Reynaldus, Ohances (für Johannes, wahrscheinlich Johannes Aegidius), Raymundus; in der vierten Reihe: Latinus Hostiensis, Innocentius V., Benedict XI., Hugo Cardinal; in der Mitte dieser Reihe auf der Krone des Wein-stocks die Himmelskönigin; in der fünften Reihe Bernhardus de Rupe Forti, Raynerius, Albertus Magnus, Johannes Theutonicus, Petrus de Palude, Paganus.

Das Bild ist, wie die Jahreszahl der Inschrift besagt, 1473 gefertigt und gehört nach Anlage und Durchführung unzweifelhaft unter die her-vorragenden Erzeugnisse der Xylographie des 15. Jahrhunderts. Die-jenigen, welche in Deutschland nur mittelmässige Kunstwerke in jener

Zeit gefertigt glauben, werden deßhalb geneigt sein, für das Blatt
italienische oder niederländische Herkunft anzunehmen. Doch sprechen
mehrere Gründe, namentlich die Form der Schrift, für deutschen Ursprung. Das Colorit scheint auf Nürnberg zu verweisen.

H. 14 Z. 5 L., B. 10 Z.
(Feuillet colorié.)

No. 182.

*St. Corbinianus Eps. (1470—1480.)

(St. Corbinien, du dernier quart du 15ᵉ siècle.)

Das eigenthümliche Emblem desselben, ein bepackter Bär, welcher
ein Maulthier zerreisst. (S. Otte, Handbuch der kirchlichen Kunst-
archäologie, S. 320). Dieses Bild, von schöner Zeichnung und kräftigem,
sicherem Schnitt, gehört in den Anfang des letzten Viertels des 15. Jahrhunderts; darauf weist die schlanke, zierliche Gestalt und Haltung, der
sorgfältig und geschmackvoll ausgeführte Krummstab, die Handschuhe
mit dem weiten Stolpe, die strengen und doch nicht scharf hakenförmig
gebildeten Falten. Sehr beachtenswerth ist auch das sorgfältige Colorit,
in dessen Eigenthümlichkeit die baierische Schule zu erkennen ist.

H. 10 Z. 6 L., B. 7 Z. 5 L. (mit Einfassung).
(Feuillet colorié.)

No. 183.

*St. Augustinus am Meeresstrande. (1470—1480.)

(St. Augustin au bord de la mer, du dernier quart du 15ᵉ siècle.)

Vergl. No. 176. Das Colorit ist sehr sorgfältig und zeigt denselben
Character, wie auf dem Bilde St. Corbinians in voriger Nummer. Das
Blatt ist daher gleichfalls der baierischen Schule zuzuschreiben. Der
Schnitt des Haupthaars, die Falten des Gewandes, die gestickten Leder-
handschuhe, die in eine zierliche Lilie auslaufende Schnecke des Bischof-
stabes, die Form der Inschrift weisen auf den Anfang des letzten Viertels
des 15. Jahrhunderts.

H. 9 Z. 11 L., B. 7 Z. 1 L.
(Feuillet colorié.)

No. 184.

*St. Chriſtoph. (1470—1480.)

(St. Christophe, du dernier quart du 15e siècle.)

Vergl. No. 12, 39, 115, 152. Der Heilige erscheint hier, ähnlich
wie in No. 39, nicht als armer Lastträger, sondern gut, ja reich gekleidet. Neben dem Flusse ist eine Mühle, vor welcher der Müller Holz
spaltet. Die Kapelle mit dem Glöckchen des Buxheimer St. Christoph
ist zu einer Kirche mit kleinen Thürmen geworden; vor derselben ein
Mönch, der statt einer Laterne eine brennende Fackel im Arme hält;
auf dem Wege, der zur Kapelle führt, ein Bettelmönch, mit einem Sack
auf der Schulter. Die Zeichnung ist sorgfältig und bis auf das geistlose
Gesicht des Christuskindes ansprechend. Der Schnitt ist fest und sicher.
Das Colorit hält die Contouren inne und schattirt in malerischer Weise
durch dunklere Farbe. Wegen Aufgabe der früheren Naivität der
Christophsbilder und wegen der ausgebildeten Knickfalten ist das Blatt
in das letzte Viertel des 15. Jahrhunderts zu setzen.

H. 10 Z. 3 L., B. 7 Z. 3 L. ohne Rand.

(Feuillet colorié.)

No. 185.

St. Johannes des Täufers Enthauptung. (1470—1480.)

*(La décapitation de St. Jean Baptiste, du dernier quart
du 15e siècle.)*

Hinter Johannes der Scharfrichter, rechts die Tochter der Herodias,
links die offene Thür einer befestigten Mauer, im Hintergrunde eine
Landschaft. Die Gruppe ist gut geordnet, die Zeichnung natürlich, die
Gesichter sind nicht ohne Ausdruck. Das Colorit hat den Character
der schwäbischen Schule, und erinnert, ebenso wie Zeichnung und
Schnitt, an das Marienbuch (No. 260. Salve Regina) von Lienhardt. Die
Kleidung der Tochter der Herodias und ihr Turban, ihre ausgebildete
Brust, der Faltenwurf der Gewänder stimmt mit den Bildern bei Günther
Zeiner und weist sonach in das letzte Viertel des 15. Jahrhunderts.

H. 10 Z. 1 L., B. 6 Z. 10 L.

Das Bild ist unten links an der Ecke beschädigt.

(Feuillet colorié, endommagé au coin gauche inférieur.)

No. 186.

*Die Anbetung der heiligen drei Könige. (1470—1480.)

(L'adoration des 3 saints rois, du dernier quart du 15e siècle.)

In der unteren Ecke rechts steht der Name des Verfertigers: **Hans Schläffer von Ulm.** Derselbe ist vollkommen documentirter Holzschneider (Kartenmacher und Briefmaler) aus den drei letzten Decennien des 15. Jahrhunderts. Die Zeichnung des Blattes ist sicher, aber hart, besonders in der Gewandung und in den Gesichtern. Das Colorit ist sehr lebhaft; aber geschmacklos und nicht sorgfältig. Zur Beurtheilung anderer Blätter, besonders solcher, welche aus den Kunstwerkstätten Ulms hervorgingen, ist der Name des Holzschneiders und das Colorit sehr wichtig.

H. 9 Z. 4 L., B. 13 Z. 5 L.

(Feuillet colorié.)

No. 187.

St. Hieronymus mit dem Löwen; im Mittelgrunde die Buße des St. Hieronymus. (1470—1480.)

(St. Jérôme avec le lion; au fond du milieu la pénitence du St. Jérôme, du dernier quart du 15e siècle.)

Vergl. No. 24 und No. 93. Die Zeichnung ist fest und sicher, der Ausdruck im Gesicht des Heiligen charactervoll, die Gewandung natürlich, besonders sind die Brechungen des dichten Stoffes des Obergewandes gut motivirt. Die Falten sind schraffirt. Die Perspective fehlt und die Felsen sind mit manierirter Schroffheit dargestellt. Das Colorit ist das der Briefmaler von Augsburg und Ulm. Das Blatt fand sich früher in die Decke eines Buches von 1480 eingeklebt und dürfte nach der Form und Schraffirung der Kleidung, der Gebäude und Felsen in diese Zeit gehören.

H. 9 Z. 9 L., B. 6 Z. 10 L.

(Feuillet colorié.)

No. 188.
Beatus Simon. Zu Trient 1475.

(St. Simon. Trente en 1475.)

Die unter Sixtus IV. (1471 — 1484) erfolgte Seligsprechung des jungen Märtyrer Simon, der als Kind 1276 von den Juden in Trient getödtet worden sein soll, mag zu dem vorliegenden Bilde und anderen Druckwerken, zugleich auch zu Irrthümern in Annahme der Zeit dieses Verbrechens, wie sie die Unterschrift des Bildes aufweist, und zu neuen Judenverfolgungen Veranlassung gegeben haben. Die Zeichnung ist ziemlich steif, besonders in den Falten der Gewänder, die Gesichter sind hart, aber nicht ausdruckslos. Das Bild ist oberdeutsch, wie aus der dargestellten Begebenheit und aus den Zeichen der Jahrzahl, die mit dem Drucke von Albertus Duderstedt und mit dem Tegernseeer Drucke übereinstimmen, sowie aus der Form des Namens Salikman sich schliessen lässt. Genauer kann die Heimath des Blattes bis jetzt nicht bezeichnet werden. Das Blatt ist colorirt.

H. 10 Z. 2 L., B. 14 Z. 7 L.

(Feuillet colorié.)

No. 189.
*Ein Rosenkranzablaßbrief. (1470—1480.)

(Une lettre d'indulgence sous un rosaire, du dernier quart du 15e siècle.)

Maria mit dem Jesuskind, welches von einem Betenden einen Rosenkranz empfängt; hinter dem Letzteren eine weibliche Gestalt in betender Stellung. Ueber der Gruppe sechs Rosenkränze. Die Figuren sind offenbar nach dem in Jacob Sprengers Rosenkranzbuche von 1476 vorkommenden Titelkupfer zusammengestellt. Die Frau hat die Tracht, die auf der Beichttafel von Ulm (1481) No. 205 vorkommt. Das Bild dürfte kurz nach Erneuerung der Rosenkranzbrüderschaft im J. 1476 entstanden sein. Der weite mit Knickfalten sehr reichlich versehene Mantel, das auf der Brust faltige Kleid, die Tracht der betenden Frau spricht für die Zeit um 1480. Nach der Sprache der achtzeiligen Mönchsunterschrift, nach Schnitt und Colorit ist Ulm, Nördlingen oder Augsburg als Heimath des Bildes anzusehen.

H. 6 Z. 11 L., B. 4 Z. 7 L.

(Feuillet colorié.)

No. 190.

*Ein Kalender von 1478—1496.

(Un calendrier pour les années 1478—1496.)

Derselbe besteht aus einer Tafel, welche die chronologischen An-
gaben enthält, und aus einer breiten Einfassung, welche erklärende
Schrift, Figuren und den Kreis der goldenen Zahlen in sich fasst. Vollständig ist der chronologische Inhalt der Tafel nicht zu erklären. Für
die Kunstgeschichte ist sie insofern wichtig, als sie durch die Jahreszahl 1478 genau die Zeit, und durch das unten befindliche Wappen von
Ulm den Ort des Ursprungs unzweifelhaft angiebt. Zu beachten ist
deshalb besonders die Schlankheit der Figuren, die eng anliegende
Hose, die weiten Aermel, der geschnürte Brustlatz, die doppelte Farbe
im Costüm des Mannes, die geknickten Falten im Gewande der Frau,
der turbanähnliche Kopfputz derselben, die eigenthümliche Haltung des
Oberkörpers, welche die Schultern zurück, Hals und Kopf aber vorge-
beugt erscheinen lässt.

H. 10 Z. 11 L., B. 7 Z. 9 L.

(Feuillet colorié.)

No. 191.

*Christus am Kreuze mit den beiden Schächern. Ein Ablaßbild. (1470—1480.)

*(Jésus-Christ crucifié avec les 2 larrons. Un image d'indulgence,
du 3e quart du 15e siècle.)*

Zeichnung und Schnitt sind charactervoll und scharf. Der Schatten
ist durch Schraffirung angegeben. Nach Schnitt und Colorit gehört das
Bild nach Oberdeutschland, nach den Typen des beigefügten 41 zeiligen
Textes nach Ulm; als seine Entstehungszeit ist das Ende des dritten
Viertels des 15. Jahrhunderts anzusehen.

H. 10 Z. 5 L., B. 8 Z. 2 L.

(Feuillet colorié.)

No. 192.

Die Krönung der heiligen Jungfrau Maria.
(1470—1480.)

(Le couronnement de la St. Vierge Marie, du 3e quart
du 15e siècle.)

Die Jungfrau mit dem Christuskind steht, von einer Aureola umgeben, auf dem Rücken des Halbmondes und wird von zwei Engeln
mit der Kaiserkrone gekrönt. Die Zeichnung ist etwas steif und eckig,
die Gewandung zeigt reiche, aber ziemlich harte Knickfalten mit etwas
Schraffirung. Die Arbeit gehört nach ihrem ganzen Character nach
Schwaben; in Haltung und Costüm lässt das Bild die Zeit von Günther
Zainer erkennen. Das Colorit ist nicht besonders genau.

H. 3 Z., B. 2 Z. 1 L.

(Feuillet colorié.)

No. 193.

St. Brigitta. (1470—1480.)

(St. Brigitte, du dernier quart du 15e siècle.)

Vergl. No. 71. Die Heilige sitzt in Nonnentracht vor einem Lesepulte und schreibt in ein vor ihr aufgeschlagenes Buch ihre Revelationes.
Links an dem Pulte steht das schwedische, in der rechten Ecke des
Bildes das baierische Wappen. Oben in Wolken Jesus und Maria mit
der Krone. Die Zeichnung ist correct, nur etwas hart, namentlich in
den Falten; die Linien der Schraffirung sind zum Theil absichtlich unter-
brochen. Das Colorit ist sorgfältig, aber noch briefmalerartig. Die
Arbeit wie das Wappen zeigt nach Bayern, München oder Freising, in
das Ende des 15. Jahrhunderts.

H. 4 Z. 7 L., B. 3 Z. 1 L.

(Feuillet colorié.)

No. 194.

Vierzehn Bilder theilige und heilige Geschichte.
(1470—1480.)

(Quatorze images de Saints et de l'histoire des Saints, de la fin du 3e quart du 15e siècle.)

1. Die Verkündigung der Hirten nach Lucas II, 8. ff. 2. St. Johannes Baptista. 3. St. Johannes Evangelista. 4. St. Andreas der Apostel. 5. St. Simon Zelotes der Apostel. Die Heiligen haben alle eine goldene Glorie, einen weiten bis zu den Füssen reichenden Leibrock und darüber einen weiten faltigen Mantel. 6. St. Katharina von Alexandria, vor ihr der Henker mit dem Schwert. Der vom Himmel herabfliegende Engel erinnert in der Gewandung an die Engel Masaccios in der Kapelle der hl. Katharina in San Clemente zu Rom. 7. Das Martyrium der hl. Ursula. Vergl. No. 177. 8. Die heilige Dorothea. 9. Mehrere Märtyrer. 10. Das Fegefeuer.

Diese zehn Bilder haben zwar in Zeichnung, Schnitt und Colorit gleichen Character, zerfallen aber doch in zwei verschiedene Gruppen, die nicht in dieselbe Bilderreihe zu gehören scheinen; zur ersten Gruppe gehören der Hirt und Joh. der Täufer, zur zweiten die übrigen Bilder. Die Zeichnung ist bis auf einige Blätter sehr unansprechend, die Stellung der Apostel ist tadellos, die Gruppirung im Martyrium der hl. Katharina vorzüglich. Der Ausdruck in den Gesichtern ist im Ganzen weniger gelungen, wiewohl der Kopf des hl. Andreas und der vier Seelen im Fegefeuer ziemlich lebendig erscheint. Der Schnitt ist fein und sicher und steht der Arbeit in den 22 Passionsblättern No. 170 so nahe, dass man für beide Werke denselben Meister anzunehmen veranlasst ist. Auch das Colorit zeigt Uebereinstimmung mit demjenigen dieser Passionsblätter und jedenfalls sind Ort und Zeit der Entstehung beider Werke die nämlichen (Schwaben, das letzte Viertel des 15. Jahrhunderts).

H. 2 Z. 8 L. und 3 Z., B. 1 Z. 11½ L. und 2 Z. 3 L. ohne Rand, der 1—1½ Z. breit ist.

Die vier übrigen Bilder, Christus der Schmerzensmann, Maria, die Mutter Jesu, St. Dominicus, die Messe des hl. Gregorius, sind gut gezeichnet, fein geschnitten, gut gedruckt und sorgfältig colorirt. Auch sie gehören nach Schwaben, in das letzte Viertel des 15. Jahrhunderts.

H. 2 Z. 2 L.

(Feuillets coloriés.)

No. 195.

Chriſtus am Kreuze. Mit alten Geſichtszügen.
(1470—1480.)

(Jésus-Christ crucifié avec de vieux traits du visage, de la fin du 3e quart du 15e siècle.)

Der Schnitt ist klar, die Gesichter, namentlich das der Maria, nicht ohne Ausdruck, der Faltenwurf malerisch. Wegen der Haarform bei St. Johannes, wegen der mangelnden Hakenfalten und der Härte in der Darstellung des Leibes Christi, dürfte das Bild spätestens an das Ende des dritten Viertels des 15. Jahrhunderts zu setzen sein. Dem Colorit nach scheint es der Freisinger Schule anzugehören.

H. 7 Z., B. 4 Z. 9 L.

(Feuillet colorié.)

No. 196.

*Paſſion in 20 Blättern. (1470—1480.)

(Une passion en 20 feuillets, de la fin du 3e où du commencement du dernier quart du 15e siècle.)

1. Die Fusswaschung. Joh. 13. 4, 2. Christus zeigt den Verräther an, 3. Christus am Oelberge, 4. Die Gefangennehmung Christi, 5. Christus vor Kaiphas, 6. Die Verleugnung Petri, 7. Christus vor Herodes, 8. Pilatus wäscht sich die Hände, 9. Die Geisselung Christi, 10. Die Entkleidung Christi, 11. Die Kreuztragung, 12. Christus wird ans Kreuz genagelt, 13. Christus am Kreuze verschieden, 14. Die Abnahme vom Kreuze, 15. Die Grablegung Christi, 16. Die Höllenfahrt, 17. Christus als Gärtner, 18. Die Himmelfahrt Christi, 19. Die Ausgiessung des heiligen Geistes, 20. Christus als Weltenrichter.

Die Zeichnung der Bilder ist im Ganzen correct, aber nicht ohne Härten, in der Gewandung sind die Knickfalten vorhanden. Schnitt und Colorit weisen nach Oberdeutschland, Ulm oder Augsburg. Im Costüm, in der Haltung und in der Art der Drapirung tragen die Figuren den Character der Zeit Günther Zeiners (1470—1480). Neu ist in dieser Passion die Darstellung der Himmelfahrt und die Ausgiessung des heiligen Geistes.

H. 2 Z. 9 L., B. 2 Z.

(Feuillets coloriés.)

No. 197.

Drei Blätter heilige Geschichte. (1470—1480.)

(Trois feuillets de l'histoire des Saints, du 3e quart du 15e siècle.)

1. Die Auferstehung Christi. Die Zeichnung ist nicht ohne Character, aber ebenso wie der Schnitt etwas handwerksmässig.
2. Die Messe des heiligen Gregorius. Die Zeichnung ist zwar ziemlich steif und hart, aber nicht naturwidrig, die Falten sind scharf geknickt.
3. Die gnadenreiche Mutter Marie. In Zeichnung und Schnitt den beiden vorigen ähnlich.

Wegen der angegebenen Merkmale und wegen des Colorits sind die drei Bilder nach Oberdeutschland und wegen des Costüms, des Faltenwurfs, der Gestaltung der Figuren in die Zeit Günther Zeiners zu setzen. (1170—1480).

H. 2 Z. 11 L., B. 1 Z. 8 ½ L.

(Fouillets coloriés.)

No. 198.

Einsiedler in einer Landschaft. (1470—1480.)

(Des solitaires dans un paysage, de la fin du 3e ou du commencement du dernier quart du 15e siècle.)

Die Zeichnung der Gewänder ist gut, die Falten sind scharf geknickt, die landschaftlichen Gegenstände hart und schroff. Die Perspective ist sehr unvollkommen, das Colorit lebhaft und durch Schatten von verschiedenen Tinten sorgfältiger als gewöhnlich. Die Arbeit ist oberdeutsch; Faltenzeichnung und Schattirung weisen auf den Anfang des letzten Viertels des 15. Jahrhunderts.

H. 7 Z. 2 L., B. 4 Z. 6 L.

(Feuillet colorié.)

No. 199.

Der Erzengel Michael im Kampfe mit zwei Teufeln.
(Gegen 1480.)

*(L'archange Michel luttant avec deux diables, du dernier quart
du 15ᵉ siècle.)*

Die Teufel haben menschliche Körper, aber phantastische Köpfe,
Hände und Füsse. Die Arbeit verräth in Zeichnung und Schnitt die
Hand eines Künstlers; die Gewandung ist ziemlich weich, Haare und
Flügel des Erzengels sind mit besonderer Sorgfalt behandelt. Das Colorit fehlt. Die Schattirung besteht aus unterbrochenen Linien, so dass
sie sich der Punktirmanier nähert. Das beigefügte Monogramm des
Künstlers ist bis jetzt noch nicht gedeutet. Die sorgfältige Ausführung
des Ganzen und die eigenthümliche Art der Arbeit lassen annehmen,
dass dieser Holzschnitt im letzten Viertel des 15. Jahrhunderts in
Schwaben entstanden ist. Das Titelblatt zum Stern Meschiah, Esslingen
1484, ist in der nämlichen Art gearbeitet.

H. 10 Z. 1 L., B. 6 Z. 8 L.

(Feuillet non-colorié.)

No. 200.

Christuskopf auf dem Schweißtuche der Veronica.
(Um 1480.)

*(La tête de Jésus-Christ sur le suaire de St. Véronique,
du dernier quart du 15ᵉ siècle.)*

Wegen der ausgebildeten Form der Dornenkrone und der manierirt
gezeichneten Strahlen am Haupte ist das Bild nicht weiter zurück als
in das letzte Viertel des 15. Jahrhunderts zu versetzen. Das Colorit
spricht für Schwaben als Heimath desselben.

H. 9 Z. 3 L., B. 7 Z.

(Feuillet colorié.)

No. 201.

Kaiser Heinrich II. und seine Gemahlin Kunigunde.
(Um 1480.)

(L'empereur Henri II. et son épouse Cunégonde, du dernier
quart du 15e siècle.)

Beide in kaiserlichen Ornaten, das Modell des Bamberger Domes
haltend. Unter demselben zwischen beiden Figuren befindet sich das
Wappen Heinrichs, die baierschen Wecken und der Reichsadler in
einem quadrirten Schilde, und das Wappen seiner Gemahlin (das gräf-
lich luxemburgische), der goldene Löwe in schwarzem Felde. Die Zeichnung ist richtig, der Schnitt fein, das Colorit sorgfältig, die Schatten
sind nicht malerisch behandelt, sondern durch Schraffirungen angegeben.
Die scharfen Knickfalten sprechen hinsichtlich der Entstehungszeit für
das letzte Viertel des 15. Jahrhunderts. Die Arbeit ist oberdeutsch.
H. 5 Z. 1 L., B. 4 Z. 4 L.

(Feuillet colorié.)

No. 202.

Die Waffen Christi mit Medaillon. (Um 1480.)

(Les armes de Jésus-Christ avec médaillon, du dernier quart
du 15e siècle.)

Die Arbeit ist oberdeutsch, die Schriftform des vierzeiligen Textes
gehört dem 15. Jahrhundert an, die Form des aus Zweigen lose gewun-
denen Dornenkranzes und der Gloria des Christuskindes verweist das
Bild in die späteste Zeit dieses Jahrhunderts. Das Blatt ist colorirt.
H. 7 Z., B. 4 Z. 6 L.

(Feuillet colorié.)

No. 203.

Das Wappen der Grafen von Henneberg. (Um 1480.)

(Les armoiries des comtes de Henneberg, du dernier quart
du 15e siècle.)

Die Zeichnung der schwarzen Henne im zweiten und dritten Felde
ist naturtreu, der Doppeladler im ersten und vierten Felde ist heraldisch

aufgefasst, gewandt gezeichnet und sicher geschnitten. Die Form des Schildes lässt schliessen, dass dieses Wappen gegen das Ende des 15. Jahrhunderts gearbeitet ist. Der Character der Arbeit ist unzweifelhaft deutsch, doch lässt sich der Ort, wo sie gefertigt ist, nicht genau ermitteln. Das Blatt ist colorirt.

H. 6 Z. 10 L., B. 5 Z. 11 L.

(Feuillet colorié.)

No. 204.

Ein geharnischter Ritter unter einem Rundbogen.

(Um 1480.)

(Un chevalier cuirassé au dessous d'un arc rond, du dernier quart du 15e siècle.)

Dieses Blatt verräth einen sehr geübten Zeichner. Rüstung, Helmdecken, Lanzenfahne, Schild sind mit ungemeiner Gewandtheit und Sicherheit gezeichnet; Schatten und Lichter sind in der Zeichnung durch Aussparen und Schraffiren vorzüglich ausgedrückt. Am schwächsten ist der architectonische Theil, der an Unklarheit leidet. Das sorgfältige Colorit, wie der Character der ganzen Arbeit ist oberdeutsch. Die Rüstung stimmt ganz mit den Rüstungen von 1471 bei Hefner, Trachten II, 138 überein; nach der Art der Zeichnung zu urtheilen, ist das Bild wahrscheinlich etwas später, im letzten Viertel des 15. Jahrhunderts entstanden.

H. 6 Z. 5 L., B. 4 Z. 3 L.

(Feuillet colorié.)

No. 205.

*Die Beichttafel von 1481, von Hanns Schawr.

(Un tableau de confession fait en 1481 par Hans Schawr d'Ulm.)

Dieses Blatt besteht aus drei Abschnitten Text und einer Bilderreihe zwischen dem ersten und zweiten Textabschnitte. Die erste Gruppe in dieser Reihe wird durch einen Priester und Beichtende gebildet; die zweite stellt Christum dar, wie er die Sünder annimmt; ihm zur Seite Paulus und Matthäus, dann folgen Maria Magdalena, Zachäus, der Schächer am Kreuz und noch andere Gestalten mit dem Ausdruck reuhmüthiger Busse. Passavant, Peintre-Graveur, I, p. 40 bemerkt bezüglich dieser Bilder: „l'exécution, l'impression et le coloris sont absolument semblables à l'adoration des Mages par Hans Schläfer von Ulm".

H. 15 Z., B. 10 Z. 7 L.

Einziges bekanntes Exemplar. Das Blatt ist an mehreren Stellen bis über den Rand beschnitten.

(Seul exemplaire connu de ce feuillet colorié. Fortement rogné en plusieurs endroits.)

No. 206.

Die jehn Lebensalter.

(Les dix âges de la vie, de l'année 1482.)

Die zehn Lebensalter, dargestellt durch eine Reihe von zehn menschlichen und zehn Thierfiguren. Ueber jeder Menschenfigur sind die Jahre und das den Jahren entsprechende Prädicat, über den Thierfiguren die Jahre und der Name des Thieres angegeben. Die darunter befindlichen Sprüche scheinen nicht zu den zehn Menschenaltern zu gehören. Die Zeichnung der Figuren ist nicht ohne Character, der Schnitt jedoch nicht besonders fein ausgeführt, das Colorit ziemlich nachlässig. Die Sprache des Textes ist oberdeutsch. Nach inschriftlicher Angabe ist das Blatt 1482 entstanden.

H. 9 Z., B. 12 Z. 11 L.

Das Blatt ist an den Rändern etwas verletzt.

(Feuillet colorié, endommagé aux marges.)

No. 207.

Ein Rofenkranz mit Ablaß nach dem Rofenkranze von 1485.
(1485 — 1490.)

(Un rosaire avec lettre d'indulgence d'après le rosaire de 1485, des derniers dix années du 15e siècle.)

Maria mit dem Christkinde. Zwei Engel setzen ihr einen Rosenkranz auf. Zur Rechten kniet der Kaiser, zur Linken der Papst. Diese Gruppe umgiebt ein Kreis muschelförmiger Wolken, mit zehn Medaillons,

von denen die fünf grösseren die Leiden Jesu, die fünf kleineren die
Freuden Mariä dargestellt zeigen. In den vier Ecken des Bildes sind
die Sinnbilder der Evangelisten angebracht. Das Blatt hat nur geringen
Kunstwerth, die Zeichnung ist, wie das Colorit, sehr roh. Als Original
hat dem Formschneider, als welcher Hanns Schawr im Text bezeichnet
ist, jedenfalls der Rosenkranz von 1485 gedient. Hanns Schawr lebte
in Ulm; die Sprache des 19½ zeiligen Textes ist ulmisch oder augsburgisch. Das Blatt muss zwischen 1485 und 1490 entstanden sein.

H. 14 Z. 2 L., B. 10 Z. 4 L.

(Feuillet colorié.)

No. 208.

Ein Veronicabild auf einem rothen Tuche. (1480—1490.)

*(Le suaire de St. Véronique sur un fond rouge, du dernier quart
du 15ᵉ siècle.)*

Der Christuskopf ohne Hals, von runder Form mit vollem Gesicht,
mit der Dornenkrone bedeckt. Die Strahlen am Haupte haben die Form
einer entwickelten heraldischen Lilie. Das Tuch ist mit schwarzen
arabeskenartigen Blumen verziert. Das Colorit ist ulmisch. Nach der
eigenthümlichen Form der Strahlen ist das Blatt in die Zeit zwischen
1450 und 1490 zu setzen.

H. 9 Z. 9 L., B. 7 Z. 2 L.

(Feuillet colorié.)

No. 209.

Die Kreuzigung Christi. (1480 — 1490.)

(Jésus-Christ crucifié, du dernier quart du 15ᵉ siècle.)

Christus wird an ein Kreuz geschlagen, das in diagonaler Richtung
am Boden liegt. Die Zeichnung ist naturtreu, die Bewegung der Figuren lebendig und ungezwungen. Dem Costüm nach gehört das Bild
in das letzte Viertel des 15. Jahrhunderts, das Colorit weist nach dem
Niederrhein.

H. 7 Z. 4 L., B. 4 Z. 8 L.

(Feuillet colorié.)

No. 210.

Ein gekrönter heiliger Eremit. (1480—1490.)

(Un saint solitaire couronné, du dernier quart du 15e siècle.)

Ein gekrönter heiliger Eremit; wahrscheinlich St. Onuphrius, der
in Blätter oder Felle gekleidet oder auch, wie hier, am ganzen Körper
behaart erscheint und bisweilen (Louvre, Span. Galerie) mit Krone und
Scepter dargestellt wird. Die Zeichnung ist sehr geschickt und fein,
das Colorit matt und einfach. Die Heimath des Bildes scheint kaum
bestimmbar, die Zeit seiner Entstehung ist an den Schluss des 15. Jahrhunderts zu setzen.

H. 2 Z. 6 L., B. 2 Z. 1 L.

(Feuillet colorié.)

No. 211.

Ein Kalenderfragment. (1480—1490.)

(Un fragment d'un calendrier, du dernier quart du 15e siècle.)

Auf demselben finden sich zwei Colonnen Druckschrift, unter diesen
zieht sich eine sinnreiche Arabeske hin. Die Zeichnung derselben, namentlich der Blumen, ist sehr gewandt, der Schnitt sicher und fein.
Das Colorit sieht zwar wie oberbaierisch aus, aber die Sprache des
Textes ist nürnbergisch, und da man seit Johannes Regiomontanus besonders in Nürnberg Kalender machte, so dürfte dieses Fragment wohl
einem Nürnberger Kalender angehört haben. Handschriftlich ist auf
dem Blatte die Jahreszahl 1487 angegeben. die Entstehung ist demnach
spätestens in dieses Jahr zu verlegen.

H. 3 Z. 2 L., B. 7 Z. 9 L.

(Feuillet colorié.)

No. 212.

Ein Neujahrswunsch. (1480—1490.)

(Un souhait de bonne année, du dernier quart du 15e siècle.)

Vergl. No. 56. Das Christkind, auf einem rothen Kissen sitzend,
hält in der Rechten einen grünen Krug, mit der Linken berührt es

ein Spruchband, welches den Glückwunsch enthält. Das Bildchen ist gut gezeichnet und überhaupt sehr ansprechend, obgleich der Schnitt etwas stark ist. Das Colorit ist nicht ohne Sorgfalt. Der Text beweist, dass Oberdeutschland die Heimath des Bildchens ist, wo es nach Form der Schrift und der Glorie im letzten Viertel des 15. Jahrhunderts entstanden zu sein scheint.

H. 5 Z., B. 3 Z. 10 L.
(Feuillet colorié.)

No. 213.
Die Krönung der heiligen Jungfrau Maria. (1480—1490.)

(Le couronnement de la St. Vierge Marie, du dernier quart du 15e siècle.)

Die Jungfrau mit dem Christkind im Arm, in einem Rosengarten sitzend, wird von Engeln mit einer goldenen Krone gekrönt. Zeichnung, Schnitt und Colorit sind wohlgelungen. Die sorgfältige Schraffirung in den Gewändern, die reichen, kräftigen, aber nicht harten Falten, die malerische Schattirung durch ausgesparte und aufgesetzte Lichter, die vollständige und gleichfarbige Ausmalung der Luft zeugen dafür, dass das Bild im letzten Viertel des 15. Jahrhunderts entstanden ist; das lebhafte Colorit verräth den Geschmack von Augsburg in dieser Zeit.

H. 4 Z., B. 2 Z. 10 L.
(Feuillet colorié.)

No. 214.
St. Onuphrius. (1480—1490.)

(St. Onophrius, de la fin du 15e siècle.)

Der Heilige kniet in wüster Gegend auf einem Hügel. Ein herabschwebender Engel reicht ihm ein Brod. Die Zeichnung ist ziemlich fein und, von den conventionellen Formen der Felsen und Bäume abgesehen, naturtreu. Die Schatten sind meistentheils durch feine Schraffirung ausgedrückt. Das Colorit, welches die Contouren genau einhält, ist zwar zum Theil durch verschiedene Tinten schattirt, aber übrigens grell

7

und geschmacklos. Das Bild ist an den Ausgang des 15. Jahrhunderts
zu setzen, das Colorit kennzeichnet das westliche Schwaben, das heutige
Württemberg, als die Heimath desselben.

H. 2 Z. 9 L., B. 2 Z. 1 L.

(Feuillet colorié.)

No. 215.

Ein Paſſionsfragment von fünf Blättern.   (Um 1490.)

*(Le fragment d'une Passion en cinq feuillets, de la fin
du 15ᵉ siècle.)*

Das erste Bild, nur zur Hälfte erhalten, zeigt Christum am Boden
liegend, die Hände auf den Rücken gebunden und von einem Knechte
gehalten (wahrscheinlich die Scene der Verspottung). Das zweite Bild
stellt die Abführung Jesu in das Richthaus des Pilatus dar, das dritte
die Geisselung, das vierte die Kreuztragung, das fünfte die Kreuzigung.
Die Bilder zeigen manche Eigenthümlichkeiten, die auf oberdeutschen
Darstellungen des nämlichen Gegenstandes nicht vorkommen. So z. B.
auf dem ersten und vierten Bilde, die Hölzer an den Füssen Christi
und die Kette um den Hals, die Art, wie auf dem fünften das Kreuz
errichtet wird, und Anderes. Vermuthlich sind die Bilder, die in Cöln
erworben wurden, am Niederrhein entstanden. Die Zeichnung ist correct
und naturtreu, die Composition leidenschaftlich, man möchte sagen,
outrirt. Der Schnitt ist sicher. Die Gesichter sind überall hart, die
Schatten schraffirt, die Flächen überall durch Linien ausgefüllt. Die
Form der Kleider und der Schuhe, die meist kurze stumpfe Spitzen
zeigen, die Form der Glorie, die Schraffirung der Schatten, wie die
verschiedenen Tinten derselben Farbe zeugen dafür, dass das Bild am
Ausgang des 15. Jahrhunderts seine Entstehung gefunden.

Von verschiedener Grösse.

(Feuillets coloriés de différent format.)

No. 216.

Eine Landſchaft mit Heiligen.   (Um 1490.)

(Un paysage avec des Saints, du dernier quart du 15ᵉ siècle.)

Im Vordergrund felsige Gegend, im Mittelgrund ein See, auf der
Insel derselben eine Stadt, die mit dem Land durch eine Brücke ver-

bunden ist. Die Zeichnung hat bereits etwas Perspective, die Felsen und Berge sind nicht gänzlich naturwidrig. Das Colorit ist sorgfältig, die Schatten sind durch dunklere Tinten angegeben. Mit oberdeutschen Arbeiten hat das Bild nichts gemein, und da es in einer Cölner Auction erstunden wurde, so ist anzunehmen, dass es vom Niederrhein stammt. Nach der Art der Farbengebung ist die Zeit seiner Entstehung in das letzte Viertel des 15. Jahrhunderts zu verlegen.

H. 5 Z. 5 L., B. 4 Z. 5 L.

(Feuillet colorié.)

No. 217.

Ein Fragment einer Paſſion. Zwei Blätter. (Um 1490.)

(Un fragment d'une Passion en 2 feuillets, de la fin du 15e siècle.)

1. Christus unterliegt der Last des Kreuzes.
2. Die Berufung der Sünder.

Die Zeichnung ist correct, ohne besonders ansprechend zu sein, der Schnitt ist scharf und fein, das Colorit lebhaft und ziemlich sorgfältig. Durch das beigegebene Wappen wird Ulm als die Heimath der Bilder bezeichnet; die Form der Glorie und die Schraffirung der Falten giebt das Ende des 15. Jahrhunderts als die Entstehungszeit derselben an.

1) H. 4 Z. 8 L., B. 6 Z. 11 L.   2) H. 4 Z. 9 L, B. 6 Z. 9 L.

(Feuillets coloriés.)

No. 218.

Das heilige Herz mit großer Wunde. (Um 1490.)

(Le sacré-coeur avec une grande blessure, de la fin du 15e siècle.)

Ein Engel mit gehobenen Flügeln hält ein Tuch, auf welchem das heilige Herz dargestellt ist. Die Bestimmung der Zeit und des Ortes der Entstehung erscheint darum schwierig, weil das Costüm wenig Anhalt gewährt und das Colorit nicht mannigfaltig ist. Doch macht die sorgfältige Behandlung der Flügel und des Gesichts, die Form des Kleides um den Hals die Entstehung des Bildes im letzten Viertel des 15. Jahrhunderts wahrscheinlich. Die Frage nach dem Ort lässt sich nur negativ dahin beantworten, dass auf Schwaben das Colorit nicht zu deuten scheint.

H. 5 Z. 1 L. vom Kopfe des Engels bis zum untern Rande des Tuches.

(Feuillet colorié.)

No. 219.

Ein Veronicabild auf einem gelben Grunde. (Um 1490.)

*(Le snaire de St. Véronique sur un fond jaune, de la fin
du 15e siècle.)*

Vergl. No. 138, 169 u. 200. Zeichnung und Colorit sind sorgfältig, der Schnitt scharf und genau. Die Form der Dornenkrone, die
sorgfältige Schattirung durch Farben und die möglichst genaue Ausarbeitung im Einzelnen sprechen hinsichtlich der Entstehungszeit für
das Ende des 15. Jahrhunderts.
Mit der Einfassungslinie ohne den gemalten Rand beträgt die
H. 5 Z. 2 L., B. 4 Z. 6 L.
(Feuillet colorié.)

No. 220.

Das Christuskind Rosen brechend. (Um 1490.)

*(L'enfant Jésus cueillant des roses, du dernier quart
du 15e siècle.)*

Die eckige scharfe Zeichnung, der scharfe Schnitt, die Färbung
weisen auf Schwaben, die Form der Strahlenglorie auf das letzte Viertel
des 15. Jahrhunderts.
H. 4 Z., B. 4 Z. 6 L.
(Feuillet colorié.)

No. 221.

Das nackte Christuskind trägt das Kreuz. (Um 1490.)

(L'enfant Jésus nu portant la croix, de la fin du 15e siècle.)

Die Zeichnung ist correct, das Colorit sorgfältig. Die Arbeit ist
oberdeutsch und die Zeit der Anfertigung des Bildes dürfte gegen den
Schluss des 15. Jahrhunderts fallen.
H. 2 Z. 10 L., B. 2 Z. 5 L.
(Feuillet colorié.)

No. 222.

Ein Christuskopf mit Strahlenglorie und Arabesken im Glorienkreuze. (Um 1490.)

(La tête de Jésus-Christ avec nimbe et arabesques dans une croix de gloire, du dernier quart du 15e siècle.)

Die Zeichnung ist steif und hat etwas Alterthümliches, so dass man glauben könnte, einen byzantinischen Typus vor sich zu haben. Doch ist ein ähnlicher weder in orientalischen noch in occidentalischen Bildern Christi aufzufinden gewesen. Die Glorie und der Streifen am Kleid sind leicht colorirt, alles Uebrige ist farblos. Die Strahlenglorie, die Arabesken im Kreuz und die sehr ausgebildete Dornenkrone weisen auf die späteste Zeit des 15. Jahrhunderts, vielleicht gehört das Bild sogar in den Anfang des 16. Jahrhunderts.

H. 9 Z. 5 L., B. 6 Z. 6 L.

(Feuillet légèrement colorié.)

No. 223.

*Das Martyrium des St. Erasmus. (Um 1490.)

(Le martyre du St. Erasme, de la fin du 15e siècle.)

Das Martyrium des St. Erasmus, dem auf Befehl und in Gegenwart des Kaisers Diocletian die Eingeweide aus dem Leibe gewunden werden. Das Blatt ist eine artistische Seltenheit, da der grässliche Gegenstand vielleicht nur noch einmal, in dem bekannten Bilde von Nicolas Poussin in Rom, dargestellt worden ist. Die Zeichnung ist correct, der Ausdruck in den Gesichtern sprechend, die Figuren stehen zu einander in lebendiger Beziehung, die Gruppirung hat etwas Künstlerisches. Das Colorit ist ziemlich sorgfältig und sehr farbenreich. Nach dem Costum der Figuren und dem Reichthum der Composition zu urtheilen gehört das Blatt in das Ende des 15. Jahrhunderts. Im Colorit zeigt es keine Aehnlichkeit mit deutschen Blättern. Wahrscheinlich ist es französischer Herkunft, wofür auch die Lilie im Wasserzeichen spricht.

H. 10 Z. 8 L., B. 7 Z. 10 L.

(Feuillet colorié.)

No. 224.

Gott-Vater segnend auf dem Erdenkreise. (Um 1490.)

*(Dieu-Père donnant la bénédiction sur le rond de l'univers,
de la fin du 15ᵉ siècle.)*

Das Alter des Bildes lässt sich schwer bestimmen. Da die Glorie
noch das Kreuz mit dem schwarzen Keile zeigt, der Mantel aber schon
die kunstvolle und schmuckreiche Broche hat, endlich auch die Haken
in den Falten sich schon finden, die Schraffirung aber noch fehlt, so
könnte das Bild wohl aus dem letzten Viertel des 15. Jahrhunderts
stammen. Das Colorit ist wenig sorgfältig und wahrscheinlich nicht
oberdeutsch. Vielleicht deutet der reiche Stoff des Gewandes auf niederländischen Ursprung, wo der Reichthum an kostbaren Stoffen damals
gross war.

H. 3 Z. 8 L., B. 2 Z. 3½ L.

(Feuillet colorié.)

No. 225.

Die Waffen Christi auf lasurblauem Grunde. (Um 1490.)

*(Les armes de Jésus-Christ sur un fond bleu, de la fin
du 15· siècle.)*

Die Arbeit ist höchstwahrscheinlich niederrheinisch, wofür der zierliche Schnitt, das sorgfältige Colorit und insbesondere auch die fleischige
Gestalt Christi spricht. Die Schrift ist freilich oberdeutsch; sie stammt
aus dem Ende des 15. Jahrhunderts.

H. 6 Z., B. 4 Z. 6 L. mit dem Zinnoberrande.

(Feuillet colorié.)

No. 226.

St. Brigitta. (Um 1490.)

(St. Brigitte, de la fin du 15ᵉ siècle.)

Vergl. No. 71 u. No. 193. Ueber dem Haupte Brigittens der
heilige Geist in Gestalt einer Taube und Gott-Vater in ganzer Figur,
den Gekreuzigten haltend. Unter dem Bilde eine Inschrift und ein

Stadt- oder Klosterwappen (**Maria fferre**). Das Bild ist sehr sauber gezeichnet und sorgfältig schattirt; der Grund hinter dem Haupte Bri-gittens und unter dem Schriftband ist durch Querlinien vertieft, um das Bild zu heben. Das matte Colorit sticht auffallend ab gegen das in Oberdeutschland, selbst in Baiern und Masseo gewöhnliche. Die Unter-schrift zeigt, dass wir einen niederländischen Schnitt vor uns haben. Wahrscheinliche Entstehungszeit: das letzte Viertel des 15. Jahr-hunderts.

H. 3 Z. 11 L., B. 2 Z. 10½ L.

(Feuillet colorié.)

No. 227.

Das heilige Herz. (Um 1480—1490.)

(Le sacré-coeur, du dernier quart du 15e siècle.)

Ein Engel mit gehobenen Flügeln hält mit beiden Händen ein Tuch vor sich ausgebreitet empor, auf welchem das Herz Jesu mit einer Stichwunde dargestellt ist. Die Zeichnung ist gut, die Schraffirung der Falten sowie die Färbung der Luft bezeichnen als Entstehungszeit das letzte Viertel des 15. Jahrhunderts. Die Schreibung und Sprache der Inschrift sind oberdeutsch.

H. 2 Z. 7½ L., B. 2 Z. 2 L.

(Feuillet colorié.)

No. 228.

St. Anna mit dem Christuskinde auf dem rechten und mit der Jungfrau Maria auf dem linken Arme. (Um 1494.)

(St. Anne avec l'enfant Jésus sur le bras droit et la St. Vierge Marie sur le bras gauche, de l'année 1494.)

Die Entstehungszeit des Bildes ist nach der inschriftlichen Angabe das Jahr 1494. Die Art des Schnittes, das Colorit, die Sprache des Textes bezeugen Schwaben (Augsburg oder Ulm) als Heimath des Bildes.

H. 9 Z. 5 L., B. 6 Z. 6 L.

Die Zahl „neun" ist von Wurmstichen angefressen.

(Feuillet colorié. Le nombre „neuf" abimé par une piqûre de vers.)

No. 229.

Das Wappen des Papstes Julius II. (1503—1513.)

(Les armes du pape Jules II., du 1er quart du 16e siècle.)

Die Zeichnung ist sicher und gewandt, die Linien sind überaus kräftig, das Colorit ist nicht genau, aber lebhaft. Aus der Arbeit lässt sich Zeit und Ort des Ursprungs nicht wohl bestimmen. Papst Julius II. regierte von 1503—1513. In diese Zeit fällt höchstwahrscheinlich die Anfertigung des Wappens, da später kaum Veranlassung sein konnte, dasselbe darstellen zu lassen.

H. 15 Z. 3 L., B. 10 Z. 8—9 L.

(Feuillet colorié.)

No. 230.

St. Benedict. (1516.)

(St. Benoît, de l'année 1516.)

St. Benedict, mit einer Glorie um das Haupt, in der Tracht seines Ordens und mit den ihm eigenthümlichen Emblemen. Unter den Füssen des Heiligen links steht: Mansee (die im oberösterreichischen Salzkammergut gelegene Abtei Mondsee), rechts: 1516 und ein Monogramm, welches bis jetzt noch nicht erklärt ist. Das Bild ist richtig gezeichnet und hat eine etwas harte, aber richtige Schattirung und mattes Colorit.

H. 3 Z. 10½ L., B. 2 Z. 5 L.

(Feuillet colorié.)

No. 231.

Das Lob der Maria. (Angeblich vom Jahre der Welt 4741.) (1273 n. Chr.)

(L'éloge de St. Marie, à ce qu' on dit de l'année du monde 4741.)

Das Datum 4741 muss falsch gelesen sein oder sich auf das Originalbild beziehen, denn es würde dasselbe mit dem Jahre 1273 unserer Zeitrechnung zusammenfallen. Ein Brustbild der Jungfrau, zu jeder Seite derselben ein Engel, darunter Text in russischer Sprache

und zwar 17 Zeilen in grösseren Buchstaben, welche das Lob der
Maria enthalten, und 5 Zeilen in kleineren Buchstaben, welche die
Nachricht über den Ursprung des Lobes der Maria mittheilen. Die
Zeichnung ist steif, der Schnitt grob, der Druck sehr deutlich, das Co-
lorit ziemlich lebhaft. Das Bild scheint russischen Ursprungs; etwas
Genaues lässt sich über die Zeit und den Ort seiner Entstehung nicht
aussagen.

H. 1 Z. 11 L., B. 6 Z. 6 L.

(Feuillet colorié.)

No. 232.

Eine Hirschkuh mit Halsband. Volldruck.

(Une biche avec collier.)

Wo anderwärts schwarze Striche die Contouren bilden, da
zeigen sich hier weisse Linien oder weisse Stellen. Die Figur ist
im Stocke oder auf der Platte erhaben stehen gelassen und die Be-
gränzung ist ausgeschnitten worden; die ganze Figur ist also vollge-
druckt. Zeichnung und Schnitt sind ziemlich unvollkommen und machen
den Eindruck des Alterthümlichen.

H. 2 Z. 2 L., B. 2 Z. 1 L.

Xylographische Werke.

(Ouvrages xylographiques.)

I.

Ars Moriendi. Xylographifche Ausgaben.

(Éditions xylographiques de l'Ars Moriendi.)

No. 233.

*** Ars Moriendi. Ausgabe **A.**

Diese Ausgabe darf für die erste noch vorhandene der Ars Moriendi gehalten werden, wesshalb sie hier als Ausgabe A bezeichnet ist und zugleich unter allen bekannten als die vollendetste gelten muss. Ein anderes vollständiges Exemplar derselben ist bis jetzt nirgends aufgefunden worden. (Vielleicht ist das Exemplar in der Bembroke library zu Wilton House, von dem nur Blatt 1—18 erhalten sind, von derselben Ausgabe?) Diese Ausgabe A hat keine Angabe des Verfassers, des Druckortes und des Jahres, in welchem sie erschienen ist. Der Inhalt des Werkes zerfällt in 13 Seiten Text und 11 Seiten Bilder auf 12 Bogen klein Folio. Seite 6 zeigt das erste Bild, die **Temtacio dyaboli de side**, Seite 10 das zweite Bild, die **Bona inspiracio angeli de side**, Seite 13 das dritte Bild, die **Temptacio** (sic!) **dyaboli de desparacione**, Seite 17 das vierte Bild, die **Bona ispiratio angli contra despationē**, Seite 21 das fünfte Bild, die **Temptacio dyaboli de ipaciēcia**, Seite 26 das sechste Bild, die **Bona inspiracio angeli de paciencia**, Seite 31 das siebente Bild, die **Temptacio dyaboli de vana gloria**, Seite 34 das achte Bild, die Rettung des Kranken vor der **vana**

gloria, Seite 38 das neunte Bild, die **Cemptacio dpaboli de avaricia**, Seite 42 das zehnte Bild, die **Gona** inspiracio angli contra auariciā, auf Seite 46 stellt das elfte Bild das Ende des Kranken dar.

Dieses Meisterwerk der Xylographie von wunderbarer Schönheit zeigt in Conception und Ausführung unverkennbar auf Cöln als den Ort seines Ursprungs hin und ist in die Mitte des 15. Jahrhunderts zu setzen, in die Zeit, wo sich der Einfluss flamländischer Kunst, besonders Roger's van der Weyden, in der Cölnischen Schule geltend machte und vorzüglich der Aufenthalt Petrus Christus in Cöln eine Kunstweise hervorrief, in welcher die Eigenthümlichkeit der cölnischen Schule mit der der flamländischen verbunden erscheint. Von dieser Verbindung giebt die hier bezeichnete Ausgabe der Ars Moriendi ein merkwürdiges Beispiel.

Eine Kapsel von feinem dunkelfarbigem Leder umschliesst jetzt unser Exemplar.

(Exemplaire unique et complet de cette première de toutes les éditions de l'Ars Moriendi. Il est d'une conservation magnifique.)

British Museum

No. 234.

Ars Moriendi. Fragment einer deutschen xylographischen Ausgabe.

(Fragment d'une édition xylographique allemande de l'Ars Moriendi. Exemplaire unique.)

Besonders wichtig, weil von der Ausgabe, der dieses Fragment angehörte, sehr wahrscheinlich nichts weiter erhalten ist. Man darf annehmen, dass dieselbe mit der Ausgabe A in sehr genauer Verbindung steht.

No. 235.

**Ars Moriendi. Die siebente xylographische Ausgabe.

(La septième édition xylographique de l'Ars Moriendi.)

Vergl. Heinecken, Idée générale, p. 419, wo diese Ausgabe als die siebente beschrieben wird. Sehr wahrscheinlich rührt dieselbe von demselben Ludwig zu Ulm (der in Urkunden von 1449—1484 vorkommt) her, der die Bilder der vierten und sechsten Ausgabe geschnitten hat (vergl. Heinecken, Idée générale, p. 414 u. 418). Weil

diese Ausgabe opistographisch mit der Presse gedruckt und offenbar
die letzte Ludwig'sche Ausgabe ist, wird sie ungefähr um 1450 entstanden sein. Eine Vergleichung der obigen Ausgabe A mit den ulmischen
Ausgaben zeigt klar, dass jene in Bildern und Text das Original ist
und dass die Ulmischen Copieen derselben sind. Auf Seite 26 ist
gedruckt die Uebergabe der Leiden des Erlösungswerkes von Seiten
Christi an Gott-Vater. Auf Seite 27 oben ist die Schöpfung Evas,
unten die Verführung zum Genuss des Apfels, beides roh colorirt.
Seite 28 ist leer.

> Unser Exemplar ist sehr gut gehalten, nur fünf Blätter sind etwas
> wasserfleckig. Es ist in grünen Maroquin gebunden und mit
> goldenen Linien eingefasst.

> (Exemplaire très-bien conservé, 5 feuillets seulement sont peu
> tachés d'eau. Relié en maroquin vert, filets.)

No. 236.

****Ars Moriendi. Ein anderes Exemplar derselben siebenten
xylographischen Ausgabe.**

*(Un autre exemplaire de la septième édition xylographique
de l'Ars Moriendi.)*

Auf Seite 26 erscheint der Erzengel St. Michael. Seite 27 zeigt
Scenen des menschlichen Lebens. Links oben ist eine Kirche mit
Gottesacker, vor der Kirchthüre eine Trauung, darunter ein offenes
Grab etc.

Hierin unterscheiden sich die sonst übereinstimmenden Exemplare.

> Dieses Exemplar stimmt genau mit dem vorherbeschriebenen überein
> und weicht nur darin ab, dass der Druck, besonders der Abre-
> viaturen, weniger scharf ist und dass die Umfassungslinien
> hin und wieder weniger gekommen und mehr ausgesprungen
> sind. Es ist vortrefflich gehalten und in blauen Maroquin
> mit feinen Goldlinien verziert eingebunden.

> (Cet exemplaire correspond exactement à celui décrit sous No. 235
> et se distingue seulement par l'impression moins belle et des
> différences sur les pages 26 et 27. Du reste il est d'une
> conservation magnifique, relié en maroquin bleu, filets.)

No. 237.

** Ars Moriendi auf zwei xylographischen Blättern mit deutschem Texte.

(L'Ars Moriendi sur deux feuillets xylographiques avec le texte allemand.)

Auf dem ersten Blatt sind sämmtliche fünf Versuchungen, auf dem zweiten das Weltgericht und die Vorentscheidung durch den Erzengel Michael dargestellt. Die Zeichnung beider Tafeln ist geschickt und ausdrucksvoll. Sprache und Zeichnung weisen auf Oberdeutschland. Was das Alter betrifft, so lässt sich theils aus der Tracht der Haare, theils aus dem in Lilien übergehenden Kreuze der Glorie Christi, theils aus den langen nachschleppenden Gewändern erkennen, dass diese Ars Moriendi in der Zeit zwischen 1470 und 1480 entstanden ist.

H. 9 Z. 8 L., B. 7 Z.

No. 238.

Ars Moriendi. Fragment der xylographischen Ausgabe, von welcher Fürst Galitzin ein vollständiges Exemplar besitzt.

(Fragment de l'édition xylographique de l'Ars Moriendi, dont le prince Galitzin possède un exemplaire complet.)

Dieses Fragment besteht aus zwei Blättern, von denen das erste den Text zur and' annechlüg und das Bild zur *Bona inspiratio contra desperationem*, das zweite den Text zur *Bona inspiratio contra vanam gloriam* und das Bild zur *temtatio de avaritia* enthält. Das Format, der Inhalt der Bilder und der Text des Fragmentes stimmen genau mit der von Fürst Galitzin gegebenen Beschreibung der Blätter 4 u. 9 seines Exemplars überein. Die Bilder sind von ziemlich roher Arbeit und die zu denselben verwendeten Stöcke scheinen ziemlich abgenutzt gewesen zu sein. Das Colorit ist nicht durchgeführt. Die Sprache ist mitteldeutsch und kann auf Nürnberg weisen. Die Schrift ist cursiv wie in der deutschen Biblia Pauperum und im xylographischen Kalender des

Regiomontanus. Es dürfte daher das Fragment wohl aus dem dritten Viertel des 15. Jahrhunderts stammen.

H. 3 Z. 7—8 L., B. 2 Z. 10 L.

(Exemplaire partiellement colorié.)

No. 239.

* Ars Moriendi. Xylographische Ausgabe mit deutschem handschriftlichen Texte.

(Edition xylographique de l'Ars Moriendi avec un texte allemand en manuscrit.)

Diese Ausgabe besteht aus einem Hefte von ursprünglich sieben Lagen zu je zwei Blättern. Das erste Blatt der ersten Lage fehlt in diesem Exemplare, doch muss es leer gewesen sein. Auch von der ursprünglich siebenten Lage ist schon frühzeitig das zweite Blatt (8) verloren gegangen und durch eine Copie ersetzt worden. Das Format ist klein Octav. Der Text ist keine Uebersetzung, sondern eine selbst-ständige Arbeit, welche der Hauptsache nach auf dem Texte der Ars Moriendi ruht und auch, wenigstens in der Einleitung Kenntniss des *Speculum artis bene moriendi* voraussetzt. Die Motive der Bilder sind im Wesentlichen dieselben, wie in denen der Folio-Ausgabe der Ars Moriendi, die Behandlung erscheint aber vorwiegend selbstständig. Der Text ist entschieden süddeutsch, und zwar mehr alemannisch, als schwäbisch; auch das kräftige Colorit spricht für alemannischen Ur-sprung, es erinnert an dasjenige im Titelbilde des Sternes Meschiah (Esslingen, 1481). Nach Costüm und Schriftform gehört das Werk in den Anfang des letzten Viertels des 15. Jahrhunderts.

Das Exemplar befindet sich eingehängt in einem neuen vergoldeten Einbande von grünem Sammet.

H. 5 Z. 2 L., B. 3 Z. 9 L.

(Exemplaire colorié, mis dans un carton couvert de velours vert doré.)

No. 240.

Ars Moriendi. Die Temptatio diaboli de fide. Fragment einer Ausgabe der Ars Moriendi.

(La tentation du diable contre la fidélité; fragment d'une édition de l'Ars Moriendi.)

Composition und Zeichnung tragen ein künstlerisches Gepräge. In der feinen Auffassung des Gegenstandes giebt sich eine Phantasie kund, die lebhaft an Höllen-Breughel erinnert. Der Formenschneider ist dem Zeichner nicht gleichgekommen; im Ganzen aber erscheinen die Schnitte als Arbeiten, die einen Uebergang von den Handwerkerarbeiten Ulms und Augsburgs zu den Künstlerarbeiten Dürers, Burgkmair's u. dergl. bezeichnen. Die Jahreszahl 1540 ist wahrscheinlich verschrieben statt 1504 und somit so zu lesen, wofür die Form der Zahlen und namentlich auch das Costüm der Figuren zu sprechen scheint. Das Blatt, in Cöln erworben, hat offenbar niederrheinischen Character.

No. 241.

*Ars Moriendi. Typographische Ausgabe mit durchgehenden Zeilen in Klein-Folio.

(Von Nicolaus Göß aus Schlettstadt, Buchdrucker in Cöln von 1474—1478.)

(Edition typographique de l'Ars Moriendi avec un texte parcourant en petit in-folio. Imprimé par Nicolas Goetz de Slettstadt, imprimeur à Cologne de 1474 à 1478.)

Dieses Exemplar gehört jedenfalls derselben Ausgabe an, von welcher nach Sotzmann in seiner Beschreibung eines jetzt im königl. Museum zu Berlin, Kupferstichsammlung, befindlichen Exemplares der Ars Moriendi nur noch drei Exemplare bekannt sind, eins im Besitze des Baron von Liphart in Dorpat, das andere in der ehemaligen Bibliothek des Predigers Donker Curtius in Arnheim und vorstehendes. Unser Exemplar dieser Ausgabe der Ars Moriendi bestand ursprünglich aus

zwölf Blättern in vier Lagen. Das erste Blatt, Vorrede und der Text
zum ersten Bilde, fehlen. Die Bilder sind mehr oder weniger geschickte
Copieen der Originale der Ausgabe A. Drucker und Druckort sind
nicht genannt. Eine genaue Typenvergleichung mit der von Nicolaus
Götz aus Schlettstadt in Cöln 1478 gedruckten Ausgabe von Werner
Rolewinck, Fasciculus temporum ergiebt jedoch unzweifelhaft, dass
unsere Ausgabe von demselben Götz gedruckt worden ist. Die Druck-
erzeugnisse desselben erschienen zu Cöln in den Jahren von 1474—1478
und in diese Zeit ist diese Ars Moriendi zu setzen. Die Frage nach dem
Verfertiger der Schnitte lässt sich bis auf Weiteres nicht genau beantworten. Eine genaue Betrachtung lehrt, dass jedenfalls zwei Künstler
an den Tafeln gearbeitet haben.

Das Exemplar ist ganz sauber und gut gehalten, mit Ausnahme von
zwei Wurmstichen und einer kleinen Verletzung im Gesichte des
Teufels an der linken Seite auf Blatt 3; es ist in braunes
Schafleder gebunden und trägt in Goldpressung
die Worte Ars Moriendi.

(Un exemplaire complet doit avoir 12 feuillets, dont ils manquent à
celui-ci le premier feuillet contenant la préface et le texte à la première image. Il est bien conditionné sauf 2 piqûres de vers et
un petit endommagement au 3e feuillet et relié en
basane brune avec les mots „Ars Moriendi"
imprimé en or.)

No. 242.

Ars Moriendi. Unbekannte typographische Ausgabe ohne Ort und Jahr. (Lipsiae, Conrad Kachelofen.)

*(Edition typographique inconnue de l'Ars Moriendi. Sans lieu
ni date. [Lipsiae, Conrad Kachelofen].)*

Diese Ausgabe bestand ursprünglich aus 14 Blättern in kl. 4,
von denen das 1., 8., 9., 10., 13., 14. Blatt fehlen. Die erhaltenen
Bilder, sieben an der Zahl, haben, mit Ausnahme des ersten (ein
Kranker im Bett empfängt von einem Priester das heilige Abend-
mahl) ganz denselben Inhalt, wie die der xylographischen Ausgaben
und sind wahrscheinlich aus der siebenten copirt. Obwohl etwas
hart, sind sie doch keineswegs roh und geistlos, sondern haben

sogar eine gewisse Selbstständigkeit der Behandlung. Ueber die Frage nach dem Drucker siehe die folgende Nummer.

Bis auf einige Wurmstiche wohl erhalten und in Pappband gebunden.

(Edition composée de 14 feuillets, dont ils manquent à ceci les ff. 1. 8. 9. 10. 13. 14. Exemplaire bien conservé sauf quelques piqûres, relié en carton.

No. 243.

Ars Moriendi. Zweite unbekannte typographische Ausgabe Ohne Ort und Jahr. (Lipsiae, Conrad Kachelofen.)

(Seconde édition typographique inconnue de l'Ars moriendi. Sans lieu ni date. (Lipsiae, Conrad Kachelofen).

Diese Ausgabe besteht aus 14 Blättern mit 14 Seiten Bildern und 13 Seiten Text in kl. 4 und hat auf Seite 1a den Titel: Ars moriēdi er va / rijs scripturarū sententijs collecta / cū figuris ab refiſtendū in mortis / agone dyabolice sugeſtioni valēs / cuilibet chriſti- fideli - utilis ac mul- / tum neceſſaria - Die Bilder sind, so weit sie verglichen werden können, ganz dieselben, wie in der vorigen Ausgabe und stimmen im Uebrigen theils mit denen der Ausgabe A, theils mit denen der siebenten Ausgabe überein. Die vorige Ausgabe (No. 242) ist als die ältere anzusehen. Titel, Typen und Bilder sind ganz die nämlichen, wie in einem auf der Universitätsbibliothek zu Leipzig be- findlichen typographischen Drucke der Ars Moriendi, welcher Conrad Kachelofen, der von 1489 bis 1495 in Leipzig druckte, zugeschrieben wird. Eben demselben wird man daher auch diese Ausguben zuweisen müssen.

(Unser Exemplar ist sehr gut gehalten und in grünes Maroquinleder mit Goldverzierungen gebunden.)

(Exemplaire très-bien conservé, relié en maroquin vert doré.)

No. 244.

**Ars Moriendi. Deutsche typographische Ausgabe.
Leipzig, 1494.**

*(Edition typographique allemande de l'Ars moriendi, imprimée
à Leipzig en 1494.)*

Sie führt den Titel: **Ein loblich vnd nuhbar / lich buchelein von
de} sterben wie ein ihlich / criften menfch . recht pn warem criften glau /
ben sterben fal . . . . .** und endet: **Hie endet sich das buchelepn genant
das / buch'elepn des sterbens gedruckt hu leip- / hig Nach chrifti geburth
Im rciiii. Jar.** Sie ist in Quart auf 16 Blätter gedruckt, ohne Seitenzahlen und Custoden aber mit einigen Signaturen. Die Vorrede wie der
ganze übrige Text ist eine genaue Uebersetzung des lateinischen Textes
der Ausgabe A im sächsischen Dialekt des 15. Jahrhunderts. Die Bilder
sind genau dieselben, wie in den vorigen lateinischen typographischen
Ausgaben; sie haben dieselben lateinischen Spruchzettel und müssen
demnach ursprünglich für die lateinische Ausgabe gefertigt worden sein.
Die Verwendung derselben Bilder, desselben Papiers und ähnlicher
Typen legt die Vermuthung nahe, dass die lateinische wie die deutsche
Ausgabe aus derselben Officin, d. h. aus der Conrad Kachelofen's hervorgegangen sind. Die Schlussworte des Textes geben an, dass die Ausgabe zu Leipzig (14)94 gedruckt worden ist.

Sehr gut erhalten und in grünes Maroquinleder mit Golddruck
gebunden.

(Exemplaire très-bien conservé, relié en maroquin vert doré.)

No. 245.

**Ars Moriendi. Deutsche typographische Ausgabe.
Leipzig, Melchior Lotter, 1507.**

*(Edition typographique allemande de l'Ars moriendi, imprimée
par Melchior Lotter à Leipsic en 1507.)*

Diese Ausgabe besteht aus 15 Blättern in klein 4⁰ ohne Seitenzahlen und Custoden, aber mit Signaturen. Der Titel lautet: **Epn
loblich vnnd / nuhbarlich buchlein vö dem ster / ben wie ein ihlich criften
menfch / recht pn warem criften glauben sterben fal vnd der anfech- / tung**

des bloßenn gepßtes wider stehen Durch manche nuß / barliche lere der lerer der hepligen schrifft. Sie schliesst: Hie endet sich das buchelepn genant das buch / lepn des sterbens gedruckt ßu Leppßk Nach / christi geburth M. ccccc. vij. Jar. durch Mel- / chior Lotter. Der Text ist derselbe, wie in der Ausgabe der vorigen Nummer, die Bilder die nämlichen, die in den Kachelofen'schen lateinischen Ausgaben vorkommen.

Der lateinische Text, aus welchem die Uebersetzung der leipziger Ausgaben geflossen ist, ist der Hauptsache nach nicht der Text der leipziger lateinischen Ausgaben, sondern der Text der xylographischen Ausgabe A.

Sehr gut erhalten und in Pappband gebunden.

(Exemplaire très-bien conservé, relié en carton.)

No. 248.

Ars Moriendi. Typographische Ausgabe. Nürnberg, Joann. Weyssenburger, ohne Angabe des Jahres.

(Edition typographique de l'Ars moriendi, imprimée à Nuremberg par Jean Weyssenburger, sans indication de date.)

Diese älteste Weyssenburger'sche Ausgabe ist lateinisch und besteht aus 14 Blättern in klein 4° ohne Seitenzahl und Custoden, aber mit Signaturen. Der Titel lautet: Ars moriendi ex / Variis sententijs collecta cum figuris ad resistendum / in mortis agone diabolice suggestioni valens cui / libet Christifideli vtilis: ac multum necessaria. Unter dem Ende des Textes, Blatt 13 a, steht: Impressum Nürmberge p Deñ. dñm Jo. W. Przsbzm. Auf dem Titelblatt ein Holzschnitt: Ein Kranker, umgeben von dem Notar, dem Arzte und dem Priester. Der Text dieser Ausgabe ist bis auf die Fehler genau der Text der leipziger lateinischen Ausgabe. Die Bilder aber, welche sehr roh gezeichnet und geschnitten sind, haben zwar denselben Inhalt und dieselbe Gruppirung, wie die der früheren lateinischen Ausgaben, weichen aber im Einzelnen mannigfach ab. Jedenfalls sind sie keine Copieen der siebenten xylographischen Ausgabe, sie erinnern häufig mehr an die Ausgabe A. Man vermuthet, dass diese Weissenburger'sche Ausgabe um 1504 erschienen sei. (Vergl. Heinecken, Idée générale, p. 425).

Sehr gut erhaltenes Exemplar in grünen Maroquin gebunden.

(Exemplaire très-bien conservé, relié en maroquin vert.)

No. 247.

Ars Moriendi. Zweite Weyffenburger'fche typographifche Ausgabe. Nürnberg 1512.

*(Seconde édition typographique de l'Ars moriendi, imprimée par
Weyssenburger à Nuremberg en 1512.)*

Diese wahrscheinlich zweite Weyssenburger'sche Ausgabe besteht
aus 14 Blättern in klein 4°. Der Titel lautet: **Ars moriendi er / Darijs
fententijs collecta cum figuris ad refiftendum / in mortis agone dyabolice
fuggeftioni valens cui- / libet Chriftifideli vtilis: ac multum neceffaria.**
Der Schluss heisst: **Impreffum Normberge oppido Impe- / riali: in
officina dni Joannis Weyf- / fenburger. Anno falutis. 1512.** Der Text
stimmt ganz genau mit dem der ersten Ausgabe überein. In den Bildern zeigen sich einige Abweichungen.

Sehr gut erhaltenes Exemplar in Halbpergament gebunden.

(Exemplaire très-bien conservé, relié en demi-vélin.)

No. 248.

Ars Moriendi. Dritte Weyffenburger'fche typographifche Ausgabe. Landshut 1514.

*(Troisième édition typographique de l'Ars moriendi, imprimée par
Weyssenburger à Nuremberg en 1514.)*

Diese Ausgabe besteht aus 14 Blättern in klein 4°. Der Titel
lautet: **Ars moriendi er / Darijs fententijs collecta cum figuris ad
refi- / ftendum in mortis agone dyabolice fuggefti / oni valens cuilibet
Chriftifideli vtilis / ac multum neceffaria.** Am Schluss auf Blatt 13a
steht: **Impreffum in ciuitate Landefutenf' Du / cali: in officina dni
Joänis Weyffen- / burger. Anno falutis. 1514.** Text und Bilder
stimmen im Wesentlichen mit den beiden vorigen Ausgaben überein.

Gut erhalten und in Maroquin gebunden.

(Exemplaire bien conservé, relié en maroquin.)

No. 249.

Speculum artis bene moriendi. Lateinische Ausgabe.
Sine ulla nota.

(Edition latine du Speculum artis bene moriendi, sans la moindre indication.)

Der Titel lautet: Speculü artis bene moꝛiedi / de templatönibus - penis infernalibus interrogalöibus ago / nisantium - et variis oꝛatonibus pꝛo illoꝛum salute faciendis. Sie besteht aus 16 Blättern klein 4° in drei Lagen. Auf dem Titelblatt ein Holzschnitt: ein Mönch mit einem Heiligenscheine an einem Lesepulte, vor ihm zwei lernende Knaben mit aufgeschlagenen Büchern. Der Text ist eine Erweiterung des in der Ars Moriendi enthaltenen Stoffes. Der Druck fällt wahrscheinlich in die Zeit zwischen 1480 und 1490.

No. 250.

Speculum artis bene moriendi. Deutsche Ausgabe.
Landshut, Joh. Weyffenburger, 1520.

(Edition allemande du Speculum artis bene moriendi, imprimée par Jean Weyssenburger à Landshut en 1520.)

Der Titel lautet: Don dem sterben ein / nützbarlich büchlein wie ein yeder chri- / sten mensch recht in warem christen glaubē sterbē / sol vñ die anfechtung des bösen geystes widersteen / Gemacht durch ein hochgelertē Doctor ꝛu parys. Sie besteht aus 11 Blättern klein 4° in drei Lagen. Der Titelholzschnitt ist derselbe, wie in der Weissenburger'schen Ausgabe der Ars Moriendi No. 246. Der Text ist keine Uebersetzung des Speculum artis bene moriendi, sondern eine selbstständige Bearbeitung des in der Ars Moriendi und in diesem Speculum enthaltenen Stoffes mit Benutzung anderer dem Verfasser zugänglichen Hilfsmittel.

Auf der letzten Seite Blatt 11 b steht unter dem Texte: Gedruckt iñ Landßhut an dem vierdē tag des / Aprilens M. cccc. vnd rr. Jar Durch / Johann Weyffenburger (sic). Darunter dessen Druckerzeichen.

Das Exemplar ist gut gehalten und in grünen Maroquin gebunden.

(Exemplaire bien conservé, relié en maroquin vert.)

No. 251.

Dat Sterfboeck. Zwolle, Peter van Os, 1491.

(Edition hollandaise de l'Ars moriendi, imprimée par Pierre van Os à Zwolle en 1491.)

Auf der zweiten Seite stehen zu Anfange die Worte: **Dit tegenwoer- / dighe boeck is / ghehelen ende / ghenoemt adt / sterfboeck. oft / die conste van / steruen** - und am Ende des Buches fol. 81 a findet sich folgender Colophon: **Tot lone goddes en beteringhe dper / menschen is dit sterfboeck gheprent tho / zwolle bi mi Peter van os Jnt iaer ös / heren - M. CCCC. en. rci. indē maēt / Junio. op sinte bonifacius auōt.** Eine eigenthümliche und ausführliche Bearbeitung der Ars Moriendi, bestehend aus 81 Blättern in Klein-Folio. Jeder Artikel zerfällt in drei Theile: Die Versuchung, die Bestrafung, die Belohnung. Den Schluss des Ganzen macht eine Beschreibung des Weltgerichts. Auf der ersten Seite findet sich das Bild vom seligen Ende des Kranken und kehrt als Schlussbild wieder (hier als zwölftes, während es anderwärts das elfte ist). Im Ganzen sind die Bilder sehr treue und gelungene Copieen der Bilder der Ausgabe A; der Schnitt aber ist viel unkünstlerischer. Ueber den Verfasser des Sterfboecks fehlt es an Nachrichten.

Leider fehlen die beiden letzten Blätter und ist der Colophon nach Holtrop's Katalog ergänzt worden. Uebrigens ist das Exemplar gut erhalten und in grünen Halbmaroquin gebunden.

(Ils manquent les 2 derniers feuillets. Le colophon est rendu d'après le catalogue de Holtrop. Exemplaire bien conservé et relié en demi-maroquin vert.)

II.
Apocalypse.

No. 252.

*Die Apocalypse. Pergamentmanuscript aus dem Ende des
XIII. oder Anfang des XIV. Jahrhunderts in fünf
Blättern. Groß Folio.

(*L'Apocalypse. Manuscrit sur 5 feuillets de peau de vélin en
grand in-folio, de la fin du 13ᵉ ou du commencement
du 14ᵉ siècle.*)

Die durch Text erläuterten' Bilder (colorirte Federzeichnungen) ent-
sprechen ihrem Inhalte nach theilweise denen, die wir in der xylographischen
bildlichen Darstellung der Apocalypse, die aus 48 Tafeln besteht wieder-
finden: 1. Der Menschensohn, in seiner Linken zwei aufwärts gerichtete
Schlüssel, aus dem Munde desselben geht ein zweischneidiges Schwert.
2. Die Berufung St. Johannis. 3. Der Löwe von Juda. 4. Der apokalyp-
tische Reiter mit gespanntem Bogen. 5. Der Kampf des Erzengels Michael
mit dem Drachen. 6. Ecclesia, ein geflügeltes Weib. 7. Der Menschensohn
auf einer Wolke mit einer Sichel in der Rechten, unter ihm zwei Engel.
Die Deutung ist schwierig. 8. Babylon auf einem Thier mit sieben
Drachenköpfen. 9. Satanas gefesselt. 10. Das himmlische Jerusalem.
— An diesem Werke sind, wie es scheint, drei Arbeiter zu unterscheiden: der Verfasser, der Maler und der Schreiber. Der Verfasser
zeigt sich nicht bloss mit der Quelle der apokalyptischen Bilder vertraut,
sondern giebt sich auch als Gelehrten kund. Der Maler erscheint als
gewandter Zeichner und sorgfältiger Colorist. Nach der Gestalt, Haltung
und Kleidung der Figuren und nach dem gothischen Bogenfries ist das
Werk an das Ende des 13. oder in den Anfang des 14. Jahrhunderts
zu setzen. Das Verhältniss der späteren xylographischen Apocalypse
zu diesem Manuscripte erweist sich als ein vollkommen unabhängiges.
Nach Seite 4 tritt in diesem Manuscripte leider eine Lücke ein, denn
der Reiter auf dem rothen Pferde, welchen St. Johannes auf dem
Spruchbande anführt, kommt auf dem nächsten Blatte nicht vor, und

Alles, was von Apoc. VI, 2 bis XII, 7 erzählt wird und in der xylographischen Ausgabe von Tafel G — S dargestellt ist, fehlt uns. Im Ganzen ist dasselbe befriedigend erhalten, wenn auch kein Blatt ohne einige Beschädigung in der Farbe oder im Pergament geblieben ist. (En tout ce manuscrit non-plus complet, parce qu'ils lui manquent les représentations, qu'on trouve sur les planches G — S de l'édition xylographique, est assez bien conservé, quoique aucun feuillet soit resté sans endommagement soit aux couleurs soit à la peau de vélin.)

No. 253.

*** 𝕬poralppfis 𝕾t. 𝕵ohannis five 𝕳ifloria 𝕾t. 𝕵ohannis 𝕰vangelifiar ejusque vifiones 𝕬poralppticae. 𝖁ollfiändiges 𝕰remplar der erften rplographifchen 𝕬usgabe.

(Exemplaire complet de la première édition xylographique de l'Apocalypse de St. Jean.)

Am Eingang und Ende einige Scenen aus dem sagenhaften Leben des Apostels St. Johannes. Das Werk kommt in zwei Redactionen vor; die eine hat 48, die andere 50 Tafeln. Dieses vortrefflich erhaltene Exemplar gehört der ersteren an, und steht der von Heinecken (*Idée générale*, p. 334 ff.) als erste Ausgabe bezeichneten am nächsten, geht ihr jedoch als Original voran, wie sich aus einer Vergleichung mit No. 254 ergiebt. Nach Costüm, Colorit und Faltenform dürfte unsere Ausgabe um 1460 entstanden sein. Das Colorit zeigt denselben Character, wie dasjenige in der Kobergerschen deutschen Bibel von 1483 und im typographischen Endtkrist; da die erstere unzweifelhaft, die letztere höchst wahrscheinlich aus Nürnberg stammt, so steht anzunehmen, dass diese Ausgabe der Apokalypse ebenda ihren Ursprung gefunden, wofür auch das Costüm zu sprechen scheint.

Das einzig bekannte vollständige Exemplar dieser Ausgabe ist beschnitten, zeigt aber an den meisten Blättern oben und unten zollbreiten Rand und darf im Allgemeinen als vortrefflich erhalten bezeichnet werden. Die leeren Seiten sind nicht zusammengeklebt.

(Cet exemplaire, le seul, qu'on connait comme complet, est peu rogné et généralement très bien conservé. Les pages vides ne sont pas collées ensemble.)

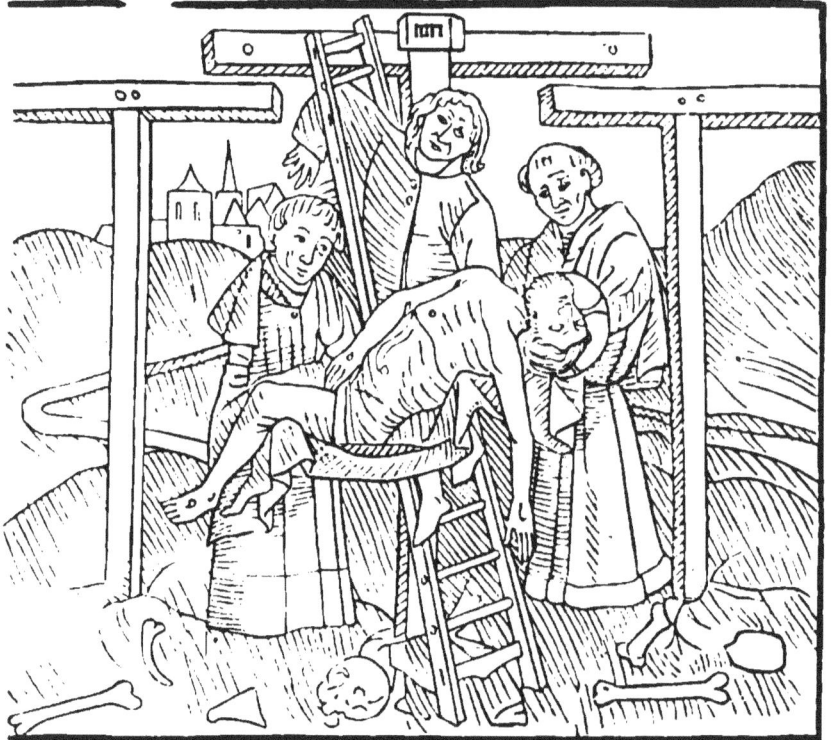

hic venerūt joseph et nycodemus depoūe trū
corpus ӿpi a cruce ӿ crux mausūt ibi stans

No. 254.

Apocalypfis St. Johannis. Einzelnes Blatt der erften rylographifchen Ausgabe.

(Un seul feuillet de la première édition xylographique de l'Apocalypse de St. Jean.)

Diesem Blatt entspricht seinem Inhalte und seiner Signatur nach ganz dem Blatte, welches Heinecken, *Idée générale* p. 339 unter No. 15 beschreibt und scheint demnach eine Tafel aus der Ausgabe zu sein, welche von ihm als die erste aufgestellt wird. Aus einer Vergleichung mit Tafel P unseres vollständigen Exemplares (No. 253) ergiebt sich, dass die Bilder und der Text im Allgemeinen übereinstimmen, dass aber die Schrift auf diesem Blatte sehr nachlässig und bisweilen offenbar missverstanden wiedergegeben ist.

H. 9 Z. 5 L., B. 7 Z. 5 L.

III.
Hiftoria Sanctae Crucis.

No. 255.

*** Hiftoria Sanctae Crucis. Fragment. Bogen G.
(Um 1460.)

(La feuille G. de l'Histoire de la Sainte Croix. Fragment. Composé vers 1460.)

Die *Historia sanctae crucis* ist im 15. Jahrhundert in zwei Bildwerken mit erklärender Schrift dargestellt worden. Das eine, von welchem zwei Exemplare bekannt sind, ist ein typographischer Druck Jan Veldeners vom Jahre 1483; das andere ist ein xylographisches Werk, von welchem sich nur der in unserem Besitze befindliche Bogen erhalten zu haben scheint. Wir können also nur aus vorliegendem Fragmente auf die Beschaffenheit dieses Werkes schliessen. Unser Bogen ist nur auf einer Seite bedruckt, aber leider zweimal, und zwar so, dass sich beim zweiten Drucke die Form etwas verschoben hat und somit ein Druck entstanden ist, der die Bilder,

besonders die Schrift sehr unklar gemacht hat. Dasselbe ist ferner
in der Mitte getheilt, und hat bei der Theilung etwas an Substanz verloren, so dass, wenn man die Theile zusammenlegt, ein schmaler Streifen
fehlt. Der Inhalt des Bildes ist aber vollkommen erkennbar. Unser
Blatt ist also weder gut gedruckt noch gut gehalten, dennoch aber un-
schätzbar als der einzige bisher bekannte Rest eines verlorenen Werkes.
Dasselbe hat die Signatur G, ist also der siebente Bogen und
wahrscheinlich nicht der letzte. Die sechs Bilder desselben finden sich,
bis auf eines, im Wesentlichen bei Veldener wieder. Der Text stimmt
mit den entsprechenden Versen bei Letzterem überein und man darf annehmen, dass das niederländische Gedicht, wenn auch keine Uebersetzung, so doch eine freie Bearbeitung der *Historia sanctae crucis* ist.
Die Zeichnung der Bilder ist in ziemlich feinen Linien gefällig und naturgetreu ausgeführt. Das Colorit fehlt. Costüm und Faltenform bezeichnen ungefähr 1460 als Entstehungszeit. Wegen der weichen runden
Behandlung im Schnitt ist anzunehmen, dass das Blatt von einem Nieder-
länder gearbeitet worden, um so mehr, als der Text eine Bearbeitung
in niederländischer Sprache erfahren hat.

 (Le seul fragment connu d'un ouvrage perdu et inconnu.)

IV.

Ars memorandi notabilis per figuras Evangelistarum

oder

Memoriale quatuor Evangelistarum.

No. 258.

**Fragment der SECUNDA ijeo Marci und vollständiges
Bild der Quarta Lucr. I. Ausgabe. (Um 1460—1470.)**

*(Fragment de la 2ᵈᵉ image du St. Marc et la quatrième image
complète du St. Luc.)*

Ein completes Exemplar dieses Werkes enthält 15 Blätter Text
und 15 Blätter Bilder (Johannes hat 3, Matthäus 5, Marcus 3 und Lucas
4 Bilder). Unsere Blätter zeigen die untere Hälfte des zweiten Bildes
des Marcus, uncolorirt und das vierte Bild des Lucas colorirt. Die

Zeichnung auf dem ersteren ist ungezwungen und schwunghaft. Die
Linien sind kräftig. Die Schriftform gehört entschieden in die zweite
Hälfte des 15. Jahrhunderts; auf den anderen ist die Zeichnung gewandt, der Schnitt aber nicht ohne Härte, das Colorit ziemlich sorgfältig. Wahrscheinliche Entstehungszeit 1460. Das Bild stimmt bis
auf ganz unbedeutende Abweichungen in einigen Linien mit dem von
Hoynecken (*Idée générale*, p. 391) gegebenen Facsimile der ersten Ausgabe überein.

(L'image du St. Luc est coloriée.)

Ars Memorandi. Typographische Ausgaben.

No. 257.

Ars Memorandi. Typographische Ausgabe. (Phorcae.)
Thomas Anshelmus. (1505.)

*(Edition typographique de l'Ars memorandi, imprimée par
Thomas Anshelme de Pforzheim en 1505.)*

Diese Ausgabe besteht aus 18 Blättern in kl. 4. mit den Signaturen a—c,
aber ohne Custoden und Seitenzahlen. Unter dem Kolophon des letzten
Blattes mit der Jahreszahl 1505 das bekannte Druckerzeichen des
Anshelmus. Die Bilder sind fein in Holz geschnitten und stimmen, was
die dem Gedächtniss empfohlenen Gegenstände anbetrifft, im Wesentlichen, ebenso wie der Text, mit der xylographischen Ausgabe überein.

Sehr gut erhaltenes Exemplar.

(Exemplaire très-bien conservé.)

No. 258.

Ars Memorandi. Typographische Ausgabe. (Phorcae.)
Thomas Anshelmus Badensis. 1507.

*(Edition typographique de l'Ars memorandi, imprimée par
Thomas Anshelme de Pforzheim en 1507.)*

Diese Ausgabe weicht nur in unwesentlichen Dingen von der des
Jahres 1505 ab.

Das Exemplar ist gut gehalten und in Pappe gebunden.

(Exemplaire bien conservé et cartonné.)

No. 259.

Ars Memorandi. Typographische Ausgabe. (Phorcac.) Thomas Anshelmus Badenfis. 1510.

(Edition typographique de l'Ars memorandi, imprimée par Thomas Anshelme de Pforzheim en 1510.)

Auch diese Ausgabe gleicht der von 1505 bis auf einige unbedeutende Abweichungen.

Das Exemplar ist gut gehalten und in Halbpergament gebunden.

(Exemplaire bien conservé et relié en demi-vélin.)

V.

Salve Regina.

No. 260.

***Das Salve Regina. 14 Blätter. Folio. (1460—1470.)

(Le „Salve Regina". Ouvrage de 16 feuillets, composée entre 1460 et 1470 dont cet exemplaire ne contient que 14 feuillets, parce que la 1re feuille y manque.)

Das Werk bestand ursprünglich aus 8 Bogen zu je zwei Blättern; der erste Bogen fehlt. Die Bilder stellen eine Reihe von Wundern dar, die theils Maria selbst vollbracht hat, theils durch Absingen des *Salve Regina* vollbracht wurden, und beruhen auf Legenden, die nicht überall zu ermitteln waren. In dem scharfen, selbst steifen Schnitte zeigen sich die Merkmale der oberdeutschen Schule, das Colorit hat Ulmer Character, die Sprache des Textes ist ganz schwäbisch. Auf dem siebenten Bogen nennt sich aber der Holzschneider Lienhart zu Regensburg. Während an diesem Orte über einen Holzschneider dieses Namens nichts zu ermitteln gewesen ist, wird in den Steuerbüchern von Ulm ein Formenschneider Lienhart im Jahre 1412 erwähnt. Wahrscheinlich hat sich derselbe von Ulm nach Regensburg gewendet. Daraus würde sich das ulmische Colorit des Werkes und die schwäbische Sprache des Textes

erklären lassen. Die Entstehungszeit dürfte nach der Art des Costüms zwischen 1460 und 1470 zu setzen sein.
Einzig bekanntes Exemplar! Dasselbe ist gut gehalten und in violettes Maroquinleder gebunden.
(Seul exemplaire connu! Bien conservé et relié en maroquin violet.)

British Museum.

VI.
Paſſionen.

No. 281.

Fragment einer Paſſion. Auf beiden Seiten bedruckt.
1 Blatt. (Um 1470.)

(Fragment d'une Passion inconnue, imprimé des 2 côtés vers 1470. Un feuillet.)

Jesus vor Pilatus. Die Arbeit ist oberdeutsch. Das Costüm, namentlich die spitzen Schuhe, weisen auf die Zeit um 1470. Einzig bekanntes Exemplar.

H. 4 Z. 3 L., B. 3 Z. 4 L.

No. 282.

Fragment einer anderen Paſſion. Auf beiden Seiten bedruckt.
2 Blätter. (Um 1470.)

(Fragment d'une autre Passion de 2 feuillets, imprimés des 2 côtés vers 1470.)

Jesus vor Pilatus und die Auferstehung. Die Schrift kennzeichnet Oberdeutschland, Augsburg oder Ulm, als die Heimath des Bildes, ebenso die ganze Art der Arbeit, welche durch die Form der Figuren, durch den Character des Schnittes und durch das Colorit lebhaft an die deutsche *Biblia Pauperum* erinnert. Die Entstehungszeit ergiebt sich aus der Form des Helmvisieres und den noch nicht zu harten Falten des Mantels Christi als die Zeit um 1470.
Einzig bekanntes Exemplar.
(Seul exemplaire connu! Colorié.)
H. 3 Z. 10 L., B. 3 Z.

VII.

Der Entkrist. (L'Antichrist.)

Von dem Enndkrist wy und von wem er geporn soll werden

No. 283.

** Eine Bilderhandschrift auf Papier, eine Weltgeschichte, den Entkrist und die fünfzehn Zeichen enthaltend.

(Un manuscrit illustré sur papier, contenant une histoire du monde, l'Antichrist et les quinze signes.)

Sie besteht aus 26 Blättern Folio. Die Bilder, sämmtlich colorirte Federzeichnungen, sind in den Text vertheilt. Der Verfasser des Buches hat sich nicht genannt, er muss aber ein Geistlicher aus dem Bisthum Constanz gewesen sein, da derselbe die Kirchengeschichte, namentlich der Päpste besonders berücksichtigt hat und die Geschichte des Bisthums Constanz specieller berührt, als die der übrigen deutschen Lande. Die vortrefflich erhaltene Handschrift ist nicht datirt, gehört aber jedenfalls dem dritten Viertel des 15. Jahrhunderts an.

Wir finden auf Blatt 1—17a eine Weltgeschichte von Erschaffung der Welt bis auf das Jahr Christi 1389 mit 48 Bildern, auf Blatt 17b — 21b die Geschichte des Entkrist mit 54 Bildern, auf Blatt 21b — 26a die fünfzehn Zeichen (des jüngsten Tages) mit fünfzehn Bildern, auf Blatt 26b das Weltgericht mit einem Bilde, Christus als Weltenrichter. Die Zeichnungen sind nicht fein, verrathen aber eine geübte Hand.

Von den handschriftlichen Darstellungen des Entkrist, welche ausser der unsrigen noch bekannt sind, ist nur die auf der herzogl. Bibliothek zu Gotha aufbewahrte Handschrift von Jacobs in den Beiträgen, I. S. 125 genau beschrieben. Sie wird von diesem in das Jahr 1455 gesetzt und ist nicht vollständig erhalten, aber durch eine Hand des 17. Jahrhunderts ergänzt worden. Der Text der alten Blätter stimmt mit dem der unsrigen überein, die Bilder aber weichen in der Ausführung von einander ab.

Die Handschrift ist vortrefflich erhalten und in schwarzem Maroquinleder gebunden.

(Manuscrit très-bien conservé et relié en maroquin noir. Pour une description fort détaillée voir le même numéro de mon ouvrage „Anfänge" etc.)

No. 284.

Der Entkrift. Zwei Fragmente einer rylographiſchen Ausgabe.
Blatt 7 a und b; Blatt 8 a.

*(Deux fragments d'une édition xylographique de l'Antichrist,
les ff. 7 a et b, et 8 a.)*

Das Colorit des Blattes 7 verräth Nürnberg, wo auch Jung Hans,
Briefmaler, 1472 eine der drei xylographischen Ausgaben des Entkrist
(die zweite) herausgegeben hat. Diese Blätter scheinen der ersten Ausgabe anzugehören.

No. 285.

**Der Entkrift und die fünfzehn Zeichen. Erſte typographiſche
Ausgabe. Ohne Ort und Jahr.

*(Première édition typographique de l'Antichrist et des quinze
signes, sans lieu ni date.)*

Jedenfalls im Anfange der siebziger Jahre des 15. Jahrhunderts aus
einer Nürnberger oder Ulmer Officin hervorgegangen besteht diese Ausgabe
aus 22 Blättern in klein Folio; von denen das erste und letzte weiss,
und hat weder Signaturen noch Custoden und Seitenzahlen. Das Leben
des Entkrist schliesst auf Blatt 15a; die fünfzehn Zeichen beginnen
mit Blatt 15b.. Blatt 2a, 32 Zeilen Text, beginnt: Ḥye hebt ſich an von
dem Entcriſte / genomen vnd gezogen vſſ vil bú- / chern der heilige
geſchrifft. . Die Bilder folgen, mit wenigen Ausnahmen, in derselben
Reihe wie in der xylographischen Ausgabe auf einander. Das Colorit
weist auf Nürnberg. Der Text stimmt dem Inhalte nach im Ganzen
mit dem Texte unserer Handschrift, sowie mit dem der xylographischen
Ausgabe überein, ist aber dennoch in der Abfassung und im Dialekt so
selbstständig, dass er für eine besondere Recension erklärt werden
muss.

Einige leichte Ausbesserungen abgerechnet, wohlerhaltenes in Halb-
maroquinband befindliches Exemplar.

*(Sauf quelques légers raccommodages exemplaire bien conservé et
relié en demi-maroquin. Il est colorié.)*

No. 286.

Der Entkrift. Zweite typographische Ausgabe. Strasburg, Matth. Hüpfuff, ohne Jahr.

(Seconde édition typographique de l'Antichrist, imprimée à Strasbourg par „Mathis hüpfuff" sans indication de date.)

Sie besteht aus 22 Blättern in klein 4° mit den Signaturen **A—D**, von denen **B** vier Blätter, die übrigen je sechs Blätter haben. Auf Blatt 1 a steht der Titel: **Dis büchlin fagt võ / des Endtkrifts leben vñ regierung durch verhengniß / gottes, wie er die welt dut verkeren mit fynen falfchē ler /** ..... Das Gebet schliesst auf Blatt 22 a: **ju dem ende, Dnd die fyben pfalmen dick in latin / Amen / ¶ Getrückt zů Straßburg von Mathis hüpfuff.** Darunter ein Holzschnitt. Die grosse Aehnlichkeit der Bilder dieser Ausgabe mit denen der ersten typographischen bekundet, dass die letztere dem Zeichner bei seinen Compositionen vorgelegen haben muss. Der Schnitt gehört noch der Strassburger Schule an, wie solche in den Illustrationen des von Grüninger gedruckten Horatius von 1498, seines Terentius, Boetius und anderer Werke zu Tage tritt. Muthmassliche Entstehungszeit: das erste Decennium des 16. Jahrhunderts.

Sehr gut erhalten und in rothes Maroquinleder gebunden.

(Exemplaire très-bien conservé, relié en maroquin rouge.)

No. 287.

Der Entkrift. Dritte typographische Ausgabe. Erfurt, Matthes Maler, 1516.

(Troisième édition typographique de l'Antichrist, imprimée à Erfurt par M. Maler en 1516.)

Auch diese Ausgabe besteht aus 22 Blättern in klein 4° mit den Signaturen A—D. Der Titel lautet: **Dns buchlein fagt / von des Entkrifts leben vnd regierung durch verhengnuß / gottes, wie er die werlt thut verkeren mit feyner falfchen leer vñ / rath des teuffels,** ..... darunter ein Holzschnitt.

Der Kolophon lautet: ſ Ʒn **Erſforðt hat gedruckt mich / Matthes Maler ſlepſſighlich / Ʒu dem ſchwarßen hörn beÿ der kremer brucken / Do wil ich der keuſſer warten. Ml. CCCCC. rvi. Ʒar.** Hierunter ein Holzschnitt. Seite 44 ist leer.

Text und Reihenfolge der Bilder stimmen mit der Hüpfuffschen Ausgabe überein, nur sind Dialekt und Orthographie verschieden; die Bilder sind freie, nicht besonders fein geschnittene Copieen derselben Ausgabe mit Aenderungen in der Tracht, wie es die Verschiedenheit der Zeit und des Landes erheischte.

Gut erhalten und in Halbpergament gebunden.

(Exemplaire bien conservé, relié en demi-vélin.)

VIII.

Hiſtoriae veteris et novi Teſtamentt

oder

Biblia Pauperum.

No. 288.

Biblia Pauperum. Bilderhandſchrift auf Pergament von 24 Blättern mit 48 Bildtafeln. (1460—1490.)

(Manuscrit de la Bible des Pauvres sur 24 feuillets de peau de vélin illustré de 48 tableaux, de la seconde moitié du 15ᵉ siècle.)

Der Text ist in oberdeutscher Sprache. Die grosse Anzahl von Bildern, welche nur unserer Handschrift eigen sind, zeigt dieselbe als eine besondere Recension der *Biblia Pauperum*, der diejenige Tradition nicht zu Grunde zu liegen scheint, welche die anderen Ausgaben, selbst wo sie in der Conception der Gegenstände von einander abweichen, mit einander verbindet. Anlage und Composition verrathen die Hand eines ideenreichen, selbstständig schaffenden, seiner Aufgabe völlig gewachsenen Künstlers. Seine Entwürfe sind mit malerischer Freiheit, und zugleich sicher und verständig angelegt; die Zeichnung der Figuren enthält wenig Conventionelles, sondern basirt auf aufmerksamer Naturbeobachtung; die Figuren sind gut gruppirt und in ihren Handlungen lebendig und wirksam aufgefasst; in den Köpfen zeigt sich durchweg Streben nach individueller Characteristik. Offenbar ist die erste Anlage

der Bilder nicht mit der Feder, sondern sehr zart und fein mit dem
Bleistift gemacht; in der Federzeichnung ging manche Feinheit dieser
ursprünglichen Anlage verloren. Zu einer sicheren Bestimmung des
Entstehungsortes fehlen die maassgebenden Anthaltspunkte. Im Character der Darstellung steht diese Bilderhandschrift jedoch der *Biblia
Pauperum*, die aus den Niederlanden stammt, sehr nahe und sie mag
daher wohl auch von einem Cölner oder niederländischen Künstler
entworfen sein.

Das Exemplar befindet sich in losen Blättern in einer Halbleder-
kapsel.

(L'exemplaire se trouve en feuilles détachées dans un carton en
demi-veau. Pour une description detaillée voir le même
numéro de mon ouvrage: „Anfänge der
Druckerkunst".)

No. 289.

*** **Biblia Pauperum. Vollständiges Exemplar der ersten
lateinischen xylographischen Ausgabe von vierzig Tafeln.**
(1460—1475.)

*(Exemplaire complet de la première édition latine de la Bible
des Pauvres en 40 planches, sortie des presses entre
1460—1475.)*

Zeichnung und Schrift tragen so entschieden das Gepräge der Ori-
ginalität, dass diese Ausgabe unbedenklich für die Originalausgabe erklärt werden kann. Die Entstehungszeit muss nach sorgfältiger Unter-
suchung des Costüms und der Bewaffnung und wegen mancher anderen
Umstände in die Zeit zwischen 1460 und 1475 verlegt werden. Von
wem die Zeichnungen zu den Bildern der lateinischen *Biblia Pauperum*
herrühren, ist bis jetzt noch nicht ermittelt. Jedenfalls sind dieselben
niederländischen Ursprungs.

Das im Ganzen sehr gut erhaltene, colorirte Exemplar befindet
sich in losen Bogen in einer rothen Lederkapsel mit Goldpressung. Die Tafeln a und r sind unbedeutend
verletzt.

(Exemplaire colorié, en tout très-bien conservé. Il se trouve en
feuilles dans un carton couvert de veau rouge doré. Les
planches a et r sont légèrement endommagées.

No. 270.

Biblia Pauperum. Einzelnes Blatt der lateinischen xylographischen Ausgabe.

. (Un seul feuillet, la planche i, de l'édition latine de la Bible des Pauvres.)

Dieses Blatt, die Tafel i, enthält die Taufe Christi mit den Nebenbildern: Untergang Pharaos im rothen Meere und Josua und Kaleb mit
der Traube, und stimmt in Grösse und Darstellung der Gegenstände
sehr genau mit demselben Blatte unseres vollständigen Exemplars in
voriger Nummer überein; wahrscheinlich ist es eine unmittelbare, gleichzeitige Copie desselben.

No. 271.

Biblia Pauperum. Einzelnes Blatt der lateinischen xylographischen Ausgabe.

(Un seul feuillet, la planche r, de l'édition latine de la Bible des Pauvres.)

Dieses Blatt, die Tafel r, enthält: Judas verkauft Jesum; auf den
Nebenbildern: Joseph von seinen Brüdern an die Ismaeliten und von
diesen an Potiphar verkauft. Eine sorgfältige, aber steife gleichzeitige
Copie desselben Blattes unserer vollständigen Ausgabe.

No. 272.

*** Biblia Pauperum. Xylographische Ausgabe mit deutschem Texte. Von F. Walthern und H. Hürning, 1470.

*(Edition xylographique de la Bible des Pauvres avec texte
allemand, composée par F. Walthern et H. Hürning
en 1470.)*

Die deutsche *Biblia Pauperum* vom Jahre 1470, von welcher wir
dieses vortrefflich gehaltene, vollständige Exemplar besitzen, hat, wie
die übrigen Werke dieser Art, keinen Titel. Sie besteht aus 20 Bogen

in Folio, in einer Lage. Heineckens Ansicht, dass diese Ausgabe eine
Uebersetzung der xylographischen lateinischen *Biblia Pauperum* sei, ist
irrig, da beide Ausgaben sowohl im Text, als auch zum Theil in den
Bildern bestimmt von einander abweichen. Die Hauptbilder enthalten in
beiden Ausgaben gleichen Stoff, sind aber in den meisten Fällen vollständig unabhängig von einander concipirt.

Prachtvolles colorirtes, zum Theil noch unbeschnittenes Exemplar
in rothem Lederbande mit reicher Goldverzierung.

(Exemplaire colorié, complet et d'une conservation magnifique. Il
est en partie encore non-rogné et relié en veau rouge,
richement doré.)

No. 273.

** **Biblia Pauperum. Typographische Ausgabe mit
französischer Erklärung. Ein fragment von
38 Blättern.**

*(Edition typographique de la Bible des Pauvres avec texte
français. Fragment en 38 feuillets.)*

Von der *Biblia Pauperum* mit französischem Text — **Ces figures
du vieil Testament : du nouvel** — sind zwei im Anfang des 16. Jahrhunderts erschienene Ausgaben bekannt, nämlich eine zu Paris um 1503
von Anth. Verard gedruckte und eine andere eben daselbst von Gilles
Couteau um 1520 herausgegebene. Unserem Exemplar fehlt der Titel
und die Schlussschrift, und ist daher nicht möglich zu bestimmen,
welcher von diesen beiden Ausgaben dasselbe angehört.

Gut erhalten und in blaues Maroquin gebunden.

(Ils manquent à cet exemplaire le titre et le colophon, chose qui
le rendent impossible de dire s'il apartient à l'édition de Verard
de 1503 ou à celle de Couteau de 1520, toutes les deux
imprimées à Paris. L'exemplaire est bien conservé
et relié en maroquin bleu.)

Werke, in denen Abdrücke von zerfägten Holzstöcken der Biblia Pauperum vorkommen.
(No. 274—276.)

(Ouvrages dans lesquels se trouvent des épreuves de plats de bois sciés de la Bible des Pauvres. No. 274—276.)

No. 274.

Dat Vaterboeck. Zwolle, Peter va os, 1490. folio.

(La vie des Saint-Pères, imprimée par P. van Os à Zwolle en 1490. Folio.)

Unter dem Titel des Vaderboeck, welcher vollständig lautet: **Dit boeck is ghenomet dat vader boeck. dat in den / latyne is ghehieten Vitas patru.......** stehen, schlecht zusammengefügt, das Mittelbild der Signatur .p. (die Ausgiessung des heiligen Geistes) und das rechte Nebenbild der Signatur .t. (die Jacobsleiter).

Weitere Illustrationen sind nicht vorhanden. Die Schlussschrift lautet: **Gedruckt bi mi / Peter vā os In dē iare ōs here M. cccc / cñ ꝛc. den eerste dach vā den April.** Dann folgt das Druckerzeichen.

Gut erhaltenes Exemplar in Halblederband gebunden.

(Exemplaire bien conservé, relié en demi-veau.)

No. 275.

Dit zijn die vier vuterstē. Zwolle, Peter van Os, 1491. Quarto.

(Le livre des dernières quatre choses, imprimé par P. van Os à Zwolle en 1491.)

Das Titelblatt ist von dem Mittelbilde der Tafel .f. eingenommen mit der Ueberschrift: **Dit zijn die vier vuterstē.** Auf der Kehrseite des Titels ist ein Holzschnitt, den Tod als Sensenmann in voller Arbeit darstellend, und ein dritter Holzschnitt (das Weltgericht) findet sich auf der 13-Seite des Blattes b 5. Das Druckerzeichen des Peter van Os folgt der Schlussschrift: **Dit boeck is voleyndet te ſwolle inde ſtichte vā / vtrecht Jnde iare ons here. M. CCCC. cū rci. / op onſer lieuer vrouwē auont Viſitatio.**

No. 276.

Kalendarium. Zwolle, Peter van Os, 1502. Quarto.

(Le Calendrier, imprimé par Peter van Os à Zwolle en 1502.)

Selbst in diesem Werke, dessen Schlussschrift lautet: **Kalendarij veri mot9 ſolis et lune pro pueris planius elucidati ..... conſummat9 in Zuollis per me Petrā Os de Breda / anno dn̄ico Mcccccij duodecimo kalendas aprilis** wurden noch Holzstöcke der Biblia Pauperum benutzt.

Auf der Stirnseite des ersten Blattes befindet sich aus der Signatur ſ das untere linke Prophetenbild.

IX.

Speculum Humanae Salvationis.

No. 277.

Speculum Humanae Salvationis. Fragment einer typographiſchen Ausgabe in folio. (1470—1480.)

(Fragment d'une édition typographique en folio du Speculum Humanae Salvationis, imprimée en 1470–1480.)

Das am Kopfe dieses Fragments befindliche Bild ist eine Darstellung der apokryphischen Erzählungen: der Bel zu Babel und der Drachen zu Babel. Die Zeichnung ist fein, der Schnitt sorgfältig.

No. 278.

Speculum Humanae Salvationis und Speculum B. Mariae Virginis. Typographische Ausgabe. Augsburg, Günther Zainer, um 1470, in folio.

(Edition typographique in-folio du Speculum Humanae Salvationis et du Speculum B. Mariae Virginis, imprimée vers 1470 par Gunther Zainer à Augsbourg.)

Diese von Hain und Brunet ausführlich beschriebene Ausgabe besteht aus 269 Blättern zu 35 Zeilen und enthält weder Signaturen, Custoden und Seitenzahlen, noch Angabe des Druckers, des Druckortes und der Jahreszahl. Die Type ist die von Braun, Notitia, auf Tafel II. unter No. 5 facsimilirte und gehört der frühesten Thätigkeit Günther Zainers zu Augsburg an. Die Technik der nicht colorirten Holzschnitte, deren 192 vorhanden, zeigt grosse Verwandtschaft mit dem xylographischen Entkrist.

Wohl erhaltenes und in halb Juchtenleder gebundenes Exemplar.

(Exemplaire très-bien conservé, relié en demi-cuir de Russie avec les gravures sur bois non-coloriées.)

No. 279.

Speculum Humanae Salvationis mit deutschem Texte. Typographische Ausgabe. Augsburg, Peter Berger, 1489. folio.

(Edition typographique en folio du Speculum Humanae Salvationis avec texte allemand, imprimée à Augsbourg par Pierre Berger en 1489.)

Diese deutsche Ausgabe besteht aus 6 nicht bezeichneten und 229 numerirten Blättern mit den Signaturen a—z, A—D. Das erste Blatt enthält auf der Stirnseite den xylographischen Titel: **Das ist der spiegel menschlicher / behaltnuß mit den Ewägeliē vnd / Epiftelē durch dz ganß Jar.** Die Schlussschrift: **¶ Hye endet sich der spiegel menschlicher / behaltnus .. / Gedruckt in d' keyserlichen stat Augspurg / von Peter berger Vnnd vollendt an dem / freitag nach Liechlmeß. des iares do man / zalt**

nach Crifti gepurt. M. cccc. lrrrir. jar befindet sich auf der A-Seite des
229. Blattes.

Das im Ganzen bis auf einzelne Wurmstiche gut gehaltene Exemplar
hat 278 altcolorirte Holzschnitte und ist in Halbjuchten
gebunden.

(Exemplaire bien conditionné sauf quelques piqûres, orné de
278 gravures sur bois anciennement coloriées. Il est
relié en demi-cuir de Russie.)

No. 280.

**Speculum Humanae Salvationis mit deutschem Terte.
Typographische Ausgabe. Reutlingen, Mich. Greiff,
1492. folio.**

*(Edition typographique en folio du Speculum Humanae Salvationis
avec texte allemand, imprimée à Reutlingen par
Michel Greiff en 1492.)*

Ein Wiederabdruck der unter No. 279 beschriebenen Ausgabe mit
Benutzung sämmtlicher Bilder ist vorstehende, deren typographischer
Titel lautet: **Das ist der fpiegel menfchlicher behaltnuffe mitt den ewan-
gelien / vnd epiftelen durch dz gantz jar.** Sie zählt 221 numerirte
Blätter und schliesst auf der Stirnseite des 221. Blattes: **hie endet fich
d' fpiegel mefchlicher / behaltnuß mit fampt de ewägelien vnd / Epifteln
durch dz gantz jar. von d' jeile / vñ von den heilgen mit dem commune /
Getruckt ju Reutlinge võ michel greif- / fen. vff dz new jar Jn dc.
m. cccclrrrij.** Die Type ist gothisch.

Die Holzschnitte sind nicht colorirt. Das Exemplar ist stark
wurmstichig; in Halb-Maroquin gebunden.

(Exemplaire piqué de vers avec les gravures sur bois non coloriées,
relié en demi-maroquin.)

X.
Hiſtoria Beatae Mariae Virginis.

No. 281.

**Hiſtoria Beatae Mariae Virginis er Evangeliſtis et Patribus ercerpta et per figuras demonſtrata, ſive, Defenſorium inviolatae perpetuaeque virginitatis caſtiſſimae deigenitricis Mariae. Xylographiſche Ausgabe.

Dieſes xylographiſche Erzeugniſs iſt, wie die meiſten Werke dieſer Art, ohne Titel erſchienen. Man hat ihm daher nach Einſicht und Beurtheilung des Inhalts ſehr verſchiedene Namen gegeben, von denen wir die oben angeführten als die bezeichnendſten herausgehoben haben. Der Zweck der Schrift iſt, durch Berufung auf eine groſse Zahl von Erſcheinungen, welche theils von heidniſchen, theils von chriſtlichen Schriftſtellern berichtet werden, nachzuweiſen, daſs es ebenſo glaublich ſei, Maria habe den Herrn empfangen und geboren, ohne die Jungfräulichkeit zu verlieren, wie etwa Danaë durch den goldenen Regen empfangen hätte oder aus den Blüthen eines fabelhaften Baumes Vögel entſtänden u. ſ. w. Dieſe Erſcheinungen ſind abgebildet und mit der Nutzanwendung auf die Geburt Jeſu verſehen. — Das Werk umfaſst S Bogen in klein Folio, von denen jeder eine Lage bildet und auf der inneren Seite bedruckt iſt, mit den Signaturen A—H. Der Text der Signatur A, 4 Bilder enthaltend, beginnt im Texte von 14 Zeilen und Zuſatz: Ambroſius In eramerō / libro ſecundo, u. ſ. w. Die folgenden Tafeln, Signatur D ausgenommen, enthalten je S Bilder, jedes mit darunter ſtehender Erklärung. Als Verfaſser des Werkes wird am Schluſse der Eyſenhut'ſchen Ausgabe Pater Franciscus do Rotza genannt, welcher Dominicaner und 35 Jahre lang Profeſsor an der Univerſität Wien war, wo er 1425 ſtarb. Unſere Recenſion halten wir jedoch aus anderer Feder hervorgegangen, und zwar aus der eines Schwaben, wofür die Schreibung einiger Wörter ſpricht. Die erſte Tafel, die in künſtleriſcher Beziehung hinter den übrigen zurückſteht, erweckt die Vermuthung, daſs verſchiedene Formſchneider an dem Werke gearbeitet haben. Die übrigen Tafeln ſind jedenfalls das Werk eines ſehr geſchickten, die Natur treu und geiſtreich copierenden Künſtlers, der,

da die Zeichnung überall mit vollkommnem Verständnisse wiedergegeben
worden ist, möglicherweise Zeichner und Formschneider in Einer
Person war.

Vortrefflich erhaltenes Exemplar mit breitem Rande in rothem
Maroquinbande befindlich.

(Exemplaire magnifique de cette édition xylographique grand de
marges et relié en maroquin rouge.)

No. 282.

ijistoria Beatae Mariae Virginis. Typographische Ausgabe.
Eychstabt, Kepser, um 1470.

*(Edition typographique de l'Historia Beatae Mariae Virginis,
imprimée à Eychstadt par Keyser vers 1470.)*

Diese bei Hain unter No. 6084 beschriebene Ausgabe besteht aus
29 Blättern in klein 4° ohne jede Angabe. Jede Seite trägt ein Bild,
ausgenommen die Blätter 3b, 24b, 25b, 26b, welche nur Text haben,
so dass 53 solcher Bilder vorhanden sind. Das erste Blatt beginnt:
Hanc plenā gratia Salutare mēte Serena.

Vortrefflich erhaltenes in grünes Maroquinleder mit Goldschnitt
gebundenes Exemplar, dem aber das letzte Blatt fehlt.

(Exemplaire très-bien conservé, relié en maroquin vert, tranche ·
dorée. Malheureusement manque le dernier feuillet.)

No. 283.

ijistoria Beatae Mariae Virginis. Typographische Ausgabe.
Eychstabt, Kepser, um 1470.

*(Edition typographique de l'Historia Beatae Mariae Virginis,
imprimée à Eychstadt par Keyser vers 1470.)*

Diese bei Hain unter No. 6085 beschriebene Ausgabe gleicht der
unter No. 282 vorhandenen in jeder Beziehung und hat nur textliche
Verschiedenheiten.

Sie beginnt: Hanc plenam gracia Salutare mente Serena etc.

Vortrefflich erhaltenes, in grünes Maroquinleder mit Goldschnitt
gebundenes, ganz vollständiges Exemplar.

(Très-bel exemplaire tout à fait complet relié en maroquin vert,
tranche dorée.)

XI.
Die sieben Todsünden.

No. 284.

*Die sieben Todsünden. Eine Papierhandschrift in klein Folio.
Um 1470.

*(Les sept péchés capitaux. Manuscrit sur papier en petit in-folio
écrit vers 1470. Il se compose de 33 feuillets avec
14 dessins coloriés.)*

Diese Handschrift besteht aus 33 Blättern mit 14 blattgrossen colorirten Federzeichnungen.

Der Text der Handschrift beginnt auf Blatt 2a: Man list in dem
büch der kunig / an den rviij capittel das der / kunig saul sant vß
haimlich bottē / die do süchten dauiden . . Die Bilder stellen die Todsünden als bewaffnete Frauen dar, welche zum Theil auf phantastischen
Thieren reiten.

Die letzte Seite enthält Bemerkungen von der Hand eines der
früheren Besitzer, Sigmund Krafft, welchem wir entnehmen, dass derselbe
aus Ulm stammt. Dialekt und Colorit sind gleichfalls ulmisch und wir
glauben deshalb nicht fehlzugehen, wenn wir die Anfertigung dieses
Manuscriptes von einem ulmer Künstler herleiten und um das Jahr 1470
verlegen. Die Handschrift ist, einige leichte Verwischungen abgerechnet, wohl erhalten und in schwarzes Maroquinleder mit Goldschnitt
gebunden.

*(Manuscrit bien conservé sauf quelques légers effacements, relié en
maroquin noir avec la tranche dorée.)*

No. 285.

Die sieben Todsünden. Typographische Ausgabe. Augsburg,
Johann Bämler, 1474.

*(Edition typographique des sept péchés capitaux, imprimée par
Jean Bämler d'Augsbourg, en 1474.)*

Diese Ausgabe besteht aus 28 Blättern in klein Folio, ohne Signaturen, Custoden und Seitenzahlen.

Blatt 1a beginnt: ¶ Hienach volget ein schöne materi võ den Siben tod- / sünden vñ von Spben tugendē darwid', nach auß- / weysung d' figurē hernach volgende Also ist dise materi / durch eine hochgelertē mā jusame gesetzet vñ gepre- / diget worden.

Die volle Seite zählt 27, 28 und 29 Zeilen.

Die Schlussschrift auf Blatt 25 b lautet: Gedruckt vnd volenndt zů Augspurg. von Johanne / Bämler an sant Ollmars abēt Anno ꝛc im lrriiij jar.

Sehr wohl erhaltenes Exemplar mit breitem Rande, in halb Maroquinleder gebunden.

(Exemplaire très-bien conservé à grandes marges, relié en demi-
maroquin.)

·

XII.

Hartlieb. Hunst Ciromantia.

No. 288.

Die Hunst Ciromantia des Doctor Hartlieb. Fragment,
das erste Blatt.

(Le premier feuillet de l'Art de la Chiromancie par le docteur
Hartlieb.)

Dieses ist das erste Blatt, von welchem sich bei Falkenstein zu
Seite 39 ein Facsimile befindet.

Es ist an der ersten Seite leicht beschädigt, ohne dass jedoch
Schrift oder Bild wesentlich gelitten haben.

(Légèrement touché à la marge droite sans nuire ni au texte ni
à la gravure sur bois.)

XIII.

Kalender.

No. 287.

Der Kalender des Magister Johannes de Gamundia.
(Um 1470—1480.)

*(Le calendrier du magistre Jean de Gamundia, imprimé entre
1470—1480.)*

Magister Johannes, der Verfasser, hiess mit seinem Familiennamen
Nyder, stammte aus Schwäbisch-Gemünd und starb 1442 in Wien. Die
in der k. Kupferstichsammlung zu Berlin aufbewahrte Ausgabe dieses
Kalenders enthält 4 Tafeln, unser Exemplar nur zwei: 1. Der Tages-
kalender, ein alter Original-Abdruck des Derschauschen Stockes; 2. Die
Aderlasstafel. Der Stock ist wahrscheinlich in Ulm geschnitten und
nach Nürnberg verkauft worden.

No. 288.

**Der deutsche xylographische Kalender des Magister Johann
von Kunsperck.* (Um 1473.)

*(Calendrier allemand xylographique du magistre Jean de
Régiomontane, imprimé vers 1473.)*

Johann v. Kunsperck, auch Johannes de Monte Regio, gewöhnlich
Regiomontanus genannt, eigentlich Johann Müller, war 1436 zu Königs-
berg in Franken geboren und starb in Rom 1476. Der Kalender muss vor
den berühmten Ephemeriden desselben Verfassers, also vor 1474 entstanden sein; die Berechnung nach Nürnberger Zeit zeigt, dass er in
Nürnberg erschienen ist. Ein vollständiges Exemplar dieses Kalenders
besteht aus 31 Blättern in kl. 4; unserem Exemplar fehlen die Blätter
1, 2, 28, 29, sie sind aber von alter Hand ergänzt.

Sehr schön erhaltenes, in grünes Maroquinleder gebundenes
Exemplar.

(Très-bel exemplaire relié en maroquin vert, au quel manquent
les feuillets 1, 2, 28, 29, qui cependant sont reproduits
en facsimile.)

No. 289.

Pergamenthandschrift des deutschen Kalenders Magister Johann's von Kunsperck.

(Manuscrit sur peau de vélin du calendrier de Jean de Régiomontane, plus jeune que l'édition typographique.)

Bestehend aus 32 Blättern, schliesst dieses Manuscript zwar nicht mit der Angabe des Namens des Verfassers, stimmt aber im Inhalt im Ganzen mit der xylographischen Ausgabe unter voriger Nummer überein und zeigt nur Abweichungen im Dialekt und in der Anordnung. Der Dialekt ist bayrisch. Wegen einiger Erweiterungen ist anzunehmen, dass diese Handschrift jünger ist, als die xylographische Ausgabe.

.

XIV.

Donatus de octo partibus orationis.

No. 290.

*Donatus. Zwei Blätter der xylographischen Ausgabe von Conrad Dinckmut (um 1475) in klein folio.

(Deux feuillets de l'édition xylographique du Donate, imprimée par Conrad Dinckmut vers 1475 en petit-in-folio.)

Das in der schönen Initiale **P** des ersten Blattes befindliche Bild des Lehrers erinnert in der Tracht an die *Historia Beatae Mariae Virginis* von 1470 und an den Stammbaum der Dominicaner von 1473, die schwungreiche Arabeske aber an Drucke des Günther Zainer um 1475.

Diese beiden höchst interessanten Blätter bilden den Anfang und das Ende dieser mit der Presse gedruckten Ausgabe.

No. 291.

Donatus de octo partibus orationis. Typographische Ausgabe in quarto.

(Edition typographique in-4. de: Donatus de octo partibus orationis.)

Ein Fragment zweier auf Pergament gedruckten Blätter, welches unbedingt zu den frühesten Erzeugnissen der Typographie gehört.

(Fragment de 2 feuillets imprimés sur peau de vélin, qui appartiennent sans contredit aux premières productions de la typographie.)

No. 292.

Donatus de octo partibus orationis. Typographische Ausgabe in quarto.

(Edition typographique in-4. de: Donatus de octo partibus orationis.)

Ein Pergament-Blatt in Quart mit 30 Zeilen auf der Seite, überaus ähnlich dem von Heinrich Eckert von Homberch gedruckten und von Kloss in Facsimile wiedergegebenen Donat.

(Feuillet imprimé sur peau de vélin de 30 lignes par page.)

No. 293.

Donatus de octo partibus orationis. Typographische Ausgabe in quarto.

(Edition typographique de: Donatus de octo partibus orationis.)

Zwei Blätter auf Pergament gedruckt, des von M. J. W. Holtrop in den *Monumens typographiques*, 5. Livr. No. 26 und von Kloss in seinen Facsimiles, sowie von Meerman, *Origines typographicae*, *Tab*. 2. „*Editio Harlemensis prima*“ nachgebildeten Donats. Unzweifelhaft nicht vor 1470 gedruckt.

(Deux feuillets imprimés sur peau de vélin pas avant 1470.)

No. 294.

Donatus de octo partibus orationis. Typographische Ausgabe in quarto.

(Fragment sur papier d'une édition typographique in-4. de: Donatus de octo partibus orationis.)

Fragment auf Papier. Ein nur auf einer Seite bedruckter Bogen.

No. 295.

Donatus de octo partibus orationis. Typographische Ausgabe.

(Fragment sur papier d'une édition typographique de: Donatus de octo partibus orationis.)

Dieses Fragment auf Papier gedruckt, umfasst einen nur auf einer Seite bedruckten Bogen. Auch dieser Donat scheint unbekannt zu sein.

XV.
Der Todtentanz. (La Danse Macabre.)

No. 296.

***Der Todtentanz. Typographische Ausgabe. Lübeck, 1489. Klein Quart. Niedersächsisch.

(Edition typographique en bas-saxon de la Danse Macabre en petit in-4., imprimée à Lubeck en 1489.)

Das Buch hat 36 Blätter mit 59 Holzschnitten. Signaturen A—F, jede zu 6 Blättern. Blatt 1a: **Des dodes danß.** Darunter der Tod mit dem Grabscheit, unter ihm:

O mÿnſche dencke war du biſt her
ghtkomē oñ wallu nu bÿſt. oñ wat
du ſchalt werden in korter orÿſt.

Am Schluss: Ghedichtet on gheſalth in der keÿſerli / ken ſtad lubeck na
der bort iheſu criſti / mcccclrrrix. — Der Tod kommt in vier verschiedenen
Arten vor: mit Sense, Pfeil, Grabscheit und auf einem Löwen reitend
mit Schwert. Die Reihenfolge der Darstellungen ist dieselbe, wie in dem zu
Wolfenbüttel in der herzoglichen Bibliothek aufbewahrten Exemplare
der lübecker niedersächsischen Ausgabe des Todtentanzes vom J. 1496.
Die Type dieser Ausgabe ist kleiner als die unserer ersten Ausgabe
von 1459. Die Holzschnitte der letzteren sind bedeutend schärfer als
die jener Ausgabe von 1496 und übertreffen noch in charactervoller
Zeichnung und meisterhaftem Schnitt die der folgenden Ausgabe unter
No. 297.

Einzig bekanntes Exemplar, dasselbe, welches Brunet beschreibt und
dem Blatt 6 fehlt, befindet sich in einem prachtvollen, in
Paris gebundenen rothen Maroquinbande mit
Goldornamenten.   -

(Exemplaire unique, le même que M. Brunet a décrit dans la
5ᵉ édition de son manuel et qui est defectueux du
6ᵉ feuillet, relié à Paris en plein maroquin rouge
avec des ornements.)

germanisches Museum,

No. 297.
*** Der Todtentanz. Typographiſche Ausgabe. Ohne Ort
und Jahr. Klein Folio. (1480—1490.)

*(Edition typographique de la Danse Macabre en petit in-folio
sans lieu ni date. [Imprimée vers 1480—1490].)*

Die erste Ausgabe des Todtentanzes in hochdeutscher Sprache.
Ausser diesem Exemplare, welches 22 Blätter mit 42 Holzschnitten hat,
giebt es noch zwei von derselben Ausgabe: das eine im königl. Kupfer-
stichcabinet in Berlin, das andere in der königl. Hof- und Staatsbibli-
othek in München. Blatt 1a: Der Doten danß mit figuren. Clage vnd /
Antwort ſchon von allen ſtaten der welt. Die Zeichnung der Bilder ist
voll Geist und Leben und besonders der Ausdruck der Köpfe sehr

10

characteristisch. Der Schnitt ist gewandt. Wahrscheinlich ist diese Ausgabe in Strassburg 1480—1490 godruckt.

Unser Exemplar ist in grünes Maroquinleder mit reichen Goldverzierungen gebunden.

(Relié en maroquin vert avec des ornements.)

British Museum

XVI.

Mirabilia Urbis Romae.

No. 298.

Mirabilia Urbis Romae. Deutsche typographische Ausgabe.
Ohne Ort, 1491. Quer-12°.

*(Edition typographique allemande de l'ouvrage: Mirabilia urbis
Romae, imprimée en 12-obl. en 1491 sans indication de lieu.)*

Diese anscheinend noch von keinem Bibliographen citirte Ausgabe
zählt 55 Blätter mit den Signaturen a—g; die erste Lage hat nur sieben
Blätter. Custoden und Seitenzahlen fehlen. Blatt 1 a: Item in dem
puchlin stet geschribe wie / Rom gepauet wart vnd von dem ersten / kunige
vnd vö illichen kunige zu Rom / wie sie regiret haben. / Blatt 55 a enthält den Kolophon: ¶ Also hat das puchlin ein ende: vnd ist / getruckt
mit flys in dem iar als man zalt / von xps gepurt M. cccc. vnd lxxxxi. iar.
/ am. rui. tag im Hewmanet. . . .
Die Beschreibung der xylographischen Ausgabe dieses für die
Rom besuchenden deutschen Pilgrime bestimmten und häufig gedruckten
Buches, siehe Graesse, Trésor, Vol. IV. pag. 535. Aus Type und
Holzschnitt ist zu schliessen, dass diese Ausgabe in Rom gedruckt
wurde.

Diesem in Halbfranzband gebundenen Exemplare fehlen die
Blätter 16 und 32.

(Exemplaire relié en demi-veau, auquel manquent les
feuillets 16 et 32.)

No. 299.

**Mirabilia Urbis Romae. Deutſche typographiſche Ausgabe.
Gedruckt zu Straßburg 1500, in klein 4.**

*(Edition typographique allemande de l'ouvrage: Mirabilia Urbis
Romae, imprimée en petit in-4. à Strasbourg en 1500.)*

Diese aus 40 Blättern bestehende Ausgabe stimmt im Texte bis
auf sehr geringe Abweichungen in Wortfolge und Orthographie mit der
vorigen überein, hat aber ausser den Holzschnitten derselben noch neun
in den Text gedruckte und einen auf dem letzten Blatte, welcher die
ganze Seite füllt. Der Titel lautet: **Oie pn dieſem büchlin vindet mā
die groſſe wüder werck / der heyligen ſtat Rome wie ſie gebawet wart
vnd vō / dem erſte künig ōn keyſer wie lāg ein iellicher geregirt / hab.
Auch wʒ ablaß hellü vō genad in dē kirche allē iſt.** Den unteren Raum
füllen zwei Holzschnitte, der obere hat das Wappen Papst Alexander's VI.
in der Mitte.

Die Schlussschrift steht auf Blatt 39b: **ſſ Gedruckt vnd vollendet /
ʒů Straßburg da mā ʒalt / Nach Criſti Jheſu vnſers / Cgeben herren
gepurt. Tü / ſent vō funffhundert iare •**
Die Type scheint die Hüpfuff'sche zu sein.

Gut gehaltenes in Pappe gebundenes Exemplar.
(Exemplaire bien conservé, relié sur carton.)

No. 300.

**Mirabilia Urbis Romae. Lateiniſche typographiſche Ausgabe.
Gedruckt zu Rom, 1492, in 12°.**

*(Edition typographique latine de l'ouvrage: Mirabilia urbis
Romae, imprimée en 12. à Rome en 1492.)*

Diese anscheinend von den Bibliographen nicht gekannte Ausgabe
besteht aus 60 Blättern zu 24 Zeilen in quer 12°, ohne Custoden und
Seitenzahlen, aber mit Signaturen. Die ersten 8 Blätter, welche keine
Signatur führen, enthalten eine Beschreibung der weltlichen Merk-
würdigkeiten Roms, die in den oben beschriebenen deutschen Ausgaben
fehlt. Blatt 1a beginnt: **ſſ** *Mirabilia Romane Vrbis.* Blatt 8b schliesst:
Finiunt Mirabilia Vrbis. Hierauf folgt auf 52 Blättern der lateinische

10*

Originaltext der Beschreibung des geistlichen Roms, welchem auf
Blatt 9 a die Inhaltsanzeige : *IN isto opufculo dicitur quomo | do Romulus
& Remus nati sūt |..* vorausgeht. Blatt 9 b enthält das Bild des Romulus
und Remus in Metallschnitt, und Blatt 10 a am Kopfe die drei Wappen,
das des regierenden Papstes Innocenz VIII. in der Mitte, worauf der
Text mit *rOMA CIVITAS SANCTA | caput mūdi Anno poft euersiois
Troiane. cccc. & v..* folgt. Auf Blatt 24 a findet sich ein interessanter,
aber roh geschnittener Metallschnitt des Schweisstuches der heiligen Ve-
ronika, und auf Blatt 33 b ein kleiner Metallschnitt, Maria auf der
Mondsichel, das Christuskind auf dem rechten Arme tragend. Die vor-
letzte Seite schliesst mit dem Colophon: *Impreffum Rome Anno. Mcccclxxxii.
die | xi. Iulii. Sedente Innocentio. viii. Anno viii.*

Das Exemplar ist gut gehalten und in Pergament geheftet.

(Exemplaire bien conservé, broché en vélin.)

XVII.

Das Zeitglöcklein.

No. 301.

**Das Zeitglöcklein. Typographifche Ausgabe. Gedrudt zu
Bafel, 1492, In 12°.**

*(Edition typographique de l'ouvrage „Zeitglöcklein" (La Clochette,)
imprimée en 12. à Bâle en 1492.)*

Der Titel dieser typographischen Ausgabe, welcher unserem Exemplare fehlt, lautet nach Hain, No. 16275: **Das andechtig zitglögglyn /
des lebens vnd lidês chrifti nach / den rriiij ftunden vßgeteilt**, darunter
die Abbildung eines Stundenzeigers.

Sämmtliche Blätter haben eine zierliche Holzschnittbordüre in sechs
verschiedenen Arten, sowie zahlreiche in den Text gedruckte Holzschnitte. Blatt 242 a endigt: **Ze Bafel trudt man mich / Do man zalt
Mccccrcij.**

Gut erhaltenes in Halbfranzband gebundenes Exemplar, dem
ausser dem Titel noch die Blätter: a 1. 8 (doppelt)
c 2. 7. 8. und r 3. fehlen.

(Exemplaire bien conservé, relié en demi-veau. Ils lui
manquent le titre et les feuillets a 1. 8 (en double)
c 2. 7. 8. et r 3.)

XVIII.
Die Legende des heiligen Meinrad.

No. 302.

Die Legende des heiligen Meinrad. Typographische Ausgabe. Gedruckt ju Freiburg im Uechtlande, 1587. In klein 4°.

(Edition typographique de la Légende du S. Meinrad, imprimée en petit in-4°. à Fribourg en 1587.)

Der Titel dieser aus 12 Vorsatzblättern und 91 nummerirten Seiten bestehenden Ausgabe lautet: **Warhafftige vnd gründliche / Histori, vom Leben / vnnd Sterben das H. Einsidels / vnd Martprers S. Meinradis, Auch von dem An / fang, Auffgang, Herkommen vnd Gnaden der H. Wallstatt / vnd Capell vnser lieben Frauwen etc. Getruckt ju Freyburg in der Eydgnoschaft, bey Abraham Gemperlin, CIƆ. IƆ. XXCVII.**

Die Legende ist mit 30 roh geschnittenen, oft unter Benutzung der xylographischen Ausgabe gezeichneten Bilder illustrirt.

Ueber die xylographische Ausgabe s. Falkenstein, Geschichte der Buchdruckerkunst, S. 40. Diese typographische Ausgabe ist, wie die Vorrede des Abtes Ulrich besagt, von F. Joachim Müller besorgt worden.

Das Exemplar ist in blaues Halbmaroquinleder mit Goldschnitt gebunden.

(Exemplaire relié en demi-maroquin bleu avec la tranche dorée.)

Spielkarten.

(Cartes à jouer.)

No. 303.

St. Johannes der Täufer. (1430—1450.)

(St. Jean-Baptiste. Gravure sur métal faite entre 1430—1450.)

Die magere, nur in allgemeinen Umrissen ausgeführte Zeichnung und die geradlinige Faltung des Gewandes weisen in das zweite Viertel des 15. Jahrhunderts, das Colorit auf Ober-Bayern. Obwohl im Blatte selbst keine äusseren Merkmale einer Spielkarte gegeben sind, so macht doch der Umstand, dass die Copie dieses Blattes unter No. 304 unzweifelhaft unter die Spielkarten zu zählen ist, es mehr als wahrscheinlich, dass das Original ebenfalls zu Spielzwecken, vielleicht für Geistliche, gedient hat.

H. 5 Z. 2 L., B. 2 Z. 10 L.

(Feuillet colorié.)

No. 304.

St. Johannes der Täufer. (1450—1460.)

(St. Jean-Baptiste. Copie du feuillet précédent, gravée sur bois entre 1450—1460.)

Alte Copie des vorhergehenden Blattes in Holzschnitt. Das Colorit ist vom Originale abweichend. Die acht Punktgruppen auf dem rothen Grunde lassen mit ziemlicher Bestimmtheit annehmen, dass dieses Blatt eine Spielkarte ist und zwar das Zahlenblatt Acht.

H. 5 Z. 2 L., B. 2 Z. 8 L.

(Feuillet colorié.)

No. 305.

Das heilige Kreuz mit dem Zeichen p h s. (Um 1450.)

(La Sainte-Croix avec le signe p h s.)

Nach Behandlung und Stil des ornamentalen Schmuckes ist das Blatt in die Mitte des 15. Jahrhunderts zu setzen. Wegen der eigenthümlichen Verzierung der über dem Kreuz freischwebenden Krone mit Eicheln ist dasselbe vielleicht als eine Spiel- (Eichel-) Karte anzusehen. Das Blatt ist colorirt.

H. 7 Z. 6 L., B. 4 Z. 11 L.

(Feuillet colorié.)

No. 306.

**St Wenzel. (1450—1470.)

(St. Venceslas. Gravure sur métal du 3e quart du 15e siècle.)

Die Entstehung dieses Metallschnittes dürfte zuverlässig zwischen 1450 und 1460 fallen, da auf diese Zeit nicht nur das Costüm, der tiefsitzende Gürtel, die Faltung des Gewandes, sondern auch die ganze Auffassung der Figur hinweist. Bei schärferer Betrachtung der vorn befindlichen Pflanzen drängt sich die Vermuthung auf, dass wir es in diesem Blatte mit einer Spielkarte zu thun haben. Man sieht auf diesen Pflanzen deutlich und bestimmt die vier Farben des deutschen Spieles: Schellen, Eichel, Grün und Roth. Der Rang des Blattes lässt sich nicht mehr sicher bestimmen. Dieser interessante Stich befindet sich zweimal auf demselben Blatte.

H. 7 Z., B. 4 Z. 9 L.

(Cette gravure est imprimée deux fois sur le même feuillet.)

No. 307.

Ein unbekannter heiliger König, nach dem Münchener Exemplar St. Quirinus, Patron von Tegernsee.
(1475—1500.)

(Un saint roi inconnu, d'après l'exemplaire conservé dans le cabinet d'estampes royal de Munich St. Quirin, patron de Tegernsee. Gravure sur bois.)

Die Zeichnung dieses Holzschnittes ist leicht und sicher, das Colorit weicht vom schwäbischen wesentlich ab und nähert sich dem von Mondsee. Möglicherweise ist das Blatt in Tegernsee colorirt, vielleicht auch dort geschnitten und gedruckt. Muthmaasslich — wegen des Reichsapfels und Scepters — Spielkarte (grüner König).

Das Exemplar hat links unten und rechts oben und unten etwas gelitten, so dass am Schilde die Hälfte des Lindenblattes fehlt.

(L'exemplaire a souffert aux marges, tel qu'il manque la moitié d'un feuillet à l'écusson.)

H. 4 Z. 1 L., B. 2 Z. 10 L.

No. 308.

Italienische Spielkarten. (Um 1500.)

(Cartes à jouer d'origine italienne, gravées sur bois vers 1500.)

Einzelne Theile der Tracht, wie der gerundeten Schuhe deuten auf die Uebergangszeit des 15. und 16. Jahrhunderts hin. Zeichnung und Schnitt sind sehr unbehülflich und roh. Das vollständige Spiel scheint aus 52 Blättern bestanden zu haben; von demselben besitzen wir zwei Bruchstücke eines Bogens in seltenen Zustande vor der Zerschneidung; das eine derselben enthält 9, das andere 12 Karten.

Erster Bogen mit 9 Blättern:

Denari-Ass, Denari II, III, VI, VII, VIII, Coppe-Ass, Coppe II, Coppe IX.

Zweiter Bogen mit 12 Blättern:

Ein König, Denari-Ober (?), Spade-Ober, Coppe-Ober, Bastoni-Ober, Ein Krieger, Denari-Ober (?), Coppe-Valet (?), Coppe-Sous-Valet (?), Spade-Valet (?), Bastoni-Valet, Ein Krieger.

(Ce jeu de cartes se composait probablement de 52 cartes, dont nous ne possédons que 21 en 2 feuilles pas encore taillées en pièces. La première en contient 9 cartes, la seconde 12, qui cependant est endommagée aux marges, tel que quelques figures ne sont plus à reconnaitre pour sûr.)

H. 3 Z. 4 L., B. 1 Z. 6 L.

No. 309.
Deutsche Spielkarten.   5 Blätter.   (1504.)

(Cartes à jouer d'origine allemande, gravées sur bois à Ulm en 1504.
5 feuillets.)

Diese Karten sind ulmischen Ursprungs und ihre Entstehung fällt in das Jahr 1504. Man ersieht dieses aus einem Papierstreifen am Eichel-König, welcher die Inschrift „zu Ulm" und ein Monogramm trägt, das auch in vergrösserter Form auf Roth IX wiederkehrt; Roth VIII trägt unten an einer Bandrolle die Zahl 1504. Die Blätter sind noch unzerschnitten. Unter dem Monogramm ist wahrscheinlich nicht der Verfertiger der Karte, sondern der Drucker oder Herausgeber zu suchen; vielleicht ist dasselbe das Monogramm des bekannten ulmischen Buchdruckers Johannes Zainer oder eines Sohnes desselben, der noch 1523 am Leben war, und nicht blos Bücher, sondern auch Holzschnitte druckte. Die Karten sind: Schellen-König, Eichel-König, Roth VI, Roth VIII, Roth IX.

Diese 5 Karten befinden sich noch in ihrem ersten Zustande auf einem unzerschnittenen Blatte, das aber Striche als Durchschneidungslinien enthält.

(Ces 5 cartes se trouvent sur une feuille pas encore taillée avec des lignes pour les découper.)

H. 3 Z. 1 L., B. 2 Z.

No. 310.

Deutſche Spielkarten. 24 Blätter. (1550—1575.)

(Cartes à jouer d'origine allemande gravées sur bois. 24 cartes des 52 dont ce jeu se compose.)

Nach dem Coſtüm der Figuren zu urtheilen, gehören dieſe Blätter in die zweite Hälfte des 16. Jahrhunderts. Sie umfaßt die gewöhnlichen 4 deutſchen Farben in 52 Blättern in Holzſchnitt. Der Verfertiger iſt nicht genannt. Der Ort der Entſtehung dürfte in Nürnberg oder Ulm zu ſuchen ſein. Der künſtleriſche Werth dieſer Karte iſt gering. Zeichnung und Schnitt ſind oberflächlich und zum Theil etwas unbeholfen, das Colorit iſt wenig ſorgfältig.

Das Spiel iſt leider nicht vollſtändig. Die 24 vorhandenen Karten befinden ſich auf ſechs noch unzerſchnittenen Blättern mit Angabe der Durchſchneidungslinien. Zwei dieſer Blätter ſind cartonnirt.

(Ces 24 cartes se trouvent sur 6 fouilles pas encore taillées avec indication des lignes à les decouper. Deux de ces fouilles sont cartonnées.)

H. 2 Z. 11 L., B. 1 Z. 11 L.

No. 311.

Deutſche Spielkarten. 8 Blätter. (1500—1525.)

(Cartes à jouer d'origine allemande de 8 pièces gravées sur bois.)

Der Typus dieſer Karten in Holzſchnitt ſtimmt, ſoweit ſich aus den vorliegenden Blättern urtheilen läßt, im Ganzen mit den Karten unter No. 310 überein. Figuren-Blätter ſind nicht erhalten, ſondern nur Zahlenblätter von Schellen, Eichel, Grün und Roth. Zeit und Ort der Entſtehung dürften denen der vorigen Karten nahe liegen.

H. 2 Z. 11 L., B. 1 Z. 10 L.

No. 312.

Deutsche Spielkarten. 10 Blätter. (1550—1570.)

(Cartes à jouer d'origine allemande gravées sur bois du 3ᵉ quart du 16ᵉ siècle. Fragment de 10 pièces des 52 du jeu complet.)

Die in Holz geschnittenen Karten zeigen denselben Typus, wie die beiden vorigen. Das Costüm der Figuren deutet auf das erste Viertel der zweiten Hälfte des 16. Jahrhunderts. Zeichnung und Schnitt sind oberflächlich und mittelmässig, ohne künstlerischen Werth. Der Verfertiger hat sich nicht genannt, dürfte aber in Süddeutschland zu suchen sein.

Es ist von dieser Karte nur das Bruchstück eines Bogens mit Durchschneidungslinien vor der Zerschneidung vorhanden, der 10 Karten enthält, deren Druck mangelhaft, zum Theil undeutlich und unbestimmt ist.

H. 2 Z. 10 L., B. 2 Z. 3 L.

No. 313.

**Deutsche numerirte Tarockkarten. 52 Blätter. (1500—1550.)

(Cartes à jouer aux tarots d'origine allemande gravées sur bois en 52 pièces, dont ils manquent 9.)

Der Ursprung derselben ist unzweifelhaft deutsch und fällt in die erste Hälfte des 16. Jahrhunderts. Parallelen zeigen sich in der Karte des Virgil Solis; die Trachten der Figuren haben denselben Character, wie hier und die ganze Anordnung zeigt verwandte Motive. Unsere Karte dürfte um dieselbe Zeit und vielleicht auch in Nürnberg entstanden sein. Zeichnung und der in Holz ausgeführte Schnitt sind weniger gelungen. Die Darstellung der Thiere, zum Theil wenigstens, entbehrt nicht des Humors, aber er ist zahmer und unschuldiger und die Zeichnung weniger sicher und individuell in den Figuren.

Das gut erhaltene Exemplar ist leider nicht vollständig. Es fehlen Eichel IX, Grün II, und Grün-Ass und Roth V — X.

H. 3 Z. 7 L., B. 2 Z. 2—3 L.

No. 314.

✳✳ Deutſche Spielkarten mit dem Zeichen F. C. Z.
36 Blätter. (1525—1550.)

(Cartes à jouer d'origine allemande gravées sur bois avec le
monogramme F. C. Z. dans une banderolle. 36 pièces
dont ils manquent 2.)

Dieses in Holz geschnittene interessante, unter die besseren deutschen Kartenspiele des 16. Jahrhunderts zählende Spiel ist höchst wahrscheinlich nürnbergischen Ursprungs, da das Coeur- oder Roth-Ass
das Wappen dieser Stadt trägt. Die Entstehung dieser Karten darf
mit Bestimmtheit in das zweite Viertel der ersten Hälfte des 16. Jahrhunderts gesetzt werden. Schnitt und Tracht der Figuren weisen auf
diese Zeit hin, und einzelne, wie Schellen-König, erinnern lebhaft an gewisse Gestalten Dürer'scher Holzschnitte, Eichelkönig scheint das Porträt Kaiser Maximilian I. vorzustellen.

Unser Exemplar, von guter Erhaltung und kräftigem Druck ist
vollständig bis auf 2 Blätter: Schellen-Unter und
Eichel-Zehn.

H. 3 Z. 8 L., B. 2 Z. 2 L.

(Exemplaire bien conservé.)

No. 315.

Deutſche Spielkarten. Zwei Bruchſtücke. 4 Blätter. (1600.)

(Deux fragments de 4 pièces d'une carte à jouer d'origine alle-
mande gravées sur bois, du commencement du 17ᵉ siècle.)

Die Entstehungszeit dürfte in den Anfang des 17. Jahrhunderts zu
setzen sein. Die Karte ist in Holz geschnitten.

Das erste Bruchstück enthält Eichel VII, Eichel-Ass; das zweite
Grün VII und Grün-Ass.

H. 3 Z. 4 L., B. 2 Z. 2 L.

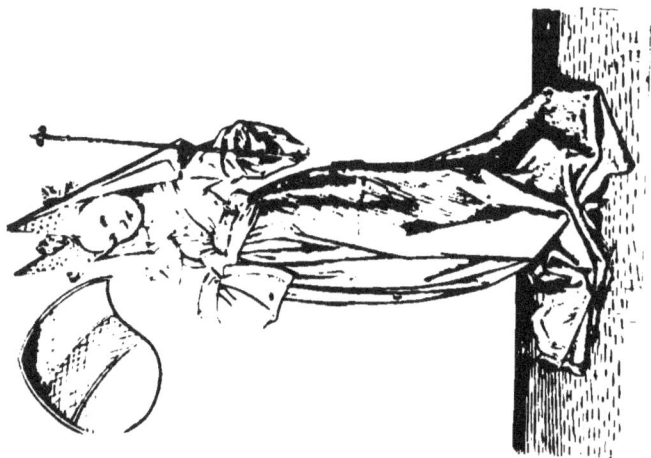

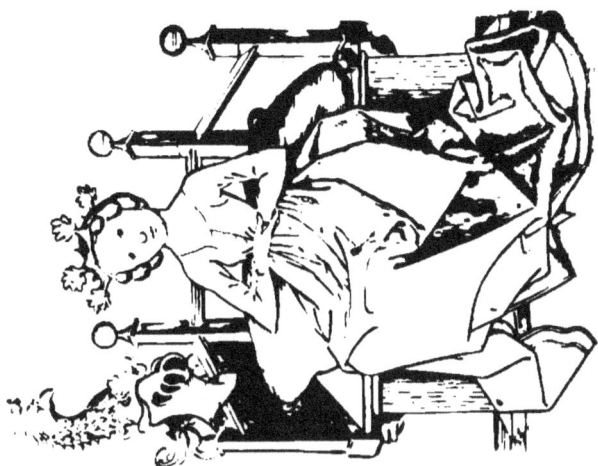

No. 318.

Deutfches Kartenfpiel mit den Fechtern. 18 Blätter. (Gegen 1600.)

(Cartes à jouer d'origine allemande gravées sur bois, avec les gladiateurs. 18 pièces. Composé vers la fin du 16ᵉ siècle.)

Diese Karten gehören, der Tracht der Figuren zufolge, dem Ende des 16. Jahrhunderts an und sind vielleicht kemptener oder ulmer Ursprungs, da der ganze Typus des Spieles auffallend mit der Karte in der Hauslab'schen Sammlung in Wien übereinstimmt.

Von dem aus 52 Blättern bestehenden, ursprünglioh auf 5 oder 6 Bogen gedruckten Spiele sind hier 2 Bogen zu je 9 Karten mit Durchschneidungslinien vorhanden.

H. 3 Z. 8 L., B. 2 Z. 3 L.

(Ces 18 cartes du jeu, qui doit contenir 52 pièces, se trouvent sur 2 feuilles pas encore taillées avec des lignes à les découper.)

No. 317.

*** Dier Spielkarten vom Meister E. S. (1460—1470.)

(Quatre cartes à jouer gravées sur cuivre du maître E. S., du 3ᵉ quart du 15ᵉ siècle.)

Von grosser Feinheit in der Ausführung in Kupferstich. Der Wappenschildkönig wird von Passavant für ein Porträt Karls des VII. von Frankreich, der 1461 starb, erklärt; man kann auch an dessen Nachfolger Ludwig XI. denken. Die Entstehungszeit ist zwischen 1460 und 1470 zu setzen.

(D'après Passavant on ne connait que 6 pièces de ce jeu de cartes: les 4 dans notre possession et 2 autres, qu'il a vues à Dresde.)

H. 3 Z. 7 L., B. 2 Z. 6 L.

No. 318.

*** Fünf Blätter eines Kartenfpieles des Meiſters der Spielkarten.
(1470—1490.)

(Cinq pièces d'un jeu de cartes du maître des cartes à jouer,
gravées sur cuivre du dernier quart du 15e siècle.)

Dieser Meiſter, über welchen Passavant, T. II. p. 70 ausführlich
ſpricht, ſcheint aus der Schule des Meiſters E. S. hervorgegangen zu
ſein, obſchon er ſich in vielen Punkten von ihm entfernt. Unsere in
Kupferstich ausgeführten Blätter scheinen Copieen des Pariser, von
Passavant beschriebenen Exemplars zu ſein.

H. 5 Z., B. 3 Z. 8 L.

No. 319.

Ein König. (1475—1490.)

(Un Roi, gravé sur cuivre, du dernier quart du 15e siècle.)

Passavant beschreibt dieses Blatt T. II., p. 101, No. 99 und zählt
es, sicher mit Recht, unter die Arbeiten der Schüler und Nachahmer des
Meiſters E. S. Zeichnung und Auffassung sind ganz im Stile dieses
Meiſters, die Ausführung in Kupfer läßt aber jene Feinheit, Sauberkeit
und Reinheit vermiſſen, die den Arbeiten desselben eigen sind.

H. 4 Z. 9 L., B. 3 Z. 2 L.

No. 320.

Altvenetianiſche Tarockkarten. 4 Blätter. (Um 1480.)

(Jeu de cartes Tarots vieux-vénitien. 4 pièces gravées sur cuivre,
du dernier quart du 15e siècle.)

Ueber die Schule, aus welcher diese in Kupfer gestochene Karte
hervorgegangen ist, herrschen verschiedene Ansichten. Lanzi glaubte
in ihr die Schule des Mantegna zu erkennen, während Ottley sich für
die florentiniſche Schule entschied und die Hand des Baccio Baldini oder
Sandro Botticelli darin erkennen wollte. Zani dagegen ist der Ansicht,

dass sie aus der Venetianischen Schule herrührt, wobei er sich, wie es scheint mit Recht auf den venetianischen Dialekt der Unterschriften einzelner Blätter und auf eine Stelle des Aretin, *Delle carte parlanti*, wo dieser von der Vortrefflichkeit der alten venetianischen Karten spricht, stützt. Auch Passavant entscheidet sich für Zani's Ansicht als die allein richtige.

No. 321.
**Das Tarockspiel des Virgilius Solis. 52 Blätter.
(Um 1550.)

(Jeu de cartes Tarots en 52 pièces gravées sur cuivre par Virgile Solis, vers 1550.)

Weil von dem ausgeprägt Handwerksmässigen und Manierirten der späteren Kunstübung des vielbeschäftigten Meisters in dieser in Kupfer gestochenen Karte noch wenig oder nichts wahrzunehmen ist, so muss dieselbe in seiner früheren Zeit entstanden sein, in welcher er den Einwirkungen des durch Dürer und seine Schüler verursachten Aufschwunges deutscher Kunst näher stand. Die Zeichnung ist im Allgemeinen sicher und gewandt, der Schnitt mit vieler Sorgfalt und Reinheit ausgeführt, die Anordnung geschmackvoll, die Bewegungen der Thiere sind natürlich, dem Leben abgelauscht und nicht ohne Humor, der hier noch weniger derb und unanständig erscheint, als er sich später öfters in den Spielkarten geltend gemacht hat. — Unser Exemplar zeichnet sich durch Schönheit des Druckes, wie tadellose Erhaltung aus und da es zugleich vollständig ist, so dürfte es unter die schönsten der wenigen bis auf unsere Tage gekommenen Exemplare zu zählen sein.

(Exemplaire tout-à-fait complet et très bien conditionné, cause qui le rend fort précieux.)

H. 3 Z. 6 L., B. 2 Z. 3 L.

Schrotblätter.

(Gravures en manière criblée.)

No. 322.

*Die Stigmatifirung des St. franciscus von Affifi.
(1425—1440.)

(La stigmatisation du St. François d'Assise, du 2ᵉ quart du 15ᵉ siècle.)

St. Franciscus halb knieend nach links gewendet, empfängt die Stigmata durch Tropfen, die dicht aneinander gereiht, von den Wunden Christi ausgehend, bis zu den Gliedern des Heiligen gerade Linien bilden. Ueber seinem Haupte ein Band mit gothischer Schrift: Summe deus illuia tenebras cords me. Der Gekreuzigte hat vier Seraphflügel; die oberen halten ausgespannt den Heiland in der Luft, die unteren sind über den Unterleib zusammengelegt.

Dieses sowohl in Perlen als Linien ausgeführte Schrotblatt ist mit Carmoisinroth und Hellgrün ganz willkürlich colorirt.

Dasselbe stammt wahrscheinlich aus Ober-Deutschland; die conventionellen Formen für Wolken, Felsen, Bäume u. s. w. und die Färbung begünstigen diese Annahme. Es gehört vermuthlich in das zweite Viertel des 15. Jahrhunderts.

H. 6 Z. 10 L., B. 4 Z. 7 L.

(Feuillet colorié.)

No. 323.

*Die Anbetung der drei Könige. (1425—1450.)

(L'adoration des trois rois, du 2ᵉ quart du 15ᵉ siècle.)

In der Mitte des Blattes, den Blick nach rechts gewendet, sitzt Maria mit dem nackten Kinde unter dem Strohdache eines Stalles. Rechts vor ihr kniet der älteste der Könige und überreicht ein Geschenk. Rechts von ihm steht der jüngere weisse König und links der Mohrenkönig, zu dessen Füssen links ein kleines Hündchen. An der linken offenen Seite des Stalles kniet betend Joseph nach rechts gewendet. Den Hintergrund bildet eine Stadtmauer, links mit einem runden, rechts mit einem viereckigen Thurme. Die Luft ist weiss, doch finden sich an beiden Seiten auf schwarzem Grunde Wolken und Sterne, aus denen links ein König mit einem Schriftbande folgenden Inhalts: Reges. arabum. 1. Saba. hervorragt. Rechts befindet sich ebenfalls eine, wie es scheint, männliche Figur, welche auf einem Bande die Fortsetzung der Schrift bringt: .hanc. Stellam. claram. Es fehlt viderunt oder etwas Aehnliches.

Die Zeichnung ist gewandt, doch in den Augen nicht ohne Härte. Der Schnitt ist überall scharf und der Druck wohlgelungen. In den vier Ecken befinden sich die Löcher der Stifte, mit welchen die Platte auf dem Stocke behufs Abdrucks befestigt wurde.

Die weiche Drapirung, die sehr langen Schuhe, die langen Finger, das enganliegende Kleid der Jungfrau lassen das Bild in das zweite Viertel des 15. Jahrhunderts setzen, ohne eine etwas spätere Zeit auszuschliessen.

Einige Gegenstände sind blass ockergelb gemalt.

Das Blatt hat in der Mitte und an der rechten Seite oben und unten gelitten.

(Ce feuillet peu colorié a été endommagé au milieu et à la marge droite en haut et en bas.)

H. 8 Z. 10 L., B. 6 Z. 7 L.

No. 324.
* St. Chriſtoph. (1450—1470.)

(St. Christophe, du 3e quart du 15e siècle.)

St. Christoph trägt auf seiner rechten Schulter das bekleidete Christuskind, welches er mit der linken Hand am linken Arme hält, während dasselbe sich mit der rechten Hand an den Locken seines Trägers festhält. St. Christoph hebt das rechte Bein aus dem Wasser und hält in der Rechten einen grünenden Palmenstamm. Das Christuskind hat eine Glorie mit griechischem Kreuze. Das Haar St. Christophs, starke kurze Locken, umschlingt eine Binde von der Stirn nach dem Nacken. Diese Haartracht ist gegen 1450 ganz ausgebildet. Der Leibrock, der bis an die Hälfte der Schenkel herabreicht, ist schwarz, aber

11

weiss punktirt, der mit einer Broche zusammengehaltene Mantel ist schraffirt, auswendig lebhaft purpurroth, inwendig ockergelb colorirt. Die Einfassung ist nicht recht klar, weil das Bild sehr scharf beschnitten ist.

Vielleicht ist dasselbe ein Blatt einer Darstellung der XIV Nothhelfer.

Das Colorit ist lebhaft und zwar das schwäbische, obgleich jetzt etwas beschmutzt.

H. 6 Z. 6 L., B. 2 Z. 4 L.

(Ce feuillet est colorié et fortement rogné.)

No. 325.

** Paffion. 5 Blätter. (1450—1470.)

(Cinq feuillets d'une passion, composés au 3ᵉ quart du 15ᵉ siècle.)

1. Chriftus vor Pilatus. fragment.

(Jésus-Christ devant Pilate. Fragment.)

Rechts sitzt Pilatus auf dem Richterstuhle, in der Linken einen Stab haltend. Rechts hinter ihm ein Mann in grünem Oberkleide und mit einer Mütze auf dem Haupte. Links ein Kriegsknecht in Rüstung mit runden Achselscheiben. Die im Hintergrunde befindliche Wand besteht aus Werkstücken und hat links oben ein Fenster. Ein Hündchen liegt rechts zu den Füssen des Pilatus. Das Mittelstück mit den Hauptpersonen fehlt. Die Farben sind lebhaft Grün, Blassroth und Ockergelb. Eine dreifache Linie bildet die Einfassung.

H. 6 Z. 2 L., B. 4 Z. 4 L.

(Le milieu avec les personnes principales est découpé.)

2. Kreuztragung.

(Jésus-Christ portant la croix.)

Christus, nach rechts gewendet, trägt das Kreuz auf der linken Schulter; Simon von Cyrene hilft den Stamm desselben tragen. Vor Christo geht der Knecht, welcher den um den Leib Jesu geschlungenen Strick über die rechte Schulter gezogen hat. Zwischen diesem und dem Haupte Jesu ein anderer, eine Lanze haltender Kriegsknecht. Unmittelbar über dem Haupte Jesu erhebt sich das Haupt des Bösen mit grossen geöffneten Augen. Ausserdem befinden sich noch mehrere Personen auf dem gut erhaltenen Blatte, dessen Colorit dem des vorigen gleicht. Eine zweifache Linie bildet die Einfassung.

H. 6 Z. 2½ L., B. 4 Z. 4 L.

(Feuillet très-bien conservé.)

3. Creuzes Abnahme.

(La descente de croix.)

Joseph von Arimathia und sein Gehülfe nehmen den Leichnam Jesu vom Kreuze so ab, dass der Gehülfe auf der Rückseite des Kreuzes auf einer Leiter steht und den oben gelösten Körper herablässt, während Joseph, unten stehend, denselben mit dem linken Arme aufnimmt. Die Füsse sind noch befestigt und das Haupt Christi ohne Glorie. Links vom Kreuze Maria, von dem hinter ihr stehenden Johannes aufrecht erhalten. Rechts vor dem Kreuze kniet eine reich gekleidete Frau. Diese Personen haben Glorien. Im Hintergrunde geht ein Mann in Pilgertracht mit einer auf das Kreuz zeigenden Frau. Rechts ein Schloss mit Thurm, links eine Stadt mit Mauern und Thürmen. Eine dreifache schwarze Linie umgiebt das in denselben Farben colorirte Bild.

H. 6 Z. 3 L., B. 4 Z. 3½ L.

4. Die Grablegung.

(La mise au tombeau de Jésus-Christ.)

Der Körper Jesu mit einem Tuche um die Hüften liegt auf einem solchen, welches von Joseph von Arimathia und dem Gehülfen über die Grabkiste gehalten wird, um den Todten darin nieder zu lassen. Hinter der Grabkiste steht Maria und fasst mit ihren Händen den rechten Unterarm des Erlösers. Hinter dieser steht St. Johannes. Rechts neben Maria eine Heilige mit gefalteten Händen. Am linken Rande St. Maria Magdalena mit der Salbenbüchse. Im Hintergrunde Berge mit Städten. Colorit und Einfassung sind dieselben.

H. 6 Z. 2½ L., B. 4 Z. 3½ L.

5. Die Auferstehung.

(La resurrection.)

Christus, die Siegesfahne in der Linken, die Rechte segnend emporhebend, steigt, den rechten Fuss voran, aus der Grabkiste, welche von drei Männern bewacht wird. Von einem Hügel des Mittelgrundes kommen St. Maria Jacobi, St. Maria Magdalena und St. Johanna, jede mit einem Salbengefäss. Im Hintergrunde ein Berg mit befestigter Stadt. Der Vordergrund ist ganz mit Kräutern und Blumen ausgefüllt. Colorit und Einfassung sind dieselben.

H. 6 Z. 2½ L., B. 4 Z. 3 L.

(Feuillets coloriés.)

No. 328.

Chriſtus am Kreuje. (1450—1470.)

(Jésus-Christ attaché à la croix, du 3e quart du 15e siècle.)

Das Haupt Christi ist mit einer Glorie umgeben und ruht auf dem rechten Arme. Um die Hüften ist ein Tuch gewunden. Das Kreuz ist mit kurzen Pfählen am Boden befestigt, vor demselben der Schädel Adams. Vom Ende des Kreuzesarmes zieht sich auf die links stehende Maria ein Schriftband mit den Worten: **Mulier ecce filius tuus**, womit auf den rechts stehenden St. Johannes hingedeutet wird. Maria betet mit gefalteten Händen. Das Colorit ist matt, die Einfassung besteht aus zwei Linien.

H. 6 Z. 2 L., B. 4 Z. 4 L.

(Feuillet colorié.)

No. 327.

**Chriſtus am Oelberge. Geſtirnter Himmel. (1450—1460.)

(Jésus-Christ au mont des Oliviers; le ciel étoilé, du commencement du 3e quart du 15e siècle.)

Der Heiland kniet nach links gerichtet vor einem Felsen und betet mit gefalteten und emporgehobenen Händen. Aus der unmittelbaren Nähe der erhobenen Unterarme erhebt sich gewunden ein Schriftband bis zum Rande des Kelches, der auf dem Felsen steht, mit den Worten: **pt ſi poſibile ē täſſerat (sic) ame (sic) calix iſte.** Aus dem Kelche ragen Marterwerkzeuge hervor. Ein links von der oberen Ecke herabfliegender Engel berührt mit der Rechten das Kreuz, welches aus dem Kelche hervorragt, und hält mit der Linken eine Schriftrolle mit folgenden Worten

und Interpunctionszeichen: **Conflans** (Zweig) **cflo** (vierblättrige Rose) **thcfu** (Rose) **fılt** (Rose) **der** (Rose). Rechts neben Jesu sitzen St. Petrus, St. Johannes und St. Jacobus schlafend im Grase. Im Hintergrunde tritt durch die Gartenthüre Judas, kenntlich an dem in der Linken gehaltenen Beutel und durch die Worte des Schriftbandes, auf welches er mit der Rechten zeigt: **qucm ofculatus fucro ipfc cft tc** (Schriftband) **nctc cü** (Zweig). Durch die Thüre gehen noch acht Kriegsknechte. Der Himmel ist gestirnt; ein Wolkenrand oben und die Unterschrift unten: **factus cft fudor cı9 ficut guttc fanguınıs dccurrētıs ī tclram** (Luc. XXII, 44.) schliessen das Bild. Der Rasen ist mit Gras und Blumen bedeckt, auch stehen rechts und links Bäume.

Die Zeichnung ist sicher und naturgetreu, was besonders von den schlafenden Jüngern gilt. Der Druck in schöner schwarzer Farbe ist sehr klar.

Das Exemplar hat schwache Spuren von Colorit, welches für den Ort der Entstehung Oberdeutschland vermuthen lässt.

H. 8 Z. 9 L., B. 6 Z. 6 L.

(Feuillet légèrement colorié.)

No. 328.

** St. Hieronymus. (1450—1460.)

(St. Jérome, du commencement du 3ᵉ quart du 15ᵉ siècle.)

St. Hieronymus sitzt auf einem Kissen an seinem Pulte nach links gewendet, hält den rechten Fuss des Löwen, der sich mit seinem linken auf das Knie des Heiligen stützt, in der linken Hand, und in der rechten den Griffel, um den Dorn aus dem Fusse des Löwen zu entfernen. Der Hintergrund, ein Haus mit offener Vorhalle, aus drei Eingängen mit romanischen Säulen bestehend. Dieses schöne Blatt ist mit seltener Sorgfalt angelegt und ausgeführt.

Das Blatt ist scharf beschnitten, so dass sich für eine Einfassungslinie nichts Bestimmtes sagen lässt. Der Druck ist reinlich, aber an einigen Stellen der linken Seite etwas matt.

Es ist nicht colorirt und sehr gut erhalten.

H. 9 Z. 2 L., B. 5 Z. 11 L.

(Belle gravure en manière criblée, non coloriée et très-bien conservée, mais rognée, tel qu'on ne peut plus voir, si elle avait une bordure ou non.)

No. 329.

*St. Antonius. (1450—1460.)

(St. Antoine, du commencement du 3e quart du 15e siècle.)

St. Antonius nach links schreitend, hat einen mit einem Antoniuskreuze besetzten Stab in der rechten und eine Glocke in der linken
Hand. Auf seinem mit Strahlen und Glorie umgebenen Haupte trägt
er eine runde Kappe, welche bis auf das Ohr herabreicht und für Stirn
und Gesicht ausgeschnitten ist. Ueber dem weiten faltigen dunklen
Rocke trägt er ein schwarzes Scapulier und einen weiten hellen Mantel,
der mit einem Knopfe auf der Brust zusammengehalten ist. Rechts
springt ein Schwein mit einem Glöckchen am Halse an ihm herauf.
Rechts im Rücken des Heiligen ein Schriftband mit den Worten:
Sanctus · Anthonius. Links vor ihm ein kleiner Mann mit dem rechten
Arme auf einer Krücke und den linken, dessen Hand in eine lodernde
Flamme verwandelt ist, zu St. Antonius emporhebend.

Eine weisse und eine schwarze Linie bilden die Einfassung und ist
das Bild schwach colorirt.

H. 6 Z. 9 L., B. 4 Z. 7 L.

(Feuillet légèrement colorié.)

No. 330.

*St. Johannes der Täufer und St. Johannes der Evangelist. (1450—1460.)

*(St. Jean-Baptiste et St. Jean l'Evangéliste, du commencement
du 3e quart du 15e siècle.)*

Diese beiden Heiligen stehen neben einander in einem gewölbtem
Zimmer, dessen Hinterwand ein Teppich bedeckt. Im linken Arme hält
Johannes der Täufer ein Buch, auf welchem das Lamm liegt. Mit der
Rechten auf das Lamm zeigend, sind seine Augen auf den Evangelisten
gerichtet. Dieser hält in der Linken den Kelch, aus welchem sich eine
Schlange erhebt, die Rechte über den Kelch bis an die Brust haltend.
Beider Häupter sind mit Glorien versehen. Das Bild ist colorirt und
tragen die Farben schwäbischen Character.

H. 6 Z. 5 L., B. 4 Z. 6½ L.

(Feuillet colorié.)

No. 331.

*Chriſtus am Kreuʒe. (1450—1470.)

(Jésus-Christ attaché à la croix, du 3e quart du 15e siècle.)

Christus, mit einer Glorie um das Haupt, ist verschieden und neigt
dasselbe nach rechts. Eine grüne Dornenkrone schlingt sich um seine
Stirn; Haare und Bart lang und braun. Der Schurz schliesst sich eng
an die Hüften, und ist das rechte Bein auf das linke genagelt. Unter
dem Kreuze links Maria, rechts St. Johannes der Evangelist. Eine
schwarze weiss punktirte Linie bildet die Einfassung. Das etwas ver-
blichene Colorit weist auf Schwaben.

Das Blatt ist unten verschnitten, so dass die Füsse der Personen
und das Untere des Kreuzes fehlen. Passavant, Peintre-
Graveur, I. 87.

H. 7 Z. 5 L., B. 4 Z. 11 L.

(Feuillet colorié, mais fortement rogné en bas.)

No. 332.

Die Verkündigung Mariä. (1450—1460.)

*(L'annonciation à la St. Vierge, du commencement du 3e quart -
du 15e siècle.)*

Ein kirchenähnlicher Saal, der sich vorn in zwei Bogen öffnet, die
in der Mitte auf einer gemeinsamen Säule und an den Seiten auf Halb-
säulen in der Mauer ruhen. Innerhalb des rechten Bogens ein Betpult,
an welchem St. Maria kniet, das Gesicht auf den Engel Gabriel gerichtet, der innerhalb des linken Bogens mit erhobenen Flügeln knieend
seine Botschaft auf Maria schauend ausrichtet. St. Maria trägt ein
weiss punktirtes, purpurroth gemaltes Kleid und einen weissen Mantel.
Das Haupt hat lange Haare und ist mit einer Glorie umgeben. Der
Engel ist ebenfalls in Kleid und Mantel gehüllt. Das Bild ist mit einem
5½ Linie breiten Rande versehen, auf welchem sich Rosetten und
Blätter befinden; auch ist es colorirt. Passavant, Peintre-Graveur, I. 93.

H. 3 Z. 11 L., B. 2 Z. 9 L.

(Feuillet colorié.)

No. 333.

Die Krönung Mariä. (1450—1460.)

(Le couronnement de St. Marie, du commencement du 3e quart du 15e siècle.)

St. Maria, in einem langen faltigen Kleide und mit einer Glorie, kniet in der Mitte auf einem Teppiche, die Hände betend erhoben. Links sitzt Jesus mit einem weissen Mantel über dem Rocke und einer Krone auf dem Haupte; rechts Gott-Vater, wie Jesus gekleidet. Beide setzen St. Maria die Krone auf. Zwischen Beiden senkt sich in Gestalt einer Taube der heilige Geist und berührt mit dem Schnabel beinahe den Glorienrand der Maria. Ein Rand wie bei No. 332 umgiebt das Bild, welches ebenfalls colorirt ist und wohl von demselben Meister herrührt.

H. 3 Z. 11 L., B. 2 Z. 9 L.

(Feuillet colorié, probablement du même maitre que le feuillet précédent.)

No. 334.

Der Erzengel Michael mit der Waage. (Um 1460.)

(L'archange St. Michel avec la balance, composé vers 1460.)

Der Erzengel Michael steht auf dem Leibe und dem linken Fusse eines von links nach rechts gestreckten, auf dem Rücken liegenden Teufels. Mit der Rechten hebt er ein Schwert über sein Haupt und mit der Linken hält er eine Waage, in deren Schalen Menschenseelen gewogen werden. An die linke etwas steigende Waagschale hängen sich zwei Teufel.

Die Einfassung besteht aus einer Doppellinie. Das Bild ist colorirt.

H. 2 Z. 7 L., B. 1 Z. 10 L.

(Feuillet colorié.)

No. 335.

St. Georg zu Pferde. (Um 1460.)

(St. George à cheval, composé vers 1460.)

St. Georg sprengt nach links und sticht den vor ihm mit dem Kopfe nach rechts auf dem Rücken liegenden, die Füsse aufwärts kehrenden Drachen mit der Lanze in den offenen Rachen. Den Hintergrund bilden zwei Berge, rechts steht ein Schloss, links Aja und rechts neben ihr ein Schaaf. Das Bild, mit einer schwachen und einer starken Linie eingefasst, ist matt colorirt.

H. 2 Z. 7 L., B. 1 Z. 9½ L.

(Feuillet légèrement colorié.)

No. 336.

*** Christus am Oelberge. Weißer Himmel mit Halbmond. (Gegen 1460.)

(Jésus-Christ au mont des Oliviers. Le ciel blanc avec la demi-lune. Composé vers 1460.)

Christus, ziemlich in der Mitte des Blattes gegen einen Felsen links gewendet, betet mit erhobenen zusammengelegten Händen. Ueber dem Felsen erhebt sich ein Engel mit ausgebreiteten Flügeln, mit beiden Händen einen Kelch haltend, aus dem eine runde Hostie emporragt. Ein kleiner Bach mit einem Stege, aus einer Pforte bestehend, fliesst in diagonaler Richtung von links nach rechts und trennt Christum von seinen schlafenden Jüngern. Ein Zaun umschliesst den Garten. Durch die Thüre desselben tritt Judas mit einem Kriegsknechte. Ein rechts auf den Zaun sich stützender Kriegsknecht hält die Thüre geöffnet. Links noch sieben Kriegsknechte mit Waffen und einer Fackel. Rechts in der Ecke am Himmel ein zunehmender halber Mond. Eine Doppellinie umschliesst das Bild.

(Passavant, Peintre-Graveur, I. 88: Gravure d'un excellent travail et d'une conservation remarquable.)

H. 8 Z. 11 L., B. 6 Z. 8 L.

No. 337.

** Chriſtus todt im Schooße der Maria. (Die Pieta.)
(Gegen 1460.)

(Jésus-Christ mort sur les genoux de St. Marie, composé
vers 1460.)

Die Mutter Gottes sitzt auf einer breiten Bank unter dem Kreuze.
Sie hat den Heiland, wie er vom Kreuze abgenommen ist, auf dem
Schoosse, den Oberkörper desselben auf ihrem rechten Arme und da-
durch sein Haupt an ihrer rechten Wange, und legt liebkosend ihre
linke Hand unter sein Kinn. An den Kreuzesarmen sieht man die
Nägel, am linken hängt an einer Schnur die Ruthe, am rechten die
Geissel. St. Maria trägt über ihrem faltigen Kleide einen weiten langen
Mantel, der wie ein Schleier auch den Kopf bedeckt, letzterer mit einer
Glorie. Die Füsse Christi haben nur vier Zehen; sein Haupt ebenfalls
eine Glorie. Zwischen den Kreuzesarmen stehen die Worte in gothischer
Schrift **Jhef • u • • s •**. Ein breiter Rahmen umgiebt das Bild.
Die im Ganzen sehr gute Arbeit ist im Schnitt vortrefflich und der
Druck in tiefschwarzer Farbe sehr scharf.
H. mit Rahmen 9 Z. 4 L., B. 6 Z. 11 L.
(Feuillet remarquable par son exécution et très-belle épreuve.)

No. 338.

*** Eine Paſſion. Fragment von acht Blättern. (Um 1460.)

(Une passion. Fragment de huit feuillets, composés vers 1460.)

Diese acht Blätter enthalten folgende Darstellungen: Kreuztragung,
Kreuzigung, Christus am Kreuze mit St. Maria und St. Johannes, der
Leichnam Christi auf dem Schoosse Maria's, Grablegung, Christus in
der Vorhölle, Auferstehung, Christus als Gärtner.
Alle Blätter sind doppelt bedruckt, auf der A-Seite mit einem Bilde,
auf der B-Seite mit typographischer Schrift, welche sehr der Pfister'-
schen gleicht, aber ursprünglicher ist. Jede Seite hat 14 Zeilen in
schönen scharfen Missalbuchstaben und klarem Druck.
Das Fragment stimmt hinsichtlich des Inhalts der Bilder und des
Textes genau mit der Passion überein, welche F. X. Stöger in: Zwei

der ältesten Druckdenkmäler, München 1833, Verlag bei
G. Finke in Berlin beschrieben hat. Die Anordnung der Bilder und
des Textes, so wie die Schreibung des letzteren ist verschieden. Colorirt.
H. 3 Z. 8—9½ L., B. 2 Z. 8½—10 L.
(Fouillets coloriés.)

No. 339.

Chriſtus am Kreuje. (Um 1460.)

(Jésus-Christ attaché à la croix, composé vers 1460.)

Dieses Blatt hat auf der Rückseite ebenfalls Text und zwar denselben, wie das betreffende Blatt unter No. 338, aber mit Abänderungen
im Drucke. Auch ist das Colorit ein anderes.
H. 3 Z. 9 L., B. 2 Z. 10 L.
(Feuillet colorié.)

No. 340.

*Die Höllenfahrt und die Auferſtehung Chriſti. (Um 1460.)

*(La descente aux enfers et la resurrection de Jésus-Christ.
Composé vers 1460.)*

Diese beiden Blätter entstammen wohl derselben Quelle als die
unter No. 338 und 339 aufgeführten, haben aber auf der Rückseite
keinen Text.
Sie sind zart colorirt und durch Schärfe des Druckes ausgezeichnet.
H. 3 Z. 9 L., B. 2 Z. 10 L.
(Fouillets soigneusement coloriés et remarquable par leur belle
impression.)

No. 341.

Chriſtus vor Hannas. (Um 1460.)

(Jésus-Christ devant Hannas, composé vers 1460.)

Auch dieses Blatt stammt wohl von demselben Meister als das
unter No. 340 beschriebene und schliesst sich bezüglich der Ausführung
genau demselben an. Ebenso trägt der Spruchzettel dieselben Worte,
welche Stöger auf Blatt 5 b der münchener Passion fand.

Der Inhalt des Blattes ist folgender:

Ein vornehmer Mann, wahrscheinlich Hannas, vor den Jesus gebunden geführt worden ist, sitzt auf einem mit reich geziertem Baldachin
versehenen Stuhle. Er berührt, nach links gewendet, mit der linken
Hand den linken Arm Jesu und fragt, wie das von seinem Munde aus-
gehende Spruchband lehrt: **dic midjt que c̄ doctna tua.** Jesus mit Glorie
schaut ihn ernst an. Hinter Jesum ein junger Mensch.

Der Schnitt ist scharf und das Colorit frisch. Auf der Rückseite
ist handschriftlicher Text in Currentschrift des 15. Jahrhunderts.

H. 3 Z. 9 L., B. 2 Z. 10 L.

(Feuillet colorié.)

No. 342.
St. Hubert. (Um 1460.)

(St. Hubert, composé vers 1460.)

St. Hubertus mit Glorie kniet in voller Rüstung, den Helm vor sich
auf dem Erdboden, mit gradem Schwert an der Seite, und betet, während ein Hirsch mit dem Crucifix zwischen dem Geweih an ihm vorüber-
springt. Hinter St. Hubert ein Baum. Oben rechts vom Hirschgeweih
steht auf einem schwarzen Spruchbande **S. huprecht.** Eine starke Linie
dient als Einfassung, das Blättchen ist nicht colorirt.

H. 1 Z. 9 L., B. 1 Z. 3 L.

(Feuillet non-colorié!)

No. 343.
Christus als Gärtner. (1460—1470.)

(Jésus-Christ le jardinier, du 3e quart du 15e siècle.)

Christus mit Glorie steht nach rechts gekehrt, hält in der linken
Hand den Griff des aufgestemmten Grabscheites und hebt die Rechte,
indem er zu St. Maria Magdalena, die vor ihm kniet, spricht. Diese
hebt betend die Hände empor; rechts vor ihr die Salbenbüchse. Das
Colorit ist matt.

H. 3 Z. 9 L., B. 2 Z. 8 L.

(Feuillet colorié.)

No. 344.

Maria als Himmelskönigin. (1460—1470.)

(St. Marie comme Reine du ciel, du 3e quart du 15e siècle.)

Maria mit Glorie und Krone hat das nackte Kind auf beiden Armen und steht nach rechts gewendet auf der innern Seite des Halbmondes, der ohne Gesicht gezeichnet ist. Im Rücken der Maria die Aureola. Das Colorit ist matt, hat die cölnischen Farben und ist von dem Meister des vorhergehenden Bildes.

H. 3 Z. 8 L., B. 2 Z. 7 L.

(Feuillet colorié.)

No. 345.

*St. Maria mit dem Kinde, Brustbild. (Um 1460.)

(St. Marie en buste avec l'enfant Jésus-Christ. Composé vers 1460.)

Die heilige Mutter, nach rechts gewendet, hält das nackte Christuskind auf beiden Händen. Sie ist kostbar gekleidet, ihre Hände mit Ringen verziert. Den Hintergrund bildet ein Teppich. Der Druck ist nicht scharf und sauber, das Bild colorirt in den schwäbischen Farben, doch ohne Rand.

Wegen des Meisters dieses Bildes siehe die Mittheilungen unter No. 345 der „Anfänge der Druckerkunst von Weigel und Zestermann".

(Feuillet colorié et sans la bordure qu'il doit avoir.)

No. 346.

**Christus am Kreuze mit den beiden angebundenen Schächern. (1460—1475.)

(Jésus-Christ attaché à la croix avec les deux larrons également attachés, du 3e quart du 15e siècle.)

In der Mitte hängt Jesus mit 3 Nägeln an das hohe Kreuz geschlagen. Sein Haupt mit Dornenkrone neigt auf die rechte Schulter; die Augen sind geschlossen. Aus dem Haupte schiessen Strahlen-

bündel, zwischen denen sich Zweige mit spitzigen Blättern erheben,
hervor. Um die Hüften ist ein faltiger Schurz. Ueber dem Kreuze auf
einem Schriftbande I N R I. Die Schächer sind an niedrige Antoniuskreuze gebunden und leben. Unten eine Gruppe von neun Personen.
St. Maria Magdalena umfasst stehend den Stamm des Kreuzes Jesu.
Links ist die Mutter Jesu in die Knie gesunken und wird von St. Johannes
und einer Frau gehalten. Links im Hintergrunde steht eine Frau mit
gefalteten Händen. Rechts steht Longin, ganz geharnischt und mit
Spangenhelm, seine Linke auf den an einer Lanze hängenden Schild
stützend. Zwei Juden scheinen mit Longin zu verkehren. Links im
Hintergrunde ein Kriegsknecht mit einem Morgensterne. Der Hintergrund ist mit einem Teppichmuster ausgefüllt.

Dieses sorgfältig ausgeführte Bild ist schwach colorirt und sehr gut
erhalten.

H. 6 Z. 7 L., B. 4 Z. 5 L.

(Feuillet colorié et très-bien conservé.)

No. 347.

*Chriſtus am Kreuʒe. (Um 1470.)

(Jésus-Christ attaché à la croix, du 3e quart du 15e siècle.)

Jesus ist verschieden und neigt sein Haupt auf die rechte Schulter.
Sein Haupt trägt Dornenkrone und Glorie, seine Hüften sind von einem
Lendenschurz, dessen Spitzen nach rechts flattern, umgeben. Die Knie-
scheiben haben ein Kreuz. Der Schädel Adams liegt auf den um das
Kreuz zur Befestigung liegenden Steinen. Links steht Maria mit über
der Brust gekreuzten Händen, rechts St. Johannes, Beide ohne Glorie.
Das Blatt ist colorirt.

H. 6 Z. 9 L., B. 4 Z. 6 L.

(Feuillet colorié.)

No. 348.

Chriſtus am Kreuʒe. (1460—1470.)

(Jésus-Christ attaché à la croix, du 3e quart du 15e siècle.)

Dieses Blatt hat mit dem vorhergehenden in der Behandlung und
Darstellung so grosse Aehnlichkeit, dass man es für eine Copie halten

könnte, wenn nicht folgende Unterschiede wären: Der um die Lenden
gelegte Schurz ist oben an der rechten Seite in einen Knoten zusammen-
gefasst, von welchem die Zipfel herabhängen; die Knie haben kein
Kreuz; St. Maria und St. Johannes haben Glorien und von ihren Häuptern
gehen Strahlen aus, der Kopf der Ersteren ist von einem Schleier umgeben.

Der Hintergrund ist ausgeschnitten und hat das Blatt, bei dem sich
die Spuren des ulmer Colorits noch verfolgen lassen, ziemlich
gelitten. Der rechte Arm des Kreuzes fehlt.

H. 6 Z. 10 L., B. 4 Z. 6 L.

(Feuillet endommagé et défectueux du bras droit de la croix, le
fond est découpé.)

No. 349.
Die Anbetung der heiligen drei Könige. (1460—1470.)

(L'adoration des trois saints rois, du 3e quart du 15e siècle.)

In der Mitte des Bildes vor dem Stalle sitzt Maria und hat das
nackte, bis zur Brust in ihren Mantel gehüllte Kind auf ihrem Schoosse.
Vor und neben ihr knieen die Magier und beten das Kind an. Die
Kronen liegen am Boden und die Geschenke links auf einem runden
Tische. Ueber diesem hinter einem Zaune sieht man die Köpfe des
Ochsen und des Esels unter einem steinernen gewölbten Thore stehen,
durch welches man das Strohdach eines leichten hölzernen Gebäudes
erblickt. Rechts im Mittelgrunde stehen drei Begleiter der Könige mit
Fahnen an den Lanzenschäften, deren mittlere einen Halbmond, die
rechte einen Mohren mit Lanze, die linke aber kein Bild hat. Ueber
dem Mittelgebäude ein Stern mit Strahlen.

Das ziemlich sorgfältige Colorit hat matte Farben. Die Zeichnung
ist natürlich und das Bild von einer Linie eingefasst.

H. 5 Z. 10 L., B. 4 Z.

(Feuillet légèrement colorié.)

No. 350.
St. Jacobus, Pilger und Lehrer.   (1460—1470.)

(St. Jacques pèlerin et instituteur, du 3e quart du 15e siècle.)

St. Jacobus Major mit dem Pilgerhute, Stabe und Tasche hält ein aufgeschlagenes Buch auf dem rechten Vorderarme und sitzt, den Blick nach links gewendet, auf einem grossen Stuhle mit Rückwand und Fusstritt unter einem Zelte, umgeben von acht Pilgern, welche, je vier auf einer Seite, kniecnd und betend seinen Lehren horchen. Auf dem mit schwarzen und grünen Platten belegten Fussboden liegen einige Gegenstände der Pilger.

Das Colorit ist etwas verblichen und ist das Bild oben etwas abgeschnitten, die Breite desselben aber unverletzt.

H. 3 Z. 3 L., B. 2 Z. 9 L.

(Feuillet colorié, fortement rogné à la marge supérieure.)

No. 351.
St. Georg zu Pferde, Gregoriusmesse und St. Sebastian.
Drei Blätter eines Meisters.   (1460—1470.)

(St. George à cheval, la messe du St. Grégoire et St. Sébastien.
Trois feuillets du même maître du 3e quart du 15e siècle.)

St. Georg zu Pferde reitet nach rechts und sticht dem auf dem Rücken liegenden, mit dem Kopfe nach rechts gewendeten Drachen in den Rachen. Dieser Drache hat die Gestalt eines Wolfes. Links im Hintergrunde kniet Aja betend neben einem Baume. Rechts liegt ein Schloss auf einem Felsen mit einer Mauer umgeben, über welcher der König, die Königin, Aja's Aeltern, dem Kampfe zuschauen.

Gregoriusmesse. Der Altar steht links, auf demselben zwischen den Lichtern hinter dem Kelche und der Patene der Schmerzensmann in ganzer Figur mit leidendem Gesicht und Schapel um das Haupt. Rechts ein Antoniuskreuz. Vor dem Altare kniet St. Gregor. Hinter ihm hält ein Cardinal ohne Hut mit Tonsur in rothem Mantel die dreifache Tiara.

St. Sebastian ist mit jedem Arme an einen belaubten Ast an einen Baum gebunden; von links sind drei, von rechts zwei Pfeile in seinen Körper geschossen. Links steht ein Bogen-, rechts ein Armbrustschütze, welche auf St. Sebastian angelegt haben.

Alle Blättchen haben dieselbe Grösse, eine Linie als Einfassung und sind colorirt.

H. 1 Z. 9 L., B. 3 Z. 3½ L.

(Tous les 3 feuillets sont coloriés.)

No. 352.

**Die heilige Maria und St. Bernhard. Monstra te effe matrem. (1460—1470.)

(St. Marie et St. Bernard, du 3e quart du 15e siècle.)

In einem mit Teppichen belegten Zimmer, in dessen Mitte ein Fenster, ist die Mutter Gottes mit dem Christuskinde, welches vor ihr auf der mit Teppichen belegten Tafel sitzt. Maria hat das Kleid oberhalb des Gürtels geöffnet, die rechte Hand auf die linke Brust gelegt und drückt mit dem dritten und vierten Finger die Milch heraus. St. Bernhard in schwarzem Mönchsgewande steht vor ihr betend, den Abtstab im linken Arme. Ueber ihm schwebt ein Schriftband mit den Worten: Möflhale • effe • matrem.

Durch das Fenster sieht man eine Landschaft. Maria trägt eine Krone auf dem Haupte. Das Bild ist colorirt in den schwäbischen Farben.

H. 8 Z. 2 L., B. 5 Z. 11 L.

(Feuillet colorié.)

No. 353.

St. Katharina von Alexandria. (Um 1460—1470.)

(St. Cathérine d'Alexandrie, du 3e quart du 15e siècle.)

St. Katharina nach links gewendet, mit vollen über Schultern und Rücken fallenden Haaren. mit Unter-, Oberkleid und Mantel bekleidet, hält in der linken Hand ein mit der Spitze auf dem Boden ruhendes einschneidiges Schwert. Vor ihr liegen die Trümmer des Rades. Rechts neben ihr, wie aus dem Boden herauskommend, sieht man die Hälfte einer männlichen Figur, in der Rechten mit einem Stabe und einer

12

Mütze auf dem Haupte. Das Ganze steht in einem Portale. Das Colorit ist matt.

H. 4 Z. 2 L., B. 3 Z. 2½ L.
(Feuillet colorié.)

No. 354.
Maria als Himmelskönigin. (1460—1470.)

(St. Marie la reine du ciel, du 3e quart du 15e siècle.)

Maria mit Glorie aber ohne Krone, mit rothem Unterkleide und weissem Mantel bekleidet, hat das nackte Christuskind auf dem rechten Arme und hält es mit der Linken am unteren Theile des rechten Schenkels. Sie hat hinter sich eine Aureola und steht auf der inneren Seite des Halbmondes. Eine schwarze Linie bildet die Einfassung. Das Blatt ist colorirt.

H. 2 Z. 2½ L., B. 1 Z. 7½ L.
(Feuillet colorié.)

No. 355.
**St. Christoph, mit strahlendem Sternenhimmel rechts. (1460—1475.)

(St. Christophe, le ciel étoilé à droite, du 3e quart du 15e siècle.)

St. Christoph, das Gesicht nach rechts wendend, trägt das Christuskind auf der rechten Schulter und hält mit beiden Händen einen Baumstamm. Seine Kleidung besteht in einem aufgeschürzten Rocke und einem weiten Mantel mit Broche unter dem Kinne. Das Haupt des Christuskindes ist mit Strahlen und Glorie umgeben. Den Blick gegen den Einsiedler am linken Ufer, welcher mit der Laterne leuchtet, gewendet, erhebt Christus segnend die Rechte, in der Linken die Weltkugel mit der Siegesfahne haltend.

Die beiden Ufer des Flusses sind felsig, links im Hintergrunde ein Schloss, am Abhange eine Kirche, rechts in der Ebene eine Stadt. Im Mittelgrunde der Einsiedler mit der Laterne und Hakenstock in der Rechten. Am rechten Ufer ebenfalls ein Schloss, zwei Mönche und ein Fuchs im Grase. Im Hintergrunde das Meer. Das Blatt ist colorirt.

H. 9 Z. 9 L., B. 6 Z. 8 L.
(Feuillet colorié.)

No. 356.

Chriſtus am Kreuje. (1460—1470)

(Jésus-Christ attaché à la croix, du 3e quart du 15e siècle.)

Christus mit Glorie und Schapel um die lang herabhängenden
Haare und Schurz um die Hüften, wird von sehr starken Nägeln am
Kreuze festgehalten, welches mit vielen kurzen Pfählen in den Boden
gerammt ist. Links Maria, hinter ihr St. Johannes und eine un-
kenntliche Heilige. Rechts ein Mann mit zwei Kriegsknechten, Ersterer
mit einer Streitaxt, Letzterer mit einer Lanze. Eine starke Linie bildet
die Einfassung.

Das Colorit ist matt, aber sorgfältig.

H. 2 Z. 1½ L., B. 1 Z. 6½ L.

(Feuillet colorié.)

No. 357.

***Die Vermählung St. Katharina's von Alerandrien mit dem Chriſtuskinde. (1460—1475.)

*(Le mariage de St. Cathérine d'Alexandrie avec l'enfant Jésus,
du 3e quart du 15e siècle.)*

Unter einer Weinlaube mit vollen rothen Trauben sitzt St. Maria
und hält das nackte Kind mit beiden Händen auf dem Schoosse. Rechts
vor ihnen sitzt St. Katharina auf dem Rade mit Messern, neben sich
das einschneidige krumme Richtschwert, und hält Jesu mit der Rechten
einen Ring hin, nach welchem das Kind langt. Links von dieser Gruppe
St. Magdalena mit der Salbenbüchse in der Rechten und dem Palmenzweige in der Linken. Links von diesen St. Barbara mit ihrem Thurme.
Rechts von St. Maria steht St. Agnes mit einer Palme in der Rechten
und einem Schäfchen auf der linken Hand. Neben dieser St. Margaretha, in der Linken mit einem kleinen Kreuze, auf dessen einem Arme
eine Taube mit erhobenen Flügeln sitzt. St. Katharina gegenüber sitzt
St. Dorothea. Sie hält ein Blumenkörbchen mit beiden Händen und
bietet es Jesu an, der mit der Linken den Henkel erfasst. Eine kleine
Mauer umschliesst den Himmelsgarten und eine Einfassung das ganze
Bild.

In den Glorien der Heiligen stehen die Namen in gothischer
Schrift.

Das Blatt trägt schwäbisches Colorit und ist sehr gut erhalten.

H. 9 Z. †1 L., B. 7 Z.

(Feuillet colorié et très-bien conservé.)

No. 358.

*Die Anbetung der heiligen drei Könige.
Mit Windmühle. (1460—1470.)

*(L'adoration des trois Saints-Rois, du 3e quart du 15e siècle.
Avec un moulin à vent.)*

Die Jungfrau in der Mitte ist nach rechts gewendet und hält mit
beiden Händen das nackte Kind auf dem Schoosse, welches in der
Rechten einen Apfel hat, den es betrachtet. Vor Maria kniet ein König
und bietet ihr ein offenes Kästchen an. In der Mitte der ältere bärtige
König, mit einer runden Büchse in der Linken, hebt die Rechte theil-
nehmend bis zur Brust. Rechts neben ihm der Mohrenkönig mit einem
Horne in der Rechten; mit der Linken will er anscheinend den älteren
König an der Schulter berühren. Beide betrachtet der links in einem
Stalle stehende Joseph, in der Rechten mit einem Hakenstock, in der
Linken eine brennende Kerze haltend.

Im Hintergrunde ist eine gebirgige Landschaft mit Fluss, Schloss
und Stadt. Auf einem der Berge links eine Windmühle, von welcher
zwei Männer gefüllte Säcke herabtragen. Das Bild ist von einem
Rahmen umgeben und trägt niederrheinisches Colorit.

H. mit Rahmen 8 Z. 7 L., B. 6 Z. 8 L.

(Feuillet colorié.)

No. 359.

***Passion mit handschriftlichem Text. (1460—1470.)

*(Une Passion avec un texte écrit à la main, du 3e quart du
15e siècle.)*

Von dieser Passion besitzen wir fünfzehn Blätter; sie muss aber
mindestens aus einundzwanzig bestanden haben, wie sich aus dem
Texte ergiebt.

Es fehlen an diesem Exemplare: der Einzug in Jerusalem, der Text zur Geisselung, die Dornenkrönung, der Text zur Kreuztragung, Christus am Kreuze, die Texte zum Veronicabilde und zur Abnahme vom Kreuze, die Abnahme vom Kreuze und der Text zur Pietà, endlich das jüngste Gericht.

Alle Blätter haben zusammen ein Buch ausgemacht, in dessen erster Hälfte die Bilder auf der linken, der Text aber auf der rechten Seite der Blätter sich befunden hat, während in der zweiten Hälfte das umgekehrte Verhältniss stattfindet.

Die Blätter tragen ulmisches Colorit.

H. 3 Z. 9 L., B. 2 Z. 9—11 L.

(Fragment de 15 feuillets coloriés d'une passion qui se composait de 21.)

No. 360.

*** Paſſion mit ꝛylograpſiſdem Uert. Sedſ Blätter.
(1460—1470.)

(Fragment de 6 feuillets d'une Passion avec un texte xylographique, du 3ᵉ quart du 15ᵉ siècle.)

Diese sechs Blätter sind Abdrücke der unter No. 359 beschriebenen Passion. Sie sind auf beiden Seiten bedruckt und haben xylographischen Text. Die Verbindung der Schrotarbeit und Xylographie bei denselben ist besonders merkwürdig, da es auffallen muss, dass nicht Letztere für Bild und Schrift zugleich angewendet worden ist.

Die Form der Buchstaben ist die einer sehr klaren Cursivschrift, wie sie in der *Biblia Pauperum* von Walthern und Hürning und im *Defensorium inviolatae virginitatis Mariae* vorkommt.

Diese 6 Blätter enthalten folgende Bilder: Christus vor Pilatus, Geisselung, Dornenkrönung, Kreuztragung, Veronicabild und Grablegung. Das Colorit ist etwas verblichen.

(Feuillets légèrement coloriés.)

No. 361.

*St. Ratharina von Alexandrien. (1460—1475.)

(St. Cathérine d'Alexandrie, du 3e quart du 15e siècle.)

St. Katharina mit einer Krone auf dem Haupte trägt auf ihrer rechten Hand ein an ihre Brust sich lehnendes Buch und hält in ihrer Linken ein langes zweihändiges Richtschwert, dessen Spitze auf die Felgen eines zerbrochenen Rades gestützt ist. Ihr langes volles Haar hängt bis auf die Hüften herab. Der faltige Mantel ist auf der Brust offen und unter den linken Arm heraufgezogen, die Schuhe sind spitz.

Die Glorie, der Buchdeckel und die Blumen sind etwas blassgrün gefärbt.

H. 6 Z. 8 L., B. 4 Z. 4 L.

(Légèrement colorié.)

No. 362.

*St. Barbara. (1460—1475.)

(St. Barbe, du 3e quart du 15e siècle.)

St. Barbara, nach rechts gewendet, hält im linken Arme den Thurm und im rechten ein mit zwei Schliessen geschlossenes Buch. Ihr Haar fällt lose geflochten über den Rücken herab. Auf dem Haupte hat sie eine Krone und Glorie. Ihr Kleid ist unter der Brust gegürtet, über welches ein Mantel fällt, den sie mit beiden Armen emporhebt. Eine schmale weisse und eine breite schwarze Linie bilden die Einfassung. Im oberen freien Raume steht handschriftlich „*Sancta Wirgo Barba.*" Der Rahmen hat in Medaillions eingeschlossen die Bilder der Evangelisten; links oben den knieenden Engel „math𝔢," links unten den geflügelten Stier mit Glorie „Lucas". Die obere rechte Ecke ist abgerissen. Rechts unten der Adler mit Glorie „Johane".

Das Blatt ist colorirt; die rechte Seite des Rahmens zur knappen Hälfte abgeschnitten.

H. des Bildes 6 Z. 6½ L., B. 4 Z. 4 L.   B. des Rahmens 10½ L.

(Feuillet colorié, privé du coin supérieur de la marge droite, à laquelle il est aussi fortement rogné.)

No. 383.

*St. Dorothea. (1460—1475.)

(St. Dorothée, du 3e quart du 15e siècle.)

St. Dorothea, nach rechts gewendet, hält in ihrem linken Arme ein Körbchen, aus welchem sich ein Blumenstock erhebt; in ihrer Rechten vor der Brust eine Blume mit drei Blüthen. Ihr Haupt mit Krone und Glorie, ist wie mit Kleid und Mantel bekleidet und stammt das Bild von demselben Meister, wie das unter No. 362 beschriebene.

Es ist mit einer weissen und einer schwarzen Linie umgeben und colorirt.

Die Farben sind etwas verblichen, aber die Erhaltung eine sehr gute.

H. 6 Z. 8 L., B. 4 Z. 5 L.

(Feuillet colorié, du même maitre que celui décrit sous No. 362.)

No. 384.

*St. Katharina von Alexandrien. (1460—1475.)

(St. Cathérine d'Alexandrie, du 3e quart du 15e siècle.)

St. Katharina, nach links gewendet, hält in der Linken ein Buch und berührt mit dem Zeigefinger der rechten Hand den Knopf eines aufrecht stehenden Schwertes, hinter welchem das Rad sich ebenfalls aufrechtstehend befindet.

Das offen über den Rücken der Heiligen herabfallende Haar ist auf dem Haupte mit Krone und Glorie geschmückt, auch ist sie mit Kleid und langem Mantel bekleidet. Der Fussboden ist mit Grasbüscheln und Blumen besetzt. Das Bild ist von einer weissen und einer schwarzen Linie eingefasst und unvollkommen colorirt. Das Colorit weist auf schwäbischen Ursprung.

H. 6 Z. 4 L., B. 4 Z. 4 L.

(Feuillet imparfaitement colorié.)

No. 365.

**Chriſtus als Schmerzensmann zwiſchen vier Engeln, welche die Marterwerkzeuge tragen. (1460– 1475.)

(Jésus-Christ, le martyr, au milieu de quatre anges, qui portent les instruments de torture, du 3e quart du 15e siècle.)

Christus mit Gloric und Dornenkrone und einem Schurze um die Hüften, dessen Zipfel rückwärts flattern, steht nach rechts gewendet legt die Rechte an die Wunde der rechten Seite und hebt die Linke bis zur Höhe der Schulter. Zur Seite seines Hauptes schweben zwei Engel, von denen der links das Kreuz, der rechts die Martersäule trägt, während die beiden anderen Engel auf dem Boden mit halbgehobenen Flügeln knieen. Der links hält in der Rechten die drei Nägel des Kreuzes, in der Linken aber die Geissel und die Ruthe empor. Der Engel rechts kreuzt die Arme über der Brust und hat in der Linken die Stange mit dem Schwamm, in der Rechten die Lanze; die Schäfte beider kreuzen sich. Auf dem Fussboden zwei Kaninchen und eine Viper im Grase. Unter dem Bilde stehen die Worte: O • tua • virtulis • deus • hee • funt • arma • falutis •

Das Bild umgiebt ein Rahmen, in dessen Ecken die Bilder der Evangelisten mit ihren Namen auf Schriftbändern sich befinden.

Die Zeichnung dieses Blattes ist sehr sorgfältig und die Arbeit ganz vorzüglich.

Das sorgfältige und lebhafte Colorit ist in den schwäbischen Farben.

H. 12 Z., B. 9 Z. 1 L.

(Feuillet d'une exécution parfaite et soigneusement colorié.)

No. 366.

*Die Verkündigung Mariä. (1460—1475.)

(L'annonciation à St. Marie, du 3e quart du 15e siècle.)

Rechts steht Maria mit gebeugten Knieen vor ihrem Lesepulte nach links gewendet, wo der Engel Gabriel, auf das rechte Knie gesunken, sie mit dem auf einem Schriftbande befindlichen Grusse anredet: aue maria gracia plena dominus tecum. Ueber dem Engel Gott-

Vater als Brustbild, mit gegen Maria gerichteten ausgebreiteten Händen. Nahe dem Haupte Maria's, auf den von Gott ausgehenden Strahlen, ist der heilige Geist als Taube und die Seele Christi als Kind mit Glorie und Kreuz auf der Schulter. Auf dem auf dem Pulte liegenden Buche stehen in vier Zeilen folgende Worte: ecce virgo / scipi et et / parie t fili / um sate. Oberhalb des Buches ein Gefäss. Maria hat volles, auf den Rücken herabfallendes Haar und ein faltenreiches langes Kleid nebst Mantel. Die Verkündigung geschieht in einem Zimmer von gothischem Bau.

Der Druck ist scharf und schwarz.

H. 9 Z. 4 L., B. 6 Z. 6 L.

(Belle épreuve de ce feuillet non-colorié.)

No. 387.

St. Hieronymus. (1460—1475.)

(St. Jérôme, du 3e quart du 15e siècle.)

Eine spanische Uebersetzung der Briefe des St. Hieronymus mit gothischen Lettern, wahrscheinlich 1520 zu Valencia gedruckt, wo in diesem Jahre die älteste bekannte spanische Ausgabe herauskam, hat auf der Rückseite des letzten Blattes der Inhaltsanzeige, Tabla dela presente obra. Fo. viij, den Abdruck einer geschroteten Tafel, welche den St. Hieronymus mit dem Löwen und die Busse des Heiligen darstellt.

Die Zeichnung und der Ausdruck der Gesichter haben die Selbstständigkeit des Originals, dessen Einzelheiten sorgfältig durchgeführt sind.

Das Blatt stellt dieselben Motive der Hauptsache nach ganz in derselben Form dar, als der unter No. 187 beschriebene Holzschnitt, den man bei Vergleichung für eine Copie dieses Schrotblattes zu halten sich veranlasst fühlen wird.

Da dieser Holzschnitt nun unzweifelhaft deutschen, wahrscheinlich schwäbischen Ursprunges ist, so dürfen wir auch das Original demselben Ursprunge zuschreiben, obgleich es in einem spanischen Buche erscheint.

Als Erklärung dieser Erscheinung darf man annehmen, dass die

deutschen Buchdrucker, welche mit ihrer Typendruckerei nach Spanien
auswanderten, auch diese geschrotene Tafel mitnahmen.
Der Abdruck ist an einigen Stellen ziemlich stumpf und unklar.
Das Blatt ist nicht colorirt und an der linken Seite
scharf beschnitten.

H. 9 Z. 11 L., B. 6 Z. 10 L.

Ce feuillet est imprimé dans une édition espagnole des lettres du
St. Jérôme, faite à Valence probablement en 1520. Il est d'origine
allemande, du 3e quart du 15e siècle et vraisemblablement
l'original du feuillet décrit sous No. 157. Il est non-
colorié, est fortement rogné à la
marge gauche.)

No. 388.

*St. Georg zu Pferde mit gezogenem Schwerte. (Um 1470.)

*(St. George à cheval avec l'épée tirée, du 3e quart du
15e siècle.)*

St. Georg galoppirt nach rechts über den Drachen, dessen Hals er
mit der Lanze durchbohrt hat. Die Lanze aber ist zerbrochen und der
Drache noch nicht todt. Links auf einem Berge kniet Aja und betet.
Rechts auf einem Berge steht ein Schloss.
Das Bild ist theilweise purpurroth, die Farbe jedoch verblichen.
Bartsch, Kupferstichsammlung No. 75, No. 831 und Passavant,
Peintre-Gravour, I. 86, berichten auch über dieses Schrotblatt.

H. 5 Z. 7 L., B. 4 Z. 3 L.
(Feuillet légèrement colorié.)

No. 389.

St. Laurentius. (Um 1470.)

(St. Laurent, du 3e quart du 15e siècle.)

St. Laurentius, mit Glorie um das tonsurirte Haupt, hält in der
Linken den Rost, in der Rechten die Palme und schreitet auf blumen-
reicher Ebene nach rechts. Als Diaconus gekleidet, trägt er über einer
weissen langen Alba eine rosenrothe Dalmatica. Die Einfassung ist
eine starke schwarze Linie; Schnitt und Colorit sind sorgfältig.

Am oberen Rande steht handschriftlich die Jahrzahl 1481 in der Schriftform des XV. Jahrhunderts.

H. 2 Z. 2 L., B. 1 Z. 8 L

(Feuillet soigneusement colorié.)

No. 370.
St. Dorothea. (Um 1470.)

(St. Dorothée, du 3ᵉ quart du 15ᵉ siècle.)

Die Heilige mit Glorie hält auf dem rechten Vorderarme ein Körbchen mit Rosen, in der linken Hand einen Palmenzweig und schreitet nach links. Eine Krone hält das auf den Rücken herabfallende Haar zusammen. Ein langes Kleid und ein faltenreicher Mantel umgeben die Gestalt. Das Colorit hat etwas gelitten. Eine starke, aber etwas scharf beschnittene Linie bildet die Einfassung.

Vergl. Metallschnitt No 28.

H. 2 Z. 2 L., B. 1 Z. 8 L.

(Feuillet colorié, dont le coloris a souffert un peu et dont la ligne entourant la gravure, est fortement rognée.)

No. 371.
Die Kreuztragung Christi. (Um 1470.)

(Jésus-Christ portant la croix, du 3ᵉ quart du 15ᵉ siècle.)

Christus, mit Dornenkrone und Glorie, trägt das Kreuz auf der linken Schulter und wendet, nach rechts schreitend, sein Gesicht rückwärts nach links. Ein Kriegsknecht steht rechts vor ihm und hält mit der Linken den um den Leib Christi gebundenen Strick, um den Heiland zur Richtstätte zu führen. Am Ende des Kreuzesstammes hilft Simon von Cyrene tragen. Links im Mittelgrunde sieht man die Mutter Gottes, St. Johannes und eine Glorie, ausserdem noch einen Mann, der seinen rechten Arm leidenschaftlich erhebt. Eine schwarze Linie bildet die Einfassung. Das Colorit ist sehr matt.

H. 2 Z. 4 L., B. 1 Z. 10 L.

(Feuillet légèrement colorié.)

No. 372.

St. Katharina von Alexandrien. (Um 1470.)

(St. Cathérine d'Alexandrie, du 3e quart du 15e siècle.)

St. Katharina, nach rechts gewendet, hält im rechten Arme ein Buch und legt die linke Hand auf den Knopf des senkrecht stehenden zweischneidigen Schwertes, dessen Spitze auf der inneren Seite der Felgen des Rades steht, welches rechts von der Heiligen aufrecht gestellt ist. Sie ist mit Kleid und Mantel bekleidet. Hinter der Glorie St. Katharina's zieht sich ein Schriftband hin mit der Inschrift: **S. kather.** Die Einfassungslinie ist weggeschnitten und das Blatt colorirt.

H. 1 Z. 8 L., B. 1 Z. 2 L.

(Feuillet colorié, dont la ligne entourant la gravure est découpée.)

No. 373.

St. Barbara. (Um 1470.)

(St. Barbe, du 3e quart du 15e siècle.)

St. Barbara, nach rechts gewende hält, auf ihrer linken Hand den Thurm, in dessen Thür der Kelch mit der Hostie steht; in der Rechten hält sie einen Palmenzweig, der sich auf die Schulter legt. Sie ist mit Mantel und Kleid wie St. Katharina auf No. 372 bekleidet. Unter der Figur steht auf schwarzem Grunde: **Sant barbara**, zwischen welchen Worten sich eine Blume befindet. Das Colorit ist matt. Eine schwarze Linie bildet die Einfassung.

H. 1 Z. 9 L., B. 1 Z. 3½ L.

(Feuillet légèrement colorié.)

No. 374.

St. Gertrud von Nivelle in Brabant. (Um 1470.)

(St. Gertrude de Nivelle en Brabant, du 3e quart du 15e siècle.)

St. Gertrud schreitet nach links, vor ihr steht ein Spinnrocken auf einem Ständer, den sie zugleich mit einer von Garn umwickelten

Spindel mit der rechten Hand hält. Eine Maus sitzt oben am Rocken und eine andere läuft am Ständer empor, zur Warnung für Alle, welche an ihrem Festtage arbeiten wollen. In der linken Hand hält sie ein Buch und mit demselben Arme zugleich den Mantel empor. Hinter ihr ein Baum mit zwei Zweigen. Oben am Rande zieht sich ein schwarzer Streifen mit der Inschrift: S. ꝗer trut. Die Arbeit entspricht ganz der des folgenden Bildes. Das Colorit ist matt.

H. 1 Z. 9 L., B. 1 Z. 3 L.

(Feuillet légèrement colorié.)

No. 375.

St. Chriſtoph. (Um 1470.)

(St. Christophe, du 3e quart du 15e siècle.)

St. Christoph, ohne Glorie, trägt, nach links schreitend, auf der linken Schulter das Christuskind, welches, nach rechts sehend, die Weltkugel in der linken Hand hält. Der Heilige hat einen Baumstamm in beiden Händen, welcher oben in drei Palmenzweige ausgeht. Das Wasser scheint einen See zu bilden und hat keine Fische. Im Vordergrunde niedriges Ufer, an beiden Seiten Felsen, auf deren linken ein Eremit mit einer Laterne sitzt. Eine starke Linie umgiebt das Bildchen, welches in drei Farben colorirt ist.

H. 1 Z. 8 L., B. 1 Z. 3½ L.

(Feuillet colorié en 3 couleurs.)

No. 376.

**Das Leben Chriſti.

Bildliche Darſtellung der chriſtlichen Heilsordnung. 32 Blätter.
(Um 1470.)

(La vie de Jésus-Christ. Représentation iconographique de l'ordre de la grâce en 32 feuillets, du 3e quart du 15e siècle.)

Diese 32 Blättchen sind in Auffassung, Schnitt und Colorit von ganz gleichem Charakter. Die Einfassung bildet eine starke schwarze

Linie. In den vier Ecken jedes Blattes befinden sich die Löcher für die Nägel zur Befestigung auf dem Holzstock.

Das Colorit ist das in Schwaben gewöhnliche.

Die Höhe schwankt zwischen 1 Z. 9—10 L., die Breite zwischen
1 Z. 2—3¹/₂ L.

(Feuillets coloriés.)

No. 377.
Die Gefangennahme Christi.   (Um 1470.)

(Jésus-Christ fait prisonnier, du 3ᵉ quart du 15ᵉ siècle.)

Judas umarmt Jesum von rechts und küsst ihn, während derselbe dem Malchus, der vor ihm kniet und die Laterne in der Rechten, eine Keule in der Linken hält, das Ohr anheilt. Rechts von Judas steht Petrus, ein krummes Schwert in der Linken und die Scheide desselben in der Rechten haltend. Links von Jesu ein Kriegsknecht mit einem krummen Schwerte an der rechten Seite. Im Hintergrunde erscheinen Köpfe von Kriegsknechten.

Eine schwarze starke Linie fasst das Bild ein. Der Schnitt ist sauber, das Colorit lebhaft.

H. 1 Z. 10 L., B. 1 Z. 4 L.

(Feuillet colorié.)

No. 378.
St. Catharina und St. Barbara.   (Um 1470.)

(St. Cathérine et St. Barbe, du 3ᵉ quart du 15ᵉ siècle.)

Links steht St. Katharina mit der Rechten das aufrecht stehende Rad berührend, mit der Linken den Mantel emporhaltend. Ihr Kleid liegt eng an und die Haare fallen über die Schultern den Rücken hinab. Rechts steht St. Barbara, deren Haare ebenfalls den Rücken hinabfallen, während ihr Mantel, durch ein Querband über der Brust zusammengehalten, vom rechten Arme sowie von der linken Hand, welche zugleich den Thurm trägt, emporgehoben wird. Beide Heilige

trugen eine Krone mit Reif als Glorie. Oben ist das Bild mit zwei
Rundbogen geschlossen.

Dasselbe ist geschnitten und nirgends eine Perle zu sehen. Das
Colorit ist in der Weise des Clairobscur behandelt.

H. 4 Z. 7 L., B. 3 Z. 5 L.

(Feuillet légèrement colorié.)

No. 379.

Maria mit dem Chriſtuskinde. (Um 1470.)

*(St. Marie avec l'enfant Jésus-Christ, du 3e quart du
15e siècle.)*

Maria mit Glorie, weitärmlichem Oberkleide und weitem Mantel,
sitzt unter einem viereckigen Baldachine und hält das nackte Christuskind, welches einen Vogel auf der rechten Hand hat und die Linke
auf den linken Arm der Mutter legt. Der Raum, wo Mutter und Kind
sitzen, wird vorn durch ein Portal eröffnet, welches auf jeder Seite
durch eine romanische Säule gebildet wird. Auf der unteren Quer-
schwelle steht: ihesus maria zwischen fünfblättrigen Rosen. Im
Hintergrunde eine Quadermauer, jenseits welcher sich die Landschaft
mit einer Stadt erhebt. Das Colorit ist sehr lebhaft.

H. 3 Z. 9 L., B. 2 Z. 10 L.

(Feuillet colorié.)

No. 380.

Die heilige Dreieinigkeit. (Um 1470.)

(La sainte trinité, du 3e quart du 15e siècle.)

Gott-Vater sitzt auf einem gothischen Throne und hält den Gekreuzigten vor seinen Knieen, indem er das Kreuz mit beiden Händen
an den Kreuzesarmen von unten faßt. Oberhalb des Hauptes Jesu sitzt
der heilige Geist in Gestalt einer Taube mit erhobenen Flügeln. Die
Glorien werden durch Lilienkreuze gestützt und durch Strahlen gefüllt.
Das Colorit ist matt, aber sauber.

H. 3 Z. 9 L., B. 2 Z. 10 L.

(Feuillet légèrement colorié.)

No. 381.

Die Gefangennahme Christi. (Um 1470.)

(Jésus-Christ fait prisonnier, du 3e quart du 15e siècle.)

Die Gruppirung der Hauptfiguren ist ganz wie bei No. 377. Die
hinteren Figuren erheben sich etwas mehr. Der hintere Kriegsknecht
hält eine brennende Fackel in der Rechten. Eine schmale schwarze
Linie fasst das Bild ein. Das lebhafte Colorit ist nicht sorgfältig.

H. 2 Z. 8 L., B. 1 Z. 11 L.

(Feuillet colorié.)

No. 382.

St. Veronica mit dem Schweißtuche. (Um 1470.)

(St. Veronique avec le saint-suaire, du 3e quart du 15e siècle.)

St. Veronica steht zwischen zwei Säulen auf einem musivischen
Fussboden. Den Hintergrund bildet eine Mauer von Quaderstücken
mit zwei romanischen Fenstern, an welcher sich runde Thürmchen erheben. Sie hält mit beiden Händen das Tuch an den beiden oberen
Zipfeln ausgebreitet, auf welchem das Gesicht Jesu erscheint. Sein
Haupt ist ohne Dornenkrone und Schapel, ohne Blutstropfen und ohne
Ausdruck des Schmerzes. St. Veronica trägt über ihrem dunklen Kleide
einen rothen Mantel, den sie über den Kopf genommen hat. Eine Linie
bildet die Einfassung. Das Colorit ist nicht ohne Sorgfalt.

H. 2 Z. 7 L., B. 1 Z. 9 L.

(Feuillet colorié.)

No. 383.

St. Maria die Gnadenreiche. (1470—1480.)

(St. Marie la gracieuse, de la fin du 3e quart du 15e siècle.)

St. Maria, auf dem Haupte eine Krone mit Glorie und langen offenen Haaren, hält auf dem linken Arme das nackte Christuskind und
berührt mit der Linken die rechte Hand des Kindes, indem sie ihm
etwas giebt oder abnimmt. Sie trägt ziemlich spitze Schuhe, ein rothes,

faltiges Gewand und einen weissen weiten Mantel, der über der Brust mit einer Broche zusammen- und von zwei an den Seiten des Bildes schwebenden Engeln emporgehalten wird. Unter dem Mantel befindet sich eine grosse Anzahl Gläubige, welche um Fürsprache bitten. Das Bild ist colorirt.

H. 2 Z. 3 L., B. 1 Z. 8 ½ L.

(Feuillet colorié.)

No. 384.

3wei Blätter eines Crebo. (1470—1480.)

(Deux feuillets d'une „Confession de foi", de la fin du 3e quart du 15e siècle.)

1. St. Jacobus der Aeltere wandert, nach rechts gewendet, mit dem Pilgerhute auf dem Kopfe, die Pilgertasche in der linken und eine brennende Kerze in der rechten Hand. Dem rechts beginnenden Schriftbande fehlt der Anfang. Das Blatt ist colorirt.

H. 2 Z. 4 L., B. 1 Z. 8 L.

2. St. Thomas, mit gegürtetem Leibrocke und Mantel, wandelt, mit einer Glorie um sein Haupt, nach rechts gewendet auf grüner blumiger Flur. In seinem linken Arme hält er ein Buch und in seiner rechten Hand ein Winkelmaass. Mit vollständigem Schriftband. Das Blatt ist colorirt.

H. 2 Z. 4 L., B. 1 Z. 8 L.

(Deux feuillets coloriés, dont le premier peu endommagé.)

No. 385.

St. Sebastian. (Um 1480.)

(St. Sébastien, du commencement du dernier quart du 15e siècle.)

St. Sebastian, mit Glorie und einem Schurze um die Hüften, ist mit den über den Kopf emporgezogenen Armen durch einen Riemen an die Aeste eines Baumes gebunden. Rechts steht ein Armbrustschütze gegen die Brust zielend. Drei Pfeile von ihm sitzen bereits in Oberarm,

13

Unterleib und Oberschenkel. Links steht ein Bogenschütze, in die Armhöhle zielend. Auch von diesem hat der Heilige bereits vier Pfeile empfangen. Im Hintergrunde Berge mit einem Schlosse. Eine starke schwarze Linie dient als Einfassung. Das Colorit ist matt.

H. 4 Z. 4 L., B. 3 Z.

(Feuillet colorié.)

No. 386.

*Die vier Evangelisten. Vier Blätter. (1470—1480.)

(Les quatre Evangélistes. Quatre feuillets du commencement du dernier quart du 15e siècle.)

1. St. Matthäus. Der Heilige sitzt entblössten Hauptes mit einer Glorie im Freien. Er ist mit Leibrock und über der Brust zusammengehaltenem Mantel bekleidet und hat ein offenes Buch auf seinen Knieen liegen. Links steht ein Engel mit gehobenem linken Flügel, welcher ein Schriftband mit: matheus enthält. Ein anderes Schriftband zieht sich von der Linken über das Haupt rechts bis zum Rücken herab. Der Engel ist colorirt. Eine Linie bildet die Einfassung.

H. 2 Z. 7 L., B. 1 Z. 10½ L.

(Feuillet dont l'ange seulement est colorié.)

2. St. Marcus. Dieser Heilige sitzt ebenfalls im Freien, sein Haupt mit einer konischen Mütze bedeckt, wie sie die Gelehrten des XV. Jahrhunderts trugen. Der Mantel hat einen breiten Besatz mit Perlen in der Mitte. Die Glorie wie bei St. Matthäus. In den Händen auf dem Schoosse hält er ein Schriftband mit: marcus, rechts neben ihm sein Symbol, der geflügelte Löwe. Ausserdem zieht sich noch ein Schriftband von links hinter dem Kopfe nach rechts. Das Blatt ist roh colorirt.

H. 2 Z. 7 L., B. 1 Z. 10½ L.

(Feuillet colorié.)

3. St. Lucas. Dieser sitzt, nach rechts gewendet, in Reisekleidern, mit einer Tasche am Gürtel und Sandalen an den Füssen, entblössten Hauptes mit Glorie im Freien, legt die Rechte an das rechte Horn des neben ihm liegenden geflügelten Stieres und hält mit der Linken den oberen Schnitt eines aufgeschlagenen Buches, weches er

auf das linke Knie stützt. Das Blatt enthält ebenfalls ein Schriftband
und ist roh colorirt.

H. 2 Z. 7 L., B. 1 Z. 10 ½ L.

(Feuillet colorié.)

4. St. Johannes. Dieser sitzt entblössten Hauptes mit Glorie im
Freien und schreibt in ein auf seinen Knieen liegendes Buch, während
sein Symbol, der Adler, zu seinen Füssen ein Schriftband mit dem
Namen: **Johannes** im Schnabel hält. Ausserdem noch ein Schriftband.
Das Bild ist ohne Colorit.

H. 2 Z. 7 ½ L., B. 1 Z. 10 ½ L.

(Feuillet non-colorié.)

No. 387.

*St. Anna, St. Maria und das Christuskind.
(Um 1480.)

*(St. Anne, St. Marie et l'enfant Jésus, du dernier quart du
15e siècle.)*

St. Anna mit Glorie und Schleier sitzt in einem von hohen Fenstern
erleuchteten Zimmer auf einem thronartigen hölzernen Lehnstuhle und
hat Maria mit dem Kinde auf dem Schoosse, welche Beide ebenfalls
Glorien haben. Das Kind ist nackend, während St. Anna mit Kleid
und Mantel, St. Maria aber nur von einem Kleide umgeben ist.
Eine schwarze Linie umgiebt das Bild, welches sehr matt colorirt ist.

H. 6 Z. 9 L., B. 4 Z. 9 ½ L.

(Feuillet légèrement colorié.)

No. 388.

St. Augustin am Meeresstrande. (1470—1480.)

*(St. Augustin au bord de la mer, du dernier quart du
15e siècle.)*

St. Augustin mit Bischofsmütze, Glorie und Pastorale in der Linken
wandelt, von rechts kommend, an einem Meerbusen hin. Vor ihm links,
aber nach rechts gewendet, sitzt das Christuskind mit Glorie nackend
im Grase und schöpft mit der Linken vermittelst eines Löffels Wasser

13*

aus dem Meere in eine kleine Grube. Im Hintergrunde ist eine um-
mauerte Stadt. An der Einfassungslinie ist ein Schriftband mit S. au-
guſtin. Das Bild, ein Pendant zu der nachfolgenden No. 359, ist
nicht colorirt und von demselben Meister.

H. 2 Z. 2 L., B. 1 Z. 7½ L.

(Feuillet non-colorié.)

No. 389.

Die Grablegung Chriſti. (Um 1470.)

(La mise au tombeau de Jésus-Christ, du 3e quart du 15e siècle.)

Die Steinkiste, in welche Christus von Joseph von Arimathia und
von seinem Gehülfen, der den Kopf Christi hält, gelegt wird, steht von
links nach rechts. Dieser, mit gescheitelten Haaren und Glorie, ist ganz
in ein Grabtuch gehüllt. Auf der rechten Seite der Grabkiste steht
Maria, die Mutter Jesu, St. Johannes und wahrscheinlich St. Maria
Johanna. Das Blättchen ist uncolorirt.

H. 2 Z. 2 L., B. 1 Z. 8 L.

(Feuillet non-colorié.)

No. 390.

Die Kreuztragung Chriſti. (1470—1480.)

(Jésus-Christ portant la croix, du dernier quart du 15e siècle.)

Christus, mit Dornenkrone und Glorie, trägt das Kreuz auf der
linken Schulter und wendet sich, obgleich nach rechts mühsam schreitend,
mit dem Gesichte rückwärts nach links. Am Ende des Kreuzesstammes
hilft Simon von Cyrene in Reisekleidung, mit runder Kapuze auf dem
Kopfe, das Kreuz tragen. Links im Mittel- und Hintergrunde sieht man
noch sechs Kriegsknechte, theils ganz, theils nur ihre Häupter. Eine
schwarze Linie bildet die Einfassung. Das Colorit fehlt.

H. 2 Z. 9 L., B. 2 Z. 1 L.

(Feuillet non-colorié.)

No. 391.
Die Messe des St. Gregorius. (1470—1480.)

(La messe du St. Grégoire, du dernier quart du 15e siècle.)

St. Gregorius, nach rechts gewendet, kniet auf der Stufe des Altars mit betend gehobenen Händen. Er trägt die dreifache päpstliche Krone mit den Infuln. Sein purpurrother Mantel hat einen geschmackvollen Besatz. Links hinter ihm steht ein Cardinal, den Stab mit Kreuz an der Spitze in der Linken und ein Buch auf seiner Rechten. Auf dem Altare liegt das Messbuch; rechts davon steht der Kelch und die Patene. Den Schluss des Altars bildet die Grabkiste, aus welcher sich in halber Figur Jesus erhebt. Hinter demselben erblickt man das Kreuz mit den Nägeln. Eine schwarze Linie bildet die Einfassung. Das Colorit ist in den schwäbischen Farben. Das Blättchen ist an mehreren Stellen beschädigt.

H. 2 Z. 2½ L., B. 1 Z. 7½ L.

(Feuillet colorié et endommagé en plusieurs endroits.)

No. 392.
Christus am Kreuze. (1470—1480.)

(Jésus-Christ attaché à la croix, du dernier quart du 15e siècle.)

Christus ist verschieden; sein Haupt hängt nach rechts und deckt ein Drittel des rechten Armes. Mit Glorie und Dornenkrone versehen, trägt er ein um die Hüften geschlungenes Tuch. Lange Nägel halten Hände und Füsse an das Kreuz. Ueber seinem Haupte ein Schriftband mit: I N R I. Links sitzt Maria und rechts St. Johannes, Beide mit Glorien. Die Gewänder haben volle Falten, deren Schattirung wie auf Kupferstichen sorgfältig vermittelt ist. Die Einfassung bildet eine schwarze Linie und ist das Bild colorirt.

H. 3 Z. 9 L., B. 2 Z. 8½ L.

(Feuillet colorié.)

No. 393.

*Die St. Gregoriusmesse mit niederländischem Ablasse. (1470—1480.)

(La messe du St. Grégoire avec une affiche d'indulgence en langue néerlandaise, du commencement du dernier quart du 15e siècle.)

St. Gregorius kniet, nach links gewendet, auf der Stufe des Altars, die Hände betend zusammengelegt. Sein tonsurirtes Haupt ist mit Glorie umgeben. Ueber seinem Kleide mit weiten Aermeln trägt er einen sehr weiten Mantel mit steifem Kragen. Hinter ihm knieen vier Geistliche, von denen der hinter St. Gregor stehende die päpstliche dreifache Krone hält. Hinter dem Träger steht ein Cardinal mit dem Hute auf dem Kopfe. Auf dem Altare befinden sich Patene, Kelch, Hostienbüchse und zwei Kännchen, Messbuch, Altarleuchter und Jesus als Schmerzensmann. Aus seinen fünf Wunden springen Blutstrahlen in den auf dem Altare stehenden Kelch und aus diesem fliesst ein Blutstrahl in das links neben dem Altare in der Tiefe sichtbare Fegefeuer, in welchem sich vier Betende befinden. An der Rückwand sieht man vier Brustbilder. Den Raum zwischen den Waffen Christi und der Einfassungslinie füllt ein grosses Blatt mit dem Ablasse, welches von einem fliegenden Engel gehalten wird. Es beginnt: „unse leve here ihs rps de opebar / de sik facto / . . . ." Dieser Text ist ganz Spiegelschrift. Der Schnitt ist sorgfältig und gleicht durchaus dem Kupferstiche. Das Bild ist nicht colorirt.

H. 4 Z. 9½ L., B 3 Z. 4½ L.
(Feuillet non-colorié.)

No. 394.

St. Barbara. (Um 1480.)

(St. Barbe, du dernier quart du 15e siècle.)

St. Barbara, mit goldener Glorie, hat in der Rechten ein aufgeschlagenes Buch in dem Beutelbande und in der Linken einen Palmenzweig. Ihre Haare sind in zwei starke Zöpfe geflochten und über die Ohren in den Nacken gelegt. Sie ist mit Kleid und Mantel bekleidet.

Rechts neben ihr steht ein Thurm, in dessen Thore sich der Kelch mit aufgerichteter Hostie befindet. Das Colorit ist nicht sorgfältig.

H. 2 Z. 6 L., B. 1 Z. 9 L.

(Feuillet colorié.)

No. 395.

Eine Frau fucht einen Mann zu verführen.
(1470—1480.)

(Un femme tentant à seduire un homme, du dernier quart du 15ͤ siècle.)

Links eine nur mit Knöchelschuhen bekleidete, sonst nackte Frau, der nur eine Leinwand über den Kopf geworfen vorn herunter hängt, hält einen Mann, der einen Rock mit Kapuze und Strumpfhosen trägt, mit der linken Hand an der rechten Schulter und mit der Rechten am Rockzipfel. Der Mann sucht zu entfliehen. Ueber der Frau schwebt ein Schriftband mit den Worten: - blip - hie -, über dem Manne dagegen eins mit den Worten: - laß - gan -
Das Blättchen ist nicht colorirt.

H. 2 Z., B. 1 Z. 7 L.

(Feuillet non-colorié.)

No. 396.

Die Waffen Christi. (1475—1490.)

(Les armes de Jésus-Christ, du dernier quart du 15ͤ siècle.)

Jesus-Christus an einem Antoniuskreuze mit der Schrifttafel *INRI* hat die verschiedensten Waffen an seinen Armen hängen. Andere sind an das Kreuz gelegt. Das in der Mitte eines Kranzes befindliche Haupt Jesu ist mit einer Gloria umgeben. Eine schwarze Linie fasst das Bild ein, welches sauber colorirt ist.

H. 3 Z. 9 L., B. 2 Z. 9½ L.

(Feuillet colorié.)

No. 397.

**Der Tod mit der Sense. (1480—1490.)

(La mort avec la faux, du dernier quart du 15e siècle.)

Der Tod, über eine grüne blumige Aue nach links schreitend, mäht
mit einer grossen Sense die aus dem Erdboden herausragenden Köpfe
eines Papstes, Cardinals, Kaisers und unkenntlichen Laien ab.
Der Tod ist nicht als nacktes Gerippe, sondern als sehr hagerer
Mensch mit einem Todtenkopfe dargestellt, mit Schlangen un Füssen
und Armen, sowie in der Bauchhöhle.
Das Colorit ist lebhaft.

H. 7 Z. 8 L., B. 4 Z. 8 L.

(Feuillet colorié.)

No. 398.

*Ein Zweikampf zwischen Mann und Weib.
(1480—1490.)

(Un duel entre épous et épouse, du dernier quart du 15e siècle.)

Auf einem blumigen Rasen stehen ein Mann und ein Weib im
Kampfe. Der Mann steht rechts, das Gesicht nach links gewendet, die
mit einer Tartsche bewaffnete Linke nach links gestreckt, mit dem
linken Fusse nach vorn. In der Rechten hält der Mann eine Keule.
Ein einschneidiges Schwert hängt an einer Schnur an seiner linken
Seite. Er ist ganz unbekleidet. Ueber der Figur zieht sich ein
schwarzes Schriftband mit zwei Zeilen weisser Schrift: **Est** - côtra •
legem // regina - regne - regē.
Dem Manne gegenüber steht eine halbzerstörte weibliche Figur, im
Ganzen ebenfalls unbekleidet, nur mit einem Schleier um den Hals, der um den
Körper geschlungen zwischen die Oberschenkel herabfällt. Die Stellung
ist sehr leidenschaftlich. Der linke Arm streckt eine Tartsche vor,
während der rechte, fehlende Arm jedenfalls zu einem Hiebe ausholt.
Auch sie hat ein Schwert an der linken Seite hängen und über sich
ein Schriftband: **Est** - libi - tā - muum - // muterē - regne - viẏ -
Zwischen den Kämpfenden schwebt ein sogenanntes Suspensorium
und über diesem auf einer schwarzen Tafel dessen altdeutsche Be-

zeichnung **bruch**. Eine schwache Linie schliesst das Bild ein, welches colorirt ist.

H. 4 Z. 2 L., B. 5 Z. 6 L.

(Feuillet colorié.)

No. 399.

*Chriſtus am Kreuz. (1490—1500.)

(Jésus-Christ attaché à la croix, des dernières années du 15ᵉ siècle.)

Christus, bereits verschieden, neigt sein mit Glorie versehenes Haupt nach rechts. Die Wunde ist auf der linken Brust. Er hat einen Schurz um die Hüften und das linke Bein auf das rechte genagelt. Unter dem Kreuze liegt der Schädel Adams. Rechts unter dem Kreuzesarme das Kreuz des guten Schächers. Links neben ihm ein Schriftband: dñe / me meto met dū ue / r' ī regñm. Auf der linken Seite ist der böse Schächer gekreuzigt, neben welchem ebenfalls ein Schriftband befindlich ist. Rechts im Vordergrunde die Mutter Jesu betend; neben ihr St. Johannes, rechts eine andere Heilige. St. Maria Magdalena umfasst den Stamm des Kreuzes. Im Hintergrunde viele Köpfe von Frauen und Kriegsknechten. Ausserdem noch mehrere Männer, darunter Longin. Die Einfassung bildet ein 3²/₃ Linien breiter Rahmen. Das Bild ist colorirt.

H. 6 Z. 3 L., B. 4 Z. 2 L.

(Feuillet colorié.)

No. 400.

*Sepulcrum Chriſti. (Um 1500.)

(Le tombeau de Jésus-Christ, de la fin du 15ᵉ siècle.)

Christus erhebt sich bis zu den Oberschenkeln aus der Grabkiste, auf welcher ein Rundstab liegt. An der einen Wand steht: SEPVLERVM DOMINI NOSTRI IHESV CRISTI. Christus hat eine Glorie, deren Rand mit einem lilienartigen Kreuze gestützt ist. Das schön gelockte Haar ist mit einer Dornenkrone umgeben. Hinter Christus befindet sich oino Aureola. Vier schwebende Engel tragen die Waffen Christi. Eine schwarze Linie umgiebt das Bild. Das Colorit ist matt wie das cölnische.

H. 6 Z. 8 L., B. 4 Z. 6 L.

(Feuillet colorié.)

Teigdrucke.
(Empreintes en pâte.)

No. 401.
**St. Georg zu Pferde.
Teigdruck mit Sammet. Drittes Viertel des XV. Jahrhunderts.

(St. George à cheval. Empreinte en pâte et velours, du 3e quart du 15e siècle.)

Der Heilige zu Pferde in voller Rüstung, ohne Helm aber mit Glorienschein, trägt um dasselbe einen Bund, dessen lange Bänder rückwärts flattern. Er sprengt nach rechts und stösst dem Lindwurm die Lanze durch den Rachen. Links im Hintergrunde eine Kirche auf einem Hügel.

H. 9 Z. 9 L., B. 6 Z. 10 L.

No. 402.
Maria als Himmelskönigin.
Teigdruck mit Gold. (Um 1470.)

(St. Marie, la reine du ciel. Empreinte en pâte et or, de la fin du 3e quart du 15e siècle.)

Die Himmelskönigin hält das Christuskind auf dem rechten Arme und steht auf dem Rücken der Mondsichel. Eine schön geflammte Aureola umschliesst sie. Zwei fliegende Engel, einer auf jeder Seite

ihres Hauptes, halten eine Kaiserkrone über dasselbe. Zwei andere
schwebende Engel zu beiden Seiten der Füsse der Jungfrau biegen
sich abwärts und scheinen die Mondsichel zu halten. Der Rand des
Blattes ist durch Wolken in conventionellen Formen gebildet.

H. 3 Z. 9 L., B. 2 Z. 9 L.

Abdrücke in schwarzer Farbe von für den Teigdruck gestochenen Platten.

(Epreuves en couleur noire de planches destinées pour l'impression en pâte. Voir Passavant, Peintre-graveur, I. p. 234.)

No. 403.

Christus wird an's Kreuz geschlagen.

(Jésus-Christ va d'être attaché à la croix, du dernier quart du 15e siècle.)

Ein Henker, links, schlägt den Nagel durch die Füsse des Heilandes, welche durch einen zweiten mit einem Stricke zusammenge-
schnürt werden; ein dritter schlägt den Nagel durch die rechte Hand
des Heilandes, hinter dessen Kopfe rechts ein Mann mit hoher Mütze steht.
Vorne auf dem Boden liegt eine Zange bei einem Korbe, in welchem
drei Nägel stecken. Eine Laubumrandung mit Rosetten in den Ecken
bildet die Einfassung. Passavant I. p. 234.

H. 3 Z. 9 L., B. 2 Z. 8 L.

No. 404.

St. Petrus Martyr.

(St. Pierre Martyr.)

Derselbe, nach links gewendet, hält in der Linken ein geschlossenes
Buch und in der Rechten ein kurzes breites Schwert. Er trägt Mönchsgewand und hat um den Kopf eine Glorie mit Doppelring; der Boden
ist mit Gräsern bewachsen. Eine Laubbordüre schliesst das Bild ein.
Fehlt bei Passavant.

H. 3 Z. 9 L., B. 2 Z. 8 L.

No. 405.

Der Liebende.

(Un amant.)

Ein junger Mann, nach links gekehrt und von Blumenguirlanden umgeben, hält mit der Rechten eine Bandrolle mit der gothischen Aufschrift: libe ist eine harte qual † wer si nicht weiß ach deme ist wol. Seine Kleidung ist sorgfältig gewählt. Unten die Worte: de. libe. wil. mi. morde. Passavant I. p. 234.

H. 3 Z. 8 L., B. 2 Z. 2 L.

ST MARIA ALS HIMMELSKÖNIGIN,

LA VIERGE IMMACULÉE. ESTAMPE DU MAÎTRE P: THE HOLY VIRGIN. ENGRAVING OF THE MASTER P:

Kupferstiche.
(Gravures sur cuivre.)

No. 408.
*** St. Maria als Himmelskönigin.
Vom Meister ᛈ. 1451.

(St. Marie, la reine du ciel, du maître ᛈ, datée de 1451!)

Die heilige Jungfrau steht, nach links gewendet, auf der Mondsichel und hält mit beiden Händen das nackte Kind auf ihrem rechten
Arme. Passavant I. p. 201 und II. p. 6 verbreitet sich ausführlich über dieses
kostbare Blatt, welches sowohl durch sein hohes Alter als die Schönheit der Ausführung eine der Hauptzierden unserer Sammlung bildet.

Das Blatt legt unwiderrufliches Zeugniss ab, dass nicht Italien
sondern Deutschland die Ehre der Erfindung des Kupferstiches ge-
bührt. — Was den Styl anbelangt, so urtheilt Passavant:

„A en juger par le style de composition et d'exécution, ce maître
appartiendrait à l'école de la haute Allemagne, ce qui est confirmé encore
par la manière dont l'estampe est coloriée en laque rouge et en vert,
comme nous l'avons trouvé si souvent sur les anciennes gravures sur
bois de Tegernsée et du Rhin supérieur. Le style de composition a de
la dignité et même de la grâce. Le dessin de l'enfant Jésus nu révèle
une observation attentive de la nature et les mains de la Vierge sont,
dans le motif, jolies de forme; le large manteau qui tombe de ses épaules
est d'un beau jet et disposé en belles masses grandioses. Le trait est
ferme et fin dans les contours et les légères indications d'ombres dans
les draperies sont formées souvent par de fines hachures croisées, les
têtes et les parties nues sont au simple contour.“

Das Exemplar ist colorirt und das von Passavant beschriebene.
H. 7 Z. 1 L., B. 5 Z. 1 L.
*(Feuillet colorié et celui décrit par Passavant, qui n'a pas vu un
autre exemplaire.)*

No. 407.
*St. Martin. (Um 1450.)

(St. Martin, du milieu du 15e siècle.)

Der Heilige, zu Pferde nach rechts gekehrt, hält in der ausgestreckten Linken hinter dem Kopfe des Pferdes sein Gewand, das er
mit seinem Schwerte durchschneidet, um es mit dem bittenden Armen
zu theilen, welcher in der Mitte vorne kniet. Letzterer ist halb nackt
und stützt die eine Hand auf den Erdboden, während er die andere
zum Heiligen erhebt, um die Gabe zu empfangen. St. Martin erscheint
als Bischof mit der Mitra auf dem Kopfe, bischöflichem Mantel über
dem enganliegenden Wams, engen Hosen und Sporen. Hinter seiner
Figur flattert ein Band mit gothischer Inschrift: SANCTUS MARTIN
in Spiegelschrift. Rundes Blatt mit gestrichelter Umrandung.

Durchmesser 2 Z. 7 L.

No. 408.
Christus am Kreuze in einer Blumenumrankung. (1454.)

*(Jésus-Christ attaché à la croix dans une vrille de fleurs, de
l'année 1454.)*

Der Heiland hängt in der Mitte an einem Baumstamme und neigt
das dornengekrönte, von einer Glorie umgebene Haupt auf die linke
Seite. Links zur Seite des Kreuzes steht die heilige Jungfrau, rechts
Johannes. Jene, mit langem Mantel und verhülltem Kopfe, erhebt die
Hände zum Gebet; dieser, mit einem Mantel über dem langen Untergewande, macht mit beiden Händen eine Bewegung, als ob er mit der
heiligen Jungfrau spräche. In der Mitte vorn auf dem Boden liegt der
Schädel Adams und ein Beinknochen. Der Stamm des Kreuzes, ohne
Querbalken, theilt sich oben in zwei starke Aeste, welche die Dar-
stellung umschliessen, mit Blumen und Blättern besetzt sind und eine
kreisrunde 9 Linien breite Ziereinfassung bilden.

Auf dem Rande des Blattes stehen oben und unten zwei Zeilen
handschriftlich im Charakter des XV. Jahrhunderts und mit der Jahreszahl 1454. Passavant II. 221 No. 80 hat fälschlich die Jahrzahl 1474
gelesen.

H. 3 Z. 9—11 L., B. 3 Z. 10 L.

(Gravure sur cuivre datée!)

No. 409.

**Paſſion Chriſti. 4 Blätter. (Gegen 1460.)

(Quatre feuillets d'une passion de Jésus-Christ, gravés vers 1460.)

Diese vier Blätter stellen 1. Die Gefangennehmung Christi,
2. Christus vor Pilatus, 3. Die Geisselung Christi, 4. Die Kreuztragung
dar. Diese für die Geschichte der Chalcographie höchst wichtigen
Blätter sind bei Passavant II. 215, No. 26—29 aufgeführt. Eine aus
vier Linien gebildete Einfassung mit dazwischen gelegten Strichelungen
schliesst jedes Bild ein. Die Druckerschwärze hat einen grünlichen
Schimmer, wie man solchen selten antrifft. Auf den Rückseiten sowie
auch auf zwei Blättern unter und über dem Bilde stehen von sehr alter
Hand Stellen in lateinischer Sprache geschrieben, welche sich auf die
Darstellungen beziehen.

.H. 3 Z. 6 L., B. 2 Z. 6 L.

No. 410.

**Der Evangeliſt Matthäus. Vom Meiſter E. S.

(St. Matthieu l'évangeliste, par le maître E. S.)

Der Apostel, nach links gewendet, sitzt an einem kahlen Hügel und
richtet den Blick himmelwärts, während beide Arme übereinander auf
einem aufgeschlagenen, auf seinem Schoosse liegenden Buche ruhen.
Sein langes Haar fliesst in Locken auf die Schultern herab; seinen
Kopf umgiebt eine strahlende Glorie und über dem langen Untergewande
trägt er einen Mantel, welcher vor der Brust durch eine breite Nestel
zusammengehalten wird. Links im Grunde auf der Höhe des Hügels
steht ein Engel mit einem leeren Spruchbande in den Händen.
Von Bartsch unter No. 66 in der Folge der Apostel beschrieben.
Gute Erhaltung, Reinheit und Gleichmässigkeit des Druckes
zeichnen unser Exemplar aus.

H. 5 Z. 6 L., B. 3 Z. 6 L.

*(Feuillet remarquable par la bonne conservation et l'égalité de
l'impression.)*

No. 411.

** Die Ausgießung des heiligen Geistes. Vom Meister E. S.

(L'infusion du St.-Esprit, du maître E. S.)

Von Bartsch unter No. 27 beschrieben.

Unser Exemplar ist von guter Erhaltung, hat 3 Linien breiten
Rand und zeichnet sich durch Reinheit und Gleichmässigkeit des
Druckes aus.

H. 6 Z. 8 L., B. 4 Z. 5 L.

(Epreuve d'une bonne conservation.)

No. 412.

Christus in der Kelter. (1460—1470.)

(Jésus-Christ dans le pressoir, du 3e quart du 15e siècle.)

Passavant beschreibt dieses Blatt II. p. 228, No. 132.

Unser Exemplar ist leicht colorirt und hat in dem Spruchbande
wie oben am Rande Inschriften von alter Hand.

H. 3 Z. 1 L., B. 2 Z. 3 L.

(Feuillet légèrement colorié avec des inscriptions contemporaines.)

No. 413.

*** St. Mariä Krönung. Von Martin Schongauer.

(Le couronnement de St. Marie, par Martin Schongauer.)

Bartsch No. 72.

Erhaltung und Druck dieses kostbaren Blattes lassen nichts zu
wünschen übrig; letzterer erscheint in so unbeschreiblicher Kraft, Reinheit und Klarheit, dass sich Schöneres nicht denken lässt. Nach dem
Urtheile aller Kenner, welche das Blatt sahen, ist es unbedingt der
kostbarste Abdruck aller bisher bekannt gewordenen Blätter Schongauer's.

H. 6 Z., B. 5 Z. 10 L.

*(C'est sous tous les rapports la plus belle épreuve de toutes les
gravures de ce maitre connues jusqu'alors!)*

No. 414.

**Chriſti Geburt. Von Martin Schongauer.

(La naissance de Jésus-Christ, par Martin Schongauer.)

Bartsch No. 5. Dieses Blatt ist eine der schönsten Schöpfungen des unvergleichlichen Meisters. Vortreffliche Erhaltung, Kraft und Klarheit des Abdrucks zieren unser Exemplar in hohem Grade und finden sich selten in solcher Vollendung beisammen.

H. 5 Z. 11 L., B. 6 Z.

(Epreuve superbe d'une des plus belles gravures de ce maitre incomparable.)

No. 415.

**St. Mariä Verkündigung. Von Martin Schongauer.

(L'annonciation à St. Marie, par Martin Schongauer.)

Bartsch No. 2. Dieses ist ebenfalls einer der schönsten Kupferstiche des Meisters.

Das Exemplar ist gut erhalten, der Druck kräftig, klar und rein.

H. 6 Z. 4 L., B. 4 Z. 5 L.

(Forte épreuve bien conservée.)

No. 416.

*St. Wolfgang. (1460—1470.)

(St. Wolfgang, du 3e quart du 15e siècle.)

Passavant II. p. 234 No. 161. Zeichnung und Technik zeugen von vielem Geschick und bekunden eine geübte Hand.

H. 4 Z., B. 2 Z. 8 L.

14

No. 417.

**St. Hieronymus. (1460—1470.)

(St. Jérome, du 3e quart du 15e siècle.)

Passavant II. p. 18 No. 24: „Le style en général est semblable à
celui du maitre de 1464, mais le jet des draperies a quelque chose de
tendu, les hachures sont moins croisées."
Unser Exemplar zeichnet sich durch klaren und kräftigen
Druck aus.

H. 6 Z. 4 L., B. 4 Z. 7½ L.

(Fort belle épreuve.)

No. 418.

Passion Christi. 4 Blätter. (1460—1470.)

(Quatre feuillets d'une Passion, du 3e quart du 15e siècle.)

Passavant II. p. 216 No. 50 — 55 beschreibt sechs Blätter dieser
Passion, von welchen wir die vier folgenden besitzen:
1. Christus am Oelberg. 2. Christus vor Caiphas. 3. Die Auferstehung Christi. 4. Das jüngste Gericht. Diese vier Blätter sind
rosa, gelb und saftgrün colorirt.

H. 2 Z. 2 L., B. 1 Z. 4 L.

(Feuillets coloriés.)

No. 419.

***Die Passion. 24 Blätter. (1460—1470.)

(Une Passion en 24 feuillets, du 3e quart du 15e siècle.)

Diese weder Bartsch noch Passavant zur Kenntniss gekommene
Folge von 24 Blättern befindet sich in einem lateinischen Gebetbuche
auf Pergament eingeklebt, deren jedes von einer doppelten, mit rother
Lackfarbe hergestellten Linienumrandung eingerahmt ist. Ausser diesen
24 Blättern von gleicher Grösse, finden sich noch zwei kleinere, die
aber nicht zu der Folge zu gehören scheinen.
Die Entstehungszeit ist eine verhältnissmässig sehr frühe, da sie

unzweifelhaft zwischen 1460 und 1470 fällt. In dem Verfertiger glauben
wir einen oberdeutschen Meister zu erkennen.

H. 4 Z. 3—9 L., B. 2 Z. 10 L. bis 3 Z.

(Cette précieuse suite se trouvent collée dans un manuscrit sur
peau de vélin.)

No. 420.

St. Anna. (1460—1470.)

(St. Anne, du 3e quart du 15e siècle.) •

Sie steht, von vorn gesehen, etwas nach rechts gewendet und hält
die heilige Jungfrau, die ihrerseits wieder das nackte Jesuskind mit
beiden Händen umschliesst, auf ihrem linken Arme. Ihr von einer
Glorie umgebenes Haupt ist in ein Tuch gehüllt. Ihr langes Unter-
gewand reicht bis zu den Füssen herab und ist unten am Saum mit
Pelz verbrämt, während der besetzte Mantel links auf den Fussboden
herabfällt. Auch die heilige Jungfrau ist in einen langen Mantel gehüllt. Eine gestrichelte Umrandung schliesst das Bild ein, welches sich
in dem unter No. 419 beschriebenen Bande befindet.

H. 3 Z., B. 2 Z. 2 L.

(Ce feuillet se trouve dans le volume décrit sous No. 419.)

No. 421.

Christus in der Vorhölle. (1460—1470.)

(Jésus-Christ devant les enfers, du 3e quart du 15e siècle.)

Der Heiland, mit einem Kreuzstabe in der Linken und in einen
langen Mantel gehüllt, steht inmitten der Hölle auf einem Satan zwischen sechs knieenden nackten Figuren und erfasst die Hand des ihm
zunächst knieenden Adam. Die Hölle ist im Grunde durch eine ge-
zinnte Quadermauer mit zwei Thüren gesperrt. Ein Teufel, mit
schweinsähnlichem Kopfe, links oben auf dieser Mauer, hält einen
Stein, um ihn hinabzuschleudern; ein zweiter klettert rechts an der
Mauer empor.

Das Blatt ist von demselben Meister wie No. 420 und in demselben
Bande befindlich.

H. 2 Z. 10 L., B. 1 Z. 11 L.

(Ce feuillet se trouve dans le volume décrit sous No. 419.)

No. 422.

Chriſtus am Kreuje. (1460—1470.)

(Jésus-Christ attaché à la croix, du 3e quart du 15e siècle.)

Der Heiland, mit einem Schapel um das von Glorie umgebene
Haupt, hängt etwas nach links gewendet und neigt auch den Kopf auf
diese Seite. Seine Füsse sind über einander genagelt. Rothe Punkte
deuten die Wundenmale an. Oben über seinem Haupte die Buchstaben i n r i.

Das Blatt ist ringsum bis zum Kreuz und Körper des Heilandes
ausgeschnitten und scheint nur der mittlere Theil eines grösseren
Stiches zu sein. Das Kreuz ist mit rother Farbe eingefasst und auf
ein Octavblättchen geklebt, welches lateinischen Text von einer gleich-
zeitigen Hand trägt.

H. des Kreuzes 1 Z. 11 L., B. 2 Z.

> (Feuillet decoupé d'un plus grand et monté avec un texte latin
> contemporain.)

No. 423.

***Das Blumenfeſt. (1460—1470.)

(La fête de fleurs, du 3e quart du 15e siècle.)

Passavant II. p. 97 No. 77 beschreibt dieses köstliche Blatt im Kataloge
der Schüler des Meisters E. S. nach diesem einzig bekannten Exemplare.
Es wurde in Schwäbisch-Hall gefunden und trägt ein mit grosser Sorgfalt behandeltes Colorit, dessen Farben auf Schwaben hinweisen.

Auffassung, Zeichnung und Ausführung sind von grosser Schönheit
und zeugen von eminenter Begabung des schwäbischen Künstlers, in
welchem wir Berthold Furtmeyer zu erkennen glauben.

H. 4 Z. 3 L., B. 6 Z. 3 L.

> (Feuillet capital colorié, probablement gravé par Berthold
> Furtmeyer.)

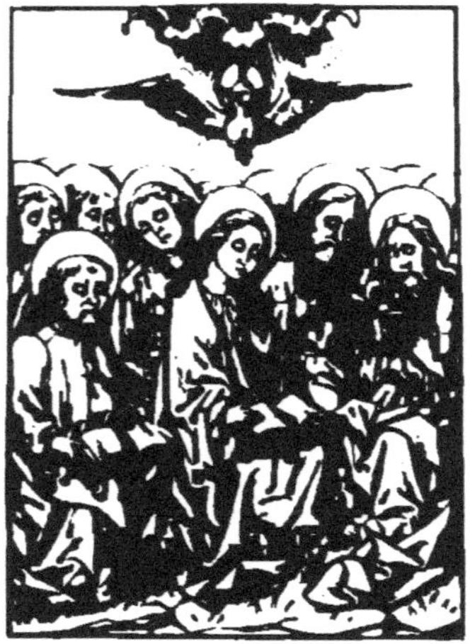

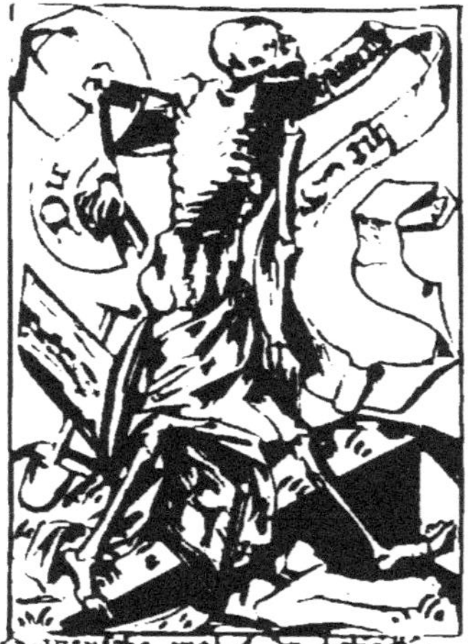

O·mensche make dy bereit·
Die doet sal kome vnuorwert·

No. 424.

***St. Maria als Himmelskönigin in halber Figur.
(1460—1470.)

(St. Marie, la reine du ciel, en demi-figure, du 3e quart du 15e siècle.)

Die heilige Jungfrau ist auf dem Halbmonde, welcher ihren Körper bis zu den Schultern umschliesst, nach rechts gewendet dargestellt und hält mit beiden Händen das auf ihrem linken Arme sitzende Christuskind, welches einen Rosenkranz mit beiden Händen fasst. Sie trägt eine mit Edelsteinen geschmückte Krone auf ihrem mit langen Locken versehenen Kopfe, welchen ein Glorienschein umgiebt. Ueber dem Unterkleide trägt sie einen Mantel. Aus jeder oberen Ecke neigt sich ein Engel herab und hält einen grossen Rosenkranz, welcher das Bild fast ganz umgiebt.

Dieses wahrhaft kostbare Blatt ist nirgends beschrieben. Seine Entstehungszeit fällt in die Zeit von 1460—70. Die Technik wie Composition scheinen auf niederdeutschen, namentlich cölnischen Ursprung zu deuten.

H. 6 Z. 2 L., B. 4 Z. 2 L.

(Feuillet des plus précieux et inconnu!)

No. 425.

*****Passion. 50 Blätter. Meister Johann von Cöln
in Zwolle. (Um 1470—1480.)**

*(Une Passion en 50 feuillets par le maître Jean de Cologne à
Zwolle, de la fin du 3e quart du 15e siècle.)*

Diese schöne Folge, eine der Hauptzierden unserer Sammlung, ist von Passavant II. p. 150, No. 21—73, ein Werk des altdeutschen Meisters Johann von Cöln zu Zwoll, beschrieben worden. Er beschreibt 53 Blätter, von denen wir nur 50 besitzen. Drei Blätter: Christus wird seiner Kleider beraubt, Christus am Kreuze und die Abnahme vom Kreuze (Passavant 57, 59 und 60) fehlen uns; dagegen besitzen wir ein Blatt: die Klage um den todten Heiland, welches von Passavant nicht aufgeführt ist. Wir verdanken unser Exemplar einem niederdeutschen Gebetbuche für Laien, in welches die Blätter eingeklebt waren. Sie waren sämmtlich nach Art der Miniaturen mit grosser Sorgfalt colorirt; doch haben

wir von allen bis auf zwei, welche wir als Zeugniss des Colorits be-
liessen, das Colorit durch geschickte Hand herunternehmen lassen, um
den vollen Ausdruck der calcographischen Schönheit dieser Blätter zu
erhalten. Sie sind von ausserordentlicher Seltenheit; denn ausser dem
Exemplare des londoner Museums, nach welchem Passavant seine Beschreibung nahm, ist das unsrige das einzige, welches bis jetzt bekannt
und fast vollständig ist.

H. 2 Z. 6 L., B. 1 Z. 9 L.

(Seul exemplaire connu outre celui conservé au musée de Londres,
qui se compose de 53 feuillets.)

No. 428.

*Christus als Salvator mundi. Von Johann von Cöln in Zwolle. (1470—1480.)

*(Jésus-Christ comme Sauveur du monde, par le maître Jean de
Cologne à Zwolle, de la fin du 3e quart du 15· siècle.)*

Dieses vortreffliche Blättchen stellt den Heiland etwas nach links
gewendet in ganzer Figur von Spruchbändern umgeben dar. Er steht
auf der Weltkugel in der Mitte des Blattes und neigt das Haupt auf
die rechte Seite, die in seiner linken Hand ruhende Weltkugel mit dem
Kreuze anblickend, während die rechte Hand segnend erhoben ist. Der
Text der Bandrollen ist oben links: **Salvator mūdi**, oben rechts: **Salua
nos**. Auf der rechts herablaufenden: **Dısicle a me quıa mıtıs sū et
humılıs corde**, und unten auf derselben: **mathcı ıı**; auf der links herablaufenden: **lccel van mıc want ıch saenstmoedıch bȳ ınd ottmoıgth van
hertte**.

H. 3 Z. 8 L., B. 2 Z. 6 L.

Dieses Blättchen gehört wohl weder dem Meister E. S., noch einem
seiner Schüler, sondern unzweifelhaft dem Johann von Cöln an, wie eine
genaue Vergleichung ergeben hat. Siehe Kunstblatt 1850, p. 220 und
Passavant, l'eintre-Graveur I. p. 43 No. 38—49 und II. p. 214.

AMOR VVOLFE
EDOVE·FE·IIOWE
AMOR NONPVO

No. 427.

*** **Altflorentinifche Schalenverzierung.** (1470—1480.)

(Une soucoupe florentine avec des ornements, de la fin du 3e quart du 15e siècle.)

Zu Seiten eines leeren Schildes stehen ein junger Herr und eine junge Frau auf felsigem Terrain, jener links, diese rechts. Beide halten mit der einen Hand auf dem Schilde einen aus Reifen gebildeten Globus und mit der anderen eine Bandrolle mit Text. Sie sind in antiker Weise malerisch gekleidet. Der Schild ruht unten auf dem Kopfe und den Flügeln eines Engels.

Bartsch XIII, 147—151 beschreibt eine Reihenfolge von 24 Blättern, denen obiges angehört. Sie sind von Sandro Filipepi, genannt Botticello, angefertigt und wahrscheinlich auch gestochen worden.

Durchmesser 5 Z. 4 L.

(Feuillet fort précieux.)

No. 428.

Die Stigmatifirung des St. Franciscus von Affifi.
(Schule des Meifters E. S.)

(Siehe No. 97 und No. 322.)

(La stigmatisation de St. François d'Assise de l'école du maître E. S.)

Passavant beschreibt dieses Blatt Bd. II. p. 62 im Werke des Meisters E. S. und Bd. II. p. 94 No. 59 im Kataloge der Schüler desselben. Wir glauben uns für die Schule desselben entscheiden zu müssen, da die Ausführung jener Reinheit und Feinheit entbehrt, welche den beglaubigten Werken dieses Meisters eigen sind.

H. 6 Z. 3 L., B. 4 Z. 9 L.

No. 429.

** Gefangennehmung Chrifti. Schule des Meifters E. S.

(L'arrestation de Jésus-Christ, de l'école du maître E. S.)

Composition von 14 Figuren. Der Heiland, nach rechts gekehrt, steht in der Mitte vor einem Baume mit kahlen Aesten. Judas, welcher den Beutel in der Linken hält und mit der Rechten auf seinen Herrn zeigt, entfernt sich rechtshin. Zwei Kriegsknechte zerren den Heiland am Haar, zwei andere packen ihn am Arme und am Gewande vor der Brust, ein fünfter schnürt einen Strick um seinen Leib. Petrus, links, schwingt sein Schwert gegen einen Soldaten, welcher mit der Faust nach ihm stösst und ihn am Mantel zerrt. Am Boden sitzt Malchus und hält die Hand vor den Mund. Rechts steht, wie es scheint, der Hauptmann der Kriegsknechte im Gespräch mit Judas. Der Grund der Landschaft ist rechts durch einen kahlen Fels geschlossen. Ein Bach strömt vorn durch die ganze Breite des Blattes.

Die Entstehungszeit dieses von keinem Calcographen beschriebenen und bisher ganz unbekannten Blattes fällt, nach dem Costüm der Soldaten zu schliessen, in das dritte Viertel des 15. Jahrhunderts. Zeichnung und Technik erinnern an die Manier des Meisters E. S. und erheben das Blatt zu einer der besten Schöpfungen seiner Schule.

Das Blatt zeichnet sich durch kräftigen Druck und gute Erhaltung aus.

H. 7 Z. 8 L., B. 5 Z. 11 L.

(Bonne épreuve de ce feuillet inconnu jusqu'alors. Il est bien conservé.)

No. 430.

St. Barbara. Schule des Meifters E. S.

(St. Barbe, de l'école du maître E. S.)

Passavant beschreibt dieses schöne, gut gezeichnete, mit grosser Feinheit und Sorgfalt ausgeführte Blatt im Kataloge der Schüler des Meisters E. S. Bd. II. p. 95, No. 71. Es ist eine vorzügliche Arbeit und der Hand des Meisters selbst vollständig würdig.

H. 5 Z. 10 L., B. 3 Z. 10 L.

(Feuillet fort remarquable.)

No. 431.

**Die zwölf Apostel. 12 Blätter. Schule des Meisters E. S. (1460—1470.)

(Les 12 apôtres en 12 feuillets, de l'école du maître E. S. et gravés au 3e quart du 15e siècle.)

Passavant Bd. II. p. 89, No. 36 a — m beschreibt diese Folge aus der Schule des Meisters E. S.

Auf einigen Blättern bemerkt man am Fussboden Retouchen.

Dr. Nagler hat eine Beschreibung derselben in Naumann's Archiv für die zeichnenden Künste 1855 p. 192 ff. gegeben.

H. 5 Z. 1 L., B. 3 Z.

Berliner Museum

No. 432.

Maria mit dem Kinde. Schule des Meisters E. S.

(St. Marie avec l'enfant Jésus, de l'école du maître E. S.)

Dieses runde liebliche Blättchen beschreibt Passavant Bd. II. p. 84. No. 17. Den eigenthümlichen Liebreiz unseres Exemplares erhöht noch ein harmonisches und warmes Colorit.

Durchmesser 2 Z. 4 L.

(Feuillet admirablement colorié.)

No. 433.

Christi Auferstehung. (1470—1480.)

(La resurrection de Jésus-Christ, du temps entre 1470 et 1480.)

Der Heiland, mit einem vor der Brust durch eine Spange zu- sammengehaltenen Mantel bekleidet und mit der Siegesfahne in der Linken, während er die Rechte segnend erhebt, steigt aus der Grab- kiste hervor, welche sich schräg durch das ganze Blatt erstreckt. Drei Kriegsknechte sind um das Grab vertheilt; zwei von ihnen schlafen, der dritte, links hinter der Grabkiste, legt in halbwachendem Zustande, voll Erstaunen über das Wunder der Auferstehung, die linke Hand

auf den Kopf. Alle Drei sind vollständig gerüstet, tragen Sturmhauben
und zwei von ihnen halten Spicsse oder Hellebarden. Bei dem vorn
ruhenden liegt auf dem Boden ein zweitheiliger unten zugespitzter
Schild. Unten eine Inschrift.

Das Blatt ist colorirt und von Passavant nicht beschrieben.

H. 4 Z. 5 L., B. 2 Z. 11 L.

(Feuillet colorié.)

No. 434.

Maria mit dem Kinde. (Um 1470.)

(St. Marie avec l'enfant Jésus, de la fin du 3e quart du
15e siècle.)

Die heilige Jungfrau, in halber Figur, ist gegen den Beschauer
gekehrt, neigt den Kopf auf die linke Seite und hält das bekleidete
Kind mit beiden Händen auf ihrem linken Arme. Um ihr mit einer
Glorie umgebenes Haupt ist ein Band mit Rosetten gewunden; ihr
langes blondes Haar wallt lockig über Schultern und Rücken herab.
Ueber dem Unterkleide trägt sie einen Mantel, den sie mit der Rechten
etwas aufnimmt. Das Kind, in schlafender Haltung, stützt den rechten
Arm gegen die Brust der Mutter und den geneigten Kopf auf die Hand,
während es mit der Linken den Daumen der rechten Hand der Mutter
umfasst.

Dieses schöne, anmuthige Blatt ist von Passavant nicht beschrieben.
Es ist colorirt und cölnischen Ursprungs.

H. 2 Z. 9 L., B. 1 Z. 11 L.

(Beau feuillet colorié.)

No. 435.

St. Margaretha. (Um 1470.)

(St. Marguérite, de la fin du 3e quart du 15e siècle.)

Passavant II. p. 239 No. 192 beschreibt dieses Blatt und findet es
im Geschmack der cölnischen Schule, welcher Annahme wir vollständig
beipflichten. Das Exemplar ist colorirt.

H. 2 Z. 3 L., B. 1 Z. 6 L.

(Feuillet colorié.)

No. 436.

St. Katharina von Aegypten. (Um 1470.)

(St. Cathérine d'Egypte, de la fin du 3e quart du 15e siècle.)

Passavant II. p. 239 No. 159. Dieses Blatt bildet das Gegenstück zu voriger Nummer, zeigt denselben Styl der Auffassung und Behandlung und hat dieselbe Grösse. Das Exemplar ist colorirt.

(Feuillet colorié.)

No. 437.

St. Hieronymus. (Um 1470.)

(St. Jérome, du 3e quart du 15e siècle.)

Der Heilige, von vorne gesehen, in langem, faltenreichen Gewande, mit Cardinalshut, den eine Glorie umgiebt, sitzt in der Mitte des Blattes auf einem thronartigen Sitze mit Rücklehne. Er hält in der Linken einen Griffel und fasst mit der Rechten die erhobene Vordertatze des links bei ihm sitzenden Löwen. Rechts das Betpult, auf welchem ein aufgeschlagenes Buch und in dessen Innerem noch andere Bücher und Gegenstände wahrgenommen werden.

Rundes Blatt, Passavant II. p. 232 No. 152.

Durchmesser 3 Z. 6 L.

(Feuillet rond.)

No. 438.

Die Ausgießung des heiligen Geistes. (Um 1470.)

(L'infusion du St. Esprit, du 3e quart du 15e siècle.)

Passavant II. p. 223 No. 91. Dieses wie das folgende Blatt sind offenbar von einer Hand gefertigt.

H. 2 Z. 8 L., B. 1 Z. 11 L.

No. 439.
Das jüngste Gericht. (Um 1470.)

(Le jugement universel, du 3ᵉ quart du 15ᵉ siècle.)

Passavant II. p. 223. No. 92.

H. 2 Z. 8 L., B. 1 Z. 11 L.

No. 440.
Passion Christi. 2 Blätter. (Um 1470.)

(Deux feuillets d'une Passion, du 3ᵉ quart du 15ᵉ siècle.)

1. Die Dornenkrönung. Der Heiland, von vorne gesehen, mit einem Mantel bekleidet und mit gebundenen Händen, sitzt in der Mitte des Blattes auf einer breiten Bank. Zwei Henker drücken mit zwei kreuzweis gehaltenen Stäben die Dornenkrone auf das Haupt des Heilandes.

2. Die Schaustellung Christi. Der Heiland steht links unter einem auf den Seiten offenen Bogen, den Blick auf vier ihm rechts gegenüberstehende Juden gerichtet, von denen der vordere, nach einem von seinem Kopfe ausgehenden Spruchbande zu urtheilen, die Hauptfigur bildet und in langem, mönchsartigem Gewande vorgestellt ist. Auf diesem Spruchbande steht: reifige cucifig. Zur Linken des Heilandes steht Pilatus, welcher mit einer Mütze und einem Waffenrock bekleidet ist. Auf den Heiland zeigend spricht er die Worte: Ecce homo, die auf einem zweiten Spruchbande bei seinem Kopfe stehen. Hinter dem Rücken des Heilandes gewahren wir noch eine Figur. Passavant führt beide Blätter ohne nähere Beschreibung an.

Der Druck ist kräftig. Die Blätter haben vollen Papierrand und tragen auf der Rückseite gleichzeitige Citate aus Kirchenvätern in lateinischer Sprache.

H. 2 Z. 10 L., B. 1 Z. 11 L.

No. 441.

Die Meſſe des heiligen Gregor. (Um 1470.)

(La messe du St. Grégoire, du 3e quart du 15e siècle.)

Passavant II. p. 233. No. 156 beschreibt dieses Blatt nach unserem Exemplare, erwähnt aber nicht die Inschrift und die Köpfe am Grunde.

H. 3 Z. 7 L., B. 2 Z. 7½ L.

No. 442.

Die Meſſe des heiligen Gregor. (Um 1470.)

(La messe du St. Grégoire, du 3e quart du 15e siècle.)

Dieses Blatt hat dem Inhalte nach grosse Aehnlichkeit mit dem von Passavant II. p. 233 No. 158 beschriebenen, unterscheidet sich aber dadurch, dass es von der Gegenseite dargestellt und ohne die dort angegebene Inschrift ist. Das Exemplar ist theilweise colorirt.

H. 3 Z. 5 L., B. 2 Z. 4 L.

(Feuillet partiellement colorié.)

No. 443.

Ecce homo. (Um 1470.)

Der nackte Heiland, in halber Figur mit umgehängtem Mantel und von vorne gesehen, hält in der Linken das Schilfrohr und die beiden gebundenen Hände kreuzweis vor seinem Leibe. Sein über der linken Schulter geknoteter Mantel bedeckt den rechten Oberarm und wallt hinter dem Rücken hinab. Sein langes lockiges Haar berührt die Schultern und auf seinem von einer unregelmässigen eckigen Strahlen-glorie umgebenen Haupte trägt er die Dornenkrone. Oben auf zwei Bändern sein Name in gothischen Lettern: Jhefus chriftus.

Das Blatt ist reich colorirt und fehlt bei Passavant.

H. 3 Z. 8 L., B. 2 Z. 9 L.

(Feuillet richement colorié.)

No. 444.

Chriſtus von einem Mönch verehrt. (1470—1480.)

(Jésus-Christ adoré par un moine, de la fin du 3ᵉ quart du 15ᵉ siècle.)

Der nackte Heiland, links im Blatte vor dem Kreuze, ist in halber Figur bis zu den Hüften gesehen dargestellt; er hat die Hände kreuzweis vor seinem Leibe übereinandergelegt, senkt die Augen und wendet den Kopf ein wenig nach rechts. Hände und Seite zeigen Wundenmale; das Haupt umgiebt ein Glorienschein; das gescheitelte Haar wallt lockig auf die Schultern herab. Rechts unten ist die halbe Figur eines zum Erlöser betenden Mönches, von dessen Munde ein Spruchband mit den Worten : MISERERE MEI FILI DAVID / MATHEI XV ausgeht. Oben am Kreuze ein breiter Zettel mit der Inschrift: INRI.

Eine doppelte Linieneinfassung schliesst das Bild ein.   Fehlt bei Passavant.

H. 4 Z. 5 L., B. 3 Z.

No. 445.

** St. Georg zu Pferde. Von Franz von Bocholt.

(St. George monté à cheval, par François de Bocholt.)

Bartsch 33. Des Meisters Zeichen F V B steht unten in der Mitte des Blattes. Unser Exemplar ist ein vorzüglicher erster Abdruck vor dem Monogramm des Israel von Meckenen, welcher sich trügerisch die Platte aneignete.

H. 6 Z. 8 L., B. 4 Z. 10½ L.

(Epreuve magnifique faite avant que la planche fût falsifiée par Israël de Meckenen.)

No. 448.

Zwei Drachen und ein Frosch. (1470—1480.)

(Deux dragons et une grenouille, de la fin du 3e quart du 15e siècle.)

Passavant II. p. 243 No. 226. Interessant ist das Blatt auch dadurch, dass es augenscheinlich nicht ein Abdruck von einer, sondern von zwei übereinandergelegten Platten ist.

H. 3 Z. 1 L., B. 2 Z. 6 L.

No. 447.

Christus vor Pilatus. (1470—1480.)

(Jésus-Christ devant Pilate, de la fin du 3e quart du 15e siècle.)

Der Heiland, mit einer Glorie um das Haupt, in langem Gewande und mit gebundenen Händen, steht in der Mitte des Blattes vor dem links thronenden Pilatus. Dieser, auf einem Kissen sitzend, trägt eine Mütze auf dem Kopfe und ist mit einem sehr langen Rocke bekleidet, welcher durch einen Gürtel zusammengehalten wird und unten wie an den Händen mit Pelz verbrämt ist. Hinter dem Throne, hinter dessen Rücklehne ein Diener des Landpflegers mit rundem Hute auf dem Kopfe steht, hängt ein Teppich mit Rosetten, und oben unter der getäfelten Decke des Zimmers ist ein Baldachin angebracht. Der Landpfleger zeigt mit der Rechten auf den Heiland und befindet sich im Gespräch mit fünf, rechts vor der offenen rundbogigen Thür stehenden Juden, die den Heiland hergeführt haben. Im Hintergrunde des Zimmers ist ein grosses Fenster, und neben diesem wie neben der Thüre laubartige Verzierungen. Links unter dem Sitze des Landpflegers ein kleiner Hund mit einem Knochen in der Schnauze. Fehlt bei Passavant.

H. 3 Z. 3 L., B. 2 Z. 3 L.

No. 448.

St. Sebastian. (1470—1480.)

(St. Sébastien, de la fin du 3e quart du 15e siècle.)

Der nackte Heilige, mit schmalem Lendentuche versehen, steht rechts an einem kahlen Baume, an welchem seine gekreuzten Hände vermittelst eines Strickes festgebunden sind. Drei Pfeile stecken in seinem Körper, einer im Rücken, die beiden anderen in seinem Schenkel. Sein von langem Haar umwalltes Gesicht hat fast jungfräulichen Typus. Rechts sind der Kaiser Diocletian, ein Krieger, der einen Pfeil auf den Heiligen abschiesst, und eine dritte Figur hinter dem Kaiser.

Das Blatt ist colorirt.

H. 2 Z. 2 L., B. 1 Z. 3 L.

(Feuillet colorié.)

No. 449.

Chrifti Verfpottung bei der Zurichtung des Kreuzes. (1470—1480.)

(Moquerie de Jésus-Christ pendant la préparation de la croix, de la fin du 3e quart du 15e siècle.)

Composition von zehn Figuren. Der nackte Heiland sitzt in der Mitte des Grundes, nach rechts gewendet, auf einem viereckig behauenen Steine, zwei Häscher halten ihn an den Armen, die übrigen schauen entweder zu oder zeigen spottend mit der Hand auf den Heiland. Alle, je drei zu einer Seite des Heilandes, tragen, bis auf zwei, spitze Hüte. Vorn sind drei andere Knechte mit der Zurichtung des am Boden liegenden Kreuzes beschäftigt. Das Ganze ist von einem Zierrande eingeschlossen.

Das Blatt, Bartsch und Passavant unbekannt, zeugt im Ganzen von wenig Verdienst.

H. 2 Z. 7 L., B. 1 Z. 10 L.

No. 450.

Paffion Chriſti. 2 Blättchen. (1470—1480.)

(Deux feuillets d'une Passion, de la fin du 3e quart du 15e siècle.)

1. **Chriſtus am Oelberge.** Der Heiland kniet, die rechte Hand erhebend, in der Mitte des Blattes, nach rechts gekehrt, wo oben der Kelch ſteht; die drei Jünger, in nächſter Nähe, ſchlafen auf derſelben Seite. Links im Grunde hinter dem Zaune des Gartens iſt Judas mit zwei Begleitern, von denen einer eine Pechpfanne auf einer Stange trägt. Der Zaun des Gartens iſt geflochten und hat in der Mitte eine Pforte.

2. **Die Geiſſelung Chriſti.** Der nackte, nur mit dem Lendentuche bekleidete, an den Händen gebundene Heiland ſteht, nach rechts gekehrt, in der Mitte und umſchlingt mit den Armen die Marterſäule. Zwei links ſtehende Henker hauen mit Geiſſeln auf ihn ein; der vordere von dieſen, mit einem runden Hute auf dem Kopfe, zerrt zugleich an ſeinem langen Haar. Rechts vor einem Vorhange ſitzt Pilatus im Geſpräche mit einer anderen Figur.

Beide Blätter ſind colorirt und gehören wohl einer vollſtändigen Folge der Paſſion an, ſind aber von Paſſavant nicht beſchrieben. Ihr künſtleriſcher Werth iſt ziemlich gering.

H. und B. 1 Z. 5—6 L.

(Feuillets coloriés.)

No. 451.

St. Ratharina von Aegypten. (1470—1480.)

(St. Cathérine d'Egypte, de la fin du 3e quart du 15e siècle.)

Die Heilige ſteht im Vordergrunde einer nur leicht angedeuteten Landſchaft und iſt, von vorne geſehen, ein wenig nach links gewendet, auf welche Seite ſie auch den gekrönten, von einer Glorie umgebenen Kopf neigt. Sie iſt mit einem langen unter der Bruſt gegürtelten Gewande und einem Mantel bekleidet. In der Rechten hat ſie ein Schwert, deſſen Spitze auf dem Erdboden ruht, während ſie die Linke gegen ihren Leib hält. Links bei ihren Füssen das Rad, rechts eine Pflanze; links gegen den Grund eine Blume.

Unbeschriebenes Blatt, dessen Druck auf unserem Exemplare leider etwas unrein und verwischt ist.

H. 2 Z. 2 L., B. 1 Z. 7 L.

(L'impression de ce feuillet n'est pas bien claire.)

No. 452.

St. Auguſtin. (Um 1475.)

(St. Augustin, du commencement du dernier quart du 15e siècle.)

Der Heilige steht vorn auf dem Strande des Meeres. Er trägt auf dem von einer Glorie umgebenen Kopfe die Bischofsmütze und ist mit einem langen Gewande mit Pelzkragen und capuzenartigem Aufschlage bekleidet, hält mit der Rechten ein Beuteltuch und seinen gegen die Schulter gelehnten Stab, dessen gewundene Schnecke eine gothische Blume bildet. Ihm gegenüber sitzt das kleine Jesuskind, das mit einem Löffel Wasser in eine kleine Grube schöpft. Auf dem felsigen Strande wächst rechts oben ein Lorbeerbaum; hinter dem Meere liegt das durch eine befestigte Mauer geschützte Civitavechia, hinter dessen Dom sich ebenfalls ein hoher Lorbeerbaum erhebt.

Dieses, von Passavant nicht beschriebene Blatt, zeugt von künstlerischem Geschick und Verständniss, namentlich in Behandlung der Figuren. Einige leichte Andeutungen von Colorit finden sich auf dem Blatte.

H. 3 Z. 8 L., B. 2 Z. 11 L.

(Feuillet légèrement colorié.)

No. 453.

Maria mit dem Kinde. (Um 1475.)

(St. Marie avec l'enfant Jésus, du dernier quart du 15e siècle.)

Die heilige Jungfrau ist sitzend vorgestellt und unbedeutend nach rechts gewendet; sie hält mit beiden Händen das nackte Kind und hat eine Strahlenglorie um ihr Haupt, von welchem langes Haar auf den

Rücken herabwallt. Ein faltenreicher Mantel verhüllt ihren Unterkörper.

Gutes Blättchen von ernstem Charakter, welches Passavant fehlt.
Das Blatt ist colorirt, der Grund mit Gold gehöht, das leider zum
Theil abgebröckelt ist.

H. 1 Z. 3 L., B. 10 L. .

(Feuillet colorié, le fond rehaussé d'or, qui s'est écaillé en partie.)

No. 454.

Maria mit dem Kinde. (Um 1475.)

(St. Marie avec l'enfant Jésus, du dernier quart du 15e siècle.)

Die heilige Jungfrau sitzt, gegen den Beschauer gekehrt, auf einer
durch ihr Gewand verdeckten Bank und hat den nicht sichtbaren linken
Fuss auf den Halbmond gesetzt, dessen Spitzen über ihr Gewand her-
vorragen. Sie neigt das gekrönte, von einer Glorie umgebene Haupt
auf die linke Seite und hält mit beiden Händen das nackte Kind, das
in der ausgestreckten Linken eine Rose hält. Ihr langes Haar wallt
auf den Rücken herab. Das weite faltenreiche Obergewand, über der
Brust durch eine Spange zusammengehalten, breitet sich über den mit
Gras bewachsenen Erdboden aus. Leuchtende Strahlen umfliessen ihren
Oberkörper.

Eine doppelte runde Linienumrandung schliesst das Bild ein. Fehlt
bei Passavant. Dieses Blatt ist ebenso vortrefflich in der Zeichnung als sorgfältig in der Ausführung. Es ist schön colorirt.

Durchmesser 2 Z. 11 L.

(Feuillet soigneusement colorié.)

No. 455.

Maria als Himmelskönigin. (Um 1475.)

(St. Marie, la reine du ciel, de la fin du 3e quart du 15e siècle.)

Die heilige Jungfrau steht, ein wenig nach rechts gewendet, auf
dem Halbmonde und hält mit dem linken Arme das nackte Kind, dessen
Fuss sie mit der rechten Hand erfasst. Ihr gekröntes, ein wenig nach
rechts geneigtes Haupt umgiebt ein Glorienschein. Sie ist mit einem

15*

langen Gewande, welches sie um den Unterkörper des Kindes gewickelt
hat, bekleidet und trägt langes, über die Schultern herabwallendes
Haar. Eine Aureola umgiebt ihren ganzen Körper. Das Kind scheint
einen Apfel zu halten.

Hübsches Blättchen von guter Zeichnung und sorgfältiger Ausführung. Es hat, falls es nicht verschnitten ist, ovale Form
und ist mit vieler Sorgfalt colorirt.

H. 1 Z. 11 L., B. 1 Z. 4 L.

(Feuillet soigneusement colorié, qui est d'une forme ovale, si l'on
ne lui a pas donné cette forme par circoncision.)

No. 456.

Chriſtus als Schmerzensmann. (Um 1475.)

*(Jésus-Christ, l'homme de douleurs, du commencement du
dernier quart du 15e siècle.)*

Der nackte Heiland, in halber Figur und von vorn gesehen, steht
vor seinem Kreuze in einem unten im Blatte angebrachten Sarkophag.
Die Hände hält er gekreuzt über seinem Leibe und neigt das von einer
Glorie umgebene Haupt nach rechts. Seine Augen sind geschlossen
und sein langes Haar wallt lockig auf die Schultern herab. Oben am
Kreuze ein Täfelchen mit nicht verständlicher Inschrift in Spiegelschrift.

Rundes Niello. Fehlt bei Passavant.

Das Exemplar ist colorirt, der Grund mit Gold und Silber
gehöht.

Durchmesser 1 Z. 6 L.

(Feuillet colorié, rehaussé d'or et d'argent.)

No. 457.

Maria als Himmelskönigin. (Um 1475.)

*(St. Marie, la reine du ciel, du commencement du dernier
quart du 15e siècle.)*

Die heilige Jungfrau, in halber Figur auf dem Halbmonde sitzend
und nach links gewendet, hält auf ihrem rechten Arme mit der rechten
Hand das nackte sitzende Kind, das mit der Linken den Saum ihres

Untergewandes erfasst. Auf dem Kopfe trägt sie eine Krone und um dieselbe eine Glorie mit drei Sternen. Ihr langes Haar fällt über den Rücken herab. Eine Aureola umfliesst ihren Körper.

Ovales, fast rundes Blättchen. Fehlt bei Passavant. Das Exemplar ist colorirt.

H. 1 Z. 2 L., B. 1 Z.

(Feuillet ovale colorié.) .

No. 458.

Maria als Himmelskönigin und mit zwei Engeln.

(Um 1475.)

(St. Marie, la reine du ciel, avec deux anges, du dernier quart du 15ᵉ siècle.)

Die heilige Jungfrau steht, von vorn gesehen, auf dem Halbmonde und hält das nackte liegende Kind auf den Armen. Eine mit zwölf Sternen besäte Glorie umgiebt ihr mit einer Krone geschmücktes Haupt. Flammende Strahlen gehen von ihrem Körper und von dem Halbmonde aus; zu ihren Seiten knieen zwei verehrende Engel. Fehlt Passavant.

Das Blatt ist colorirt, der Grund mit Gold gehöht.

H. 1 Z. 2 L., B. 1 Z.

(Feuillet colorié, rehaussé d'or.)

No. 459.

Die Messe des heiligen Gregor. (Um 1475.)

(La messe du St. Grégoire, du dernier quart du 15ᵉ siècle.)

Der heilige Papst kniet im Gebet, nach rechts gekehrt, auf der rundgeschnittenen Stufe eines Altars, auf welchem zwischen Kreuz und Kelch der nackte, nach rechts gekehrte Heiland erscheint; dieser wendet das Haupt zum Papste und zeigt mit der Rechten auf das Wundenmal an seiner Seite.

Ferner stehen auf dem Altare das Kreuz, ein Kelch, zwei Leuchter und ein Buch; die Martersäule steht links. Links neben dem Papste steht ein Cardinal, des Ersteren Tiara haltend, und gegenüber auf der

rechten Seite des Altars ein Bischof mit Stab und Buch. Der Boden
ist getäfelt.

Nielloartiges Blättchen von ovaler Form. Fehlt Passavant und ist
colorirt.

H. 1 Z. 3 L., B. in der Mitte 1 Z. 1 L.

(Feuillet colorié.)

.

No. 480.

Die Messe des heiligen Gregor. (Um 1475.)

(La messe du St. Grégoire, du dernier quart du 15e siècle.)

Aehnliche Darstellung in demselben Charakter und wohl von derselben Hand gefertigt als die vorige Nummer. Hinter dem Altare sind
die Marterwerkzeuge angebracht und rechts stehen zwei Kannen auf
einem Tische. Fehlt Passavant.

Das Blättchen ist mit lebhaften Farben colorirt.

Durchmesser 1 Z. 2—3 L.

(Feuillet vivement colorié.)

No. 481.

Maria als Himmelskönigin. (Um 1475.)

(St. Marie, la reine du ciel, du dernier quart du 15e siècle.)

Die Mutter Gottes steht, ein wenig nach rechts gewendet, auf dem
Halbmonde und hält mit beiden Händen das nackte Kind auf ihrem
linken Arme. Auf dem Haupte trägt sie eine hohe Krone, welche ein
Glorienschein mit 11 Sternen umschliesst, und über dem Untergewande
einen Mantel, welchen sie vorn aufgenommen hat. Ihr langes Haar
wallt auf den Rücken herab. Eine Aureola umschliesst ihre Gestalt.

Kleines ovales Blättchen von edler Auffassung und fleissiger Ausführung. Fehlt Passavant.

Das Exemplar ist sorgfältig colorirt, der Grund mit Gold gehöht.

H. 1 Z. 1 L., B. in der Mitte 9 L.

(Feuillet ovale bien colorié, le fond rehaussé d'or.)

No. 462.

Maria als Himmelskönigin. (Um 1475.)

(St. Marie, la reine du ciel, du dernier quart du 15ᵉ siècle.)

Aehnliche Darstellung und wohl von derselben Hand als No. 461.
Die heilige Jungfrau ist jedoch ein wenig nach links gewendet und
zwischen den von ihrem Körper ausgehenden Feuerflammen der Aureola
sind noch feine Lichtstrahlen angebracht. Colorirt.

H. 1 Z. 1 L., B. in der Mitte 9 L.

(Feuillet ovale colorié.)

No. 463.

Maria als Himmelskönigin. (Um 1475.)

(St. Marie, la reine du ciel, du dernier quart du 15ᵉ siècle.)

Die heilige Jungfrau, nach rechts gewendet, steht auf dem Halbmonde, hält das nackte, hier aufrecht sitzende Kind mit beiden Händen
auf ihrem linken Arme und trägt eine hohe Krone auf dem von einer
sternenbesäten Glorie umgebenen Haupte. Ihr langes Haar fliesst den
Rücken herab und über dem Untergewande trägt sie einen vor der
Brust offenen, unten aufgenommenen Mantel. Sternförmige Strahlen,
mit dünnen Lichtstrahlen untermischt, gehen als Aureola von ihrem
Körper aus.

Ovales Blättchen, das Passavant fehlt. Es ist colorirt

H. 1 Z., B. in der Mitte 10 L.

(Feuillet ovale colorié.)

No. 464.

Ein knieender Mönch. (Um 1475.)

(Un moine étant à genoux, du dernier quart du 15ᵉ siècle.)

Ein Mönch kniet, im Profil gesehen, nach rechts gekehrt und erhebt die Hände zum Gebet. Sein Kopf trägt die Tonsur, seine Kutte

mit Gürtel und Strick ist weiss, ebenso sein auf den Seiten offenes Scapulier mit Capuze.

Der Grund ist rechts vergoldet, links, wie der Fussboden, grün.

Fehlt Passavant.

H. 1 Z. 3 L., B. in der Mitte 7 L.

(Feuillet ovale colorié.)

No. 465.

Ein knieender Mönch. (Um 1475.)

(Un moine étant à genoux, du dernier quart du 15e siècle.)

Aehnliches Blatt wie das vorhergehende und von derselben Hand gefertigt. Der Mönch, bärtig und ohne Tonsur, kniet im Profil nach links gekehrt und erhebt die Hände zum Gebet. Er trägt eine Kutte mit Gürtel, eine vorn und hinten zugespitzte Mozetta, an welcher die Capuze befestigt ist.

Seine Tracht ist weiss, der Grund vergoldet, der Boden grün gelblich.

H. 1 Z. 3 L., B. in der Mitte 7 L.

(Feuillet ovale colorié.)

No. 466.

St. Theresia. (Um 1475.)

(St. Thérèse, du dernier quart du 15e siècle.)

Die Heilige in weissem Untergewande und vergoldetem Mantel, stehend und gegen den Beschauer gekehrt, hält mit der Rechten ein Crucifix, auf der Linken ein Herz. Ein geflochtener Bund umgiebt ihr durch ein weisses Tuch verhülltes Haupt, dessen Glorie gelb ist. Ueber dem Haupte flattert ein Band mit ihrem Namen, der jedoch nicht mehr erkennbar, weil unser Exemplar oben und unten etwas verschnitten ist. Fehlt Passavant.

H. 1 Z. 4 L., B. 10 L.

(Feuillet colorié, fortement rogné.)

No. 487.

Dornenkrönung Christi. (Um 1480.)

*(Le couronnement d'épines de Jésus-Christ, du dernier quart du
15° siècle.)*

Der gegen den Beschauer gekehrte Heiland sitzt mit kreuzweis
gefesselten Händen in der Mitte auf einer profilirten steinernen Bank.
Er ist mit einem langen Gewande bekleidet und neigt den von einer
Glorie umgebenen Kopf etwas auf seine rechte Seite. Zwei Henker
drücken mit kreuzweis gelegten Stöcken die Dornenkrone auf sein Haupt
nieder. Sie stehen zu Seiten der Bank, erheben als Zeichen höhnischer
Lust das eine Bein und halten die Stöcke mit beiden Händen. Den
Grund des gewölbten Gefängnisses bildet eine dicke Mauer mit zwei
Fenstern. Der Fussboden ist getäfelt. Dieses von Passavant nicht be-
schriebene Blatt ist eine gegenseitige Imitation eines Blattes vom
Meister Johann von Cöln zu Zwolle (Passavant, No 53).

Das Exemplar ist sorgfältig colorirt, aber leider an den Ecken
beschnitten.

H. 2 Z. 4 L., B. 1 Z. 10 L.

(Feuillet colorié, malheureusement rogné aux coins.)

No. 488.

Dornenkrönung Christi. (1480—1490.)

*(Le couronnement d'épines de Jésus-Christ, du dernier quart du
15° siècle.)*

Wie es scheint, eine freie Imitation des vorigen Blattes, da Anordnung und Umgebung der Figuren die nemlichen sind. Auffassung
und Ausführung sind aber weit roher, auch das Colorit weniger sorgfältig.

H. 2 Z. 6 L., B. 1 Z. 9 L.

(Imitation du feuillet précédent d'une exécution moins fine,
également colorié.)

No. 469.

Die Messe des heiligen Gregorius. Von Israel von Meckenen.

(La messe du St. Grégoire, par Israël de Meckenen.)

Dieses Blatt ist von Passavant II. p. 195 No. 228 beschrieben.

H. 7 Z. 6 L. ohne den Unterrand, B. 5 Z. 5 L.

No. 470.

Die Messe des heiligen Gregor. (Um 1480.)

(La messe du St. Grégoire, du dernier quart du 15ᵉ siècle.)

Dieses Bild scheint dasselbe zu sein, welches Passavant II. p. 233 No. 159 beschreibt, wennschon seine Angabe, dass es fast in Umrissen gestochen sei, nicht im eigentlichen Sinne auf unser Blatt passt, da alle Schattenpartien zum Theil mit Kreuzschraffirungen ausgeführt sind.

H. 2 Z. 7 L., B. 1 Z. 10 L.

No. 471.

St. Michael. (Um 1480.)

(St. Michel, du dernier quart du 15ᵉ siècle.)

Der geflügelte heilige Erzengel steht auf dem zu Boden geworfenen Satan, in dessen Rachen er mit seiner Linken die Spitze seines Kreuzstabes stösst, während er in der Rechten eine grosse Krone hält. Er ist nach links gewendet und neigt den Oberkörper ebenfalls auf diese Seite. Ein Glorienschein umgiebt sein Haupt, von welchem das lange, starke Haar auf die Schultern herabwallt. Bekleidet ist er mit einem langen, die Füsse und den Leib des Satans verhüllenden Gewande, das unten mit einer Borte verziert ist. Der Fussboden ist nur im Grunde

hinter der Figur durch unregelmässige Kreuzschraffirungen ausgedrückt.
Eine einfache Linienumrandung umschliesst das Ganze.

Passavant beschreibt II. p. 229 No. 129 ein ähnliches Blatt, das
fast nur in Umrissen gestochen ist.

H. 2 Z. 7 L., B. 1 Z. 9 L.

No. 472.

Chriſtus als Schmerzensmann. (Um 1480.)

*(Jésus-Christ, l'homme de douleurs, du dernier quart du
15ᵉ siècle.)*

Der Heiland, in halber Figur und gegen den Beschauer gekehrt
vor seinem Kreuze, legt die Hände kreuzweis über seinen Leib und
neigt das von einer Glorie umgebene Haupt auf die linke Seite. Seine
Augen sind geschlossen, sein langes Haar fällt in Locken auf die
Schultern herab. Ueber seinem Kopfe ist am Kreuze eine Tafel mit
einer Inschrift befestigt. Zu Seiten des Kopfes am Grunde stehen die
Buchstaben: links I C, rechts X C.

Dieses auf Pergament gedruckte Exemplar ist colorirt und von
einer colorirten Bordüre eingefasst. Unten befindet sich eine Bandrolle
mit der zweizeiligen Inschrift: Orate p magiſtro Rutgero de vela /
Canonico Gerrois ſ. pagie litterato. Fehlt bei Passavant.

H. 3 Z. 4 L., B. 2 Z. 11 L. ohne Bordüre.

H. 5 Z. 4 L., B. 4 Z. 9 L. mit Bordüre.

(Feuillet colorié, imprimé sur peau de vélin.)

No. 473.

Ein heiliger Mönch. (Um 1480.)

(Un saint moine, du dernier quart du 15ᵉ siècle.)

Der Heilige, in Mönchsgewand und mit einer Glorie, steht, nach rechts
gewendet, vorn in einer Landschaft und reicht dem rechts stehenden
bekleideten Jesuskinde die linke Hand, während er in der Rechten einen

Apfel hält. Der Grund der Landschaft ist hügelig und trägt einige
kleine Pflanzen.

Rundes niolloartiges Blatt, etwas colorirt und etwas schadhaft am
Rande. Fehlt Passavant.

Durchmesser 1 Z. 2 L.

(Feuillet rond, peu colorié et endommagé à la marge.)

No. 474.

Chriſtus wird auf das Kreuz gelegt. (Um 1480.)

*(Jésus-Christ va d'être posé sur la croix, du dernier quart du
15e siècle.)*

Der bluttriefende, nackte Heiland mit Dornenkrone wird von einem
Kriegsknechte um den Leib gehalten, während ein zweiter ihm das Gewand von den Armen abzieht. Bei Letzterem stehen links die heilige
Jungfrau mit verhülltem Haupte und St. Johannes, von welchem jedoch
nur der Kopf sichtbar ist. Rechts hinter dem Querbalken des Kreuzes
stehen noch zwei Männer. Auf dem Boden liegen ein Hammer und
drei Nägel.

Dieses Blatt ist colorirt und fehlt bei Passavant.

H. 2 Z. 3 L., B. 1 Z. 8 L.

(Feuillet colorié.)

No. 475.

Chriſtus todt im Schooße der heiligen Maria. (Die Pieta.)
(Um 1480.)

*(Jésus-Christ mort sur les genoux de St. Marie [La „Pieta", du
dernier quart du 15e siècle.)*

Der todte Heiland, mit der Dornenkrone um das Haupt, liegt auf
dem Schoosse der heiligen Jungfrau, welche vor dem Fusse des Kreuzes
sitzt, mit der Rechten den Arm ihres Sohnes fasst und ihren Blick
rechtshin nach seinem Haupte richtet. Links zur Seite des Kreuzes
steht die heilige Magdalena, das Gesicht nach links gewandt, und faltet
die Hände. Ihr Kopf, wie der der heiligen Jungfrau, ist in ein Tuch
gehüllt. Zur Rechten des Kreuzes stehen St. Johannes, der weinend
sein Gesicht in seinem Gewande verbirgt, und eine dritte, nur mit dem

Kopfe sichtbare, heilige Frau, die ein Band um das Haar trägt. Alle haben Glorien um das Haupt. Eine drei Linien breite Zierumrandung schliesst das Bild ein.

H. 2 Z. 6 L., B. 1 Z. 9 L.

No. 476.

Chriſtus am Kreuʒe ʒwiſchen ʒwei Engeln. Von A. Glockenton. (1481.)

(Jésus-Christ attaché à la croix entre deux anges, par A. Glockenton de l'année 1481.)

Dieses mit grosser Feinheit und Sorgfalt ausgeführte Blatt ist nach Passavant II. p. 127 No. 28 in der Hauptsache eine Imitation nach einem Blatte des niederländischen Meisters der Geschichte des Boccaccio. Man findet es in dem Würzburger Missale von 1481. Vergleiche den Aufsatz von Becker in Naumann's Archiv, Jahrg. II. p. 186 No. 4. Das Exemplar zeigt noch Spuren von gleichzeitigem Colorit.

H. 10 Z., B. 6 Z. 7 L.

(Feuillet portant encore des traces d'un ancien coloris.)

No. 477.

Das Wappen des Bisthums Eichſtädt und des Biſchofs Wilhelm von Reichenau. Von Wolf Hammer. (1484.)

(Les armes de l'évêché d'Eichstädt et de l'évêque Guillaume de Reichenau, gravées par Wolf Hammer vers 1484.)

Das Blatt ist nach Passavant II. p. 131 No. 33 eine Wiederholung im Kleinen vom Blatte Bartsch VI. p. 405 No. 26 und eine Arbeit des alten münchener Meisters Wolf Hammer, trägt aber dessen Zeichen nicht. Es gehört in das Eichstädter Missale, welches 1484 durch Michael Reyser gedruckt wurde. Zeichnung und Ausführung sind von edler Schönheit und erinnern an die Manier des Martin Schoen.

Gutes Exemplar mit breitem Rande.

H. 3 Z. 4 L., B. 3 Z. 7 L.

(Bon exemplaire grand de marges.)

No. 478.

Das Wappen des Bisthums Eichstädt und des Bischofs Wilhelm von Reichenau. Von Wolf Hammer.
(1483.)

(Les armes de l'évêché d'Eichstädt et de l'évêque Guillaume de Reichenau, gravées par Wolf Hammer vers 1483.)

Dasselbe Blatt desselben Meisters, welches aber grösser und, technisch angesehen, von ruuherer Arbeit ist. Bartsch X. p. 58 No. 37 ; Passavant II. p. 130 No. 26.

Unbeschnittenes Exemplar in einem vorzüglichen, kräftigen ersten Abdrucke vor dem Monogramm des Meisters, wie es in den 1483 von Michael Reyser gedruckten Statuten der Diöcese Eichstädt vorkommt.

H. 6 Z. 10 L., B. 7 Z. 5 L.

(Exemplaire non rogné; très-belle épreuve avant le monogramme du maître.)

No. 479.

Die Wappen des Bisthums Würzburg und des Bischofs Rudolph von Scheerenberg. Von A. Glockenton.
(1484.)

(Les armes de l'évêché de Wurzbourg et de l'évêque Rodolphe de Scheerenberg, gravées par A. Glockenton vers 1484.)

Dieser Kupferstich wurde für das Würzburger Missale verfertigt, welches 1484 durch Georg Reyser gedruckt wurde. Bartsch X. p. 56 No. 34. Passavant II. p. 128 No. 32. Naumann's Archiv, Jahrg. II. p. 187 No. 6.

Unser Exemplar, dessen Colorit mit grosser Sorgfalt behandelt ist, trägt auf der Rückseite und oben Text und ist ganz so, wie es im Buche vorkommt.

H. 6 Z. 3 L., B. 7 Z. 2 L.

(Feuillet colorié.)

No. 480.

Gott-Vater den todten Heiland haltend. (1480—1490.)

*(Dieu-Père tenant le Saint-Sauveur mort, du dernier quart du
15e siècle.)*

Beide sind in halber Figur dargestellt und tragen Glorien mit
Lilien um das Haupt. Gott-Vater, mit einem Mantel bekleidet, bärtig
und mit langem Haar, wendet den Kopf nach rechts und hält mit beiden
Händen den todten Heiland, dessen Haupt die Dornenkrone umgiebt;
sein rechter Arm hängt leblos herab. Im untern Theile des Blattes
befindet sich eine Wolken- und Strahleneinfassung, die auf eine orna-
mentale Bestimmung desselben hinzudeuten scheint, womit auch seine
äussere ovale, oben schmal zulaufende Form in Einklang steht. Fehlt
Passavant.

Der Grund unseres colorirten Exemplares ist vergoldet.

H. 1 Z. 6 L., B. 1 Z. 3 L.

(Feuillet colorié, dont le fond est doré.)

No. 481.

Maria mit dem Kinde. (1480—1490.)

(St. Marie avec l'enfant Jésus, du dernier quart du 15e siècle.)

Die heilige Jungfrau stehend, gegen den Beschauer gekehrt, hält
mit den Händen das nackte, aufrecht sitzende Kind, dessen Füsse sie
mit der Linken unterstützt. Das Kind streckt den rechten Arm aus
und schlingt den anderen um den Nacken der Jungfrau, welche eine
mit Edelsteinen besetzte Krone auf dem Haupte trägt und mit einem
Mantel über dem Untergewande bekleidet ist. Ihr langes Haar fliesst
über den Rücken herab. Der Mantel, vorn aufgenommen, breitet sich
rechts über den Boden aus.

Fehlt Passavant. Das Exemplar ist colorirt. Ein Rand
umschliesst das Bild.

H. 3 Z. 3 L., B. 1 Z. 4 L.

(Feuillet colorié.)

No. 482.

Die heilige Dreieinigkeit. (1484—1492.)

(La sainte trinité, du dernier quart du 15e siècle.)

Gott-Vater, mit hoher Krone auf dem Haupte und einem langen
Mantel bekleidet, sitzt, von vorn gesehen, auf einem gothischen Throne
und hält vor sich das Kreuz mit dem todten Heilande, auf dessen
Querbalken links der heilige Geist in Gestalt der Taube steht. Eine
vierfache Linienumrandung schliesst diese Darstellung ein. Dieselbe ist
ausserhalb wiederum von einem breiten Figurenrande eingerahmt,
welcher augenscheinlich in Beziehung zum Mittelbilde steht. Links
stehen vier Mönche und ein Abt, rechts fünf Krieger, welche jedoch
nur im Brustbilde oder mit ihren Köpfen sichtbar sind. Unten sitzen,
mit Händen und Füssen in zwei Stöcke geschlossen, je links und rechts
zwei nach oben blickende aufschreiende Männer, zwischen denen in der
Mitte ein Henker in halbknieender Stellung angebracht ist; derselbe
schwingt in der einen Hand eine Keule und zerrt mit der anderen
einen der in den Stock Geschlossenen am Haar. Oben in der Mitte
ist das Wappen Christi. Links oben das Wappen Papst Innocenz VIII.,
rechts ein Wappenschild mit dem Kreuze der Johanniter. Unten rechts
ein Täfelchen mit der Inschrift: Actum gnudaui:

Merkwürdiges, von Passavant nicht beschriebenes, vielfach
colorirtes Blatt.

H. 4 Z. 9 L., B. 3 Z. 6 L.
(Feuillet colorié.)

No. 483.

* Oberer Theil eines Tabernakels. Von Wenzel von Olmütz.

*(La partie supérieure d'un tabernacle, gravé par Venceslas
d'Olmütz.)*

Passavant II. p. 137 No. 51 beschreibt das Blatt nach unserem
Exemplare, welches sich durch kräftigen klaren Druck, vollkommene
Erhaltung und breiten Papierrand auszeichnet.

H. 21 Z. 2 L., B. unten 4 Z. 4 L., oben 10 L.
(Très-belle épreuve grande de marges.)

No. 484.

Der Apoſtel Paulus. Von Wenzel von Olmüß.

(L'apôtre St. Paul, gravé par Venceslas d'Olmütz.)

Das Blatt, eine der besseren Arbeiten des Wenzel von Olmütz, dessen Zeichen in der Mitte unten sich befindet, ist eine originalseitige Copie nach dem betreffenden Stiche des Martin Schön. Das Exemplar zeichnet sich durch klaren, kräftigen Druck und breiten Papierrand aus.

H. 3 Z. 6 L., B. 2 Z.

(Belle épreuve grande de marges.)

No. 485.

Chriſti Dornenkrönung. (1480—1500.)

(Le couronnement d'épines de Jésus-Christ, de la fin du 15e siècle.)

Der Heiland, in der Mitte des Blättchens und gegen den Beschauer gekehrt, sitzt auf einem behauenen steinernen Sitze; er ist mit einem langen Mantel bekleidet, unter welchem sein linker Fuss hervorragt, und hält das Rohr in der Rechten. Das von einer Glorie umgebene Haupt neigt etwas auf die linke Seite; zwei Henker, zu seinen beiden Seiten stehend, drücken mit zwei kreuzweis gelegten Stöcken die Dornenkrone auf sein Haupt nieder. Rundes, colorirtes Niello. Fehlt bei Passavant.

Durchmesser 1 Z. 1 L.

(Feuillet rond colorié.)

No. 486.

Chriſtus als Schmerzensmann. (1480—1500.)

(Jésus-Christ, l'homme de douleurs, de la fin du 15e siècle.)

Der nackte Heiland, in halber Figur dargestellt und von vorn gesehen, steht vor seinem Kreuze in der Grabkiste; er hat die Hände kreuzweis über seinen Leib gelegt und neigt das von einer Glorie umgebene Haupt auf die linke Seite. Sein langes Haar wallt lockig auf

die Schultern herab. Zu seinen Seiten sind die Marterwerkzeuge angebracht. Oben am Kreuze die Inschrift: ı ɴ ᴛ ı. Unten in der Mitte
an der Grabkiste das Symbol: 𝕴 𝖍 𝖘.

Rundes Niello, wohl von demselben Künstler, als das vorhergehende
Blatt. Fehlt Passavant.

Der Grund ist vergoldet, das Uebrige colorirt.

Durchmesser 1 Z. 1 L.

(Feuillet rond colorié, le fond doré.)

No. 487.

*Ein liegender Löwe. (1480—1500.)

(Un lion couché, du dernier quart du 15ᵉ siècle.)

Das edle Thier, von der Seite gesehen, liegt nach rechts gekehrt,
blickt finster aus den Augen, öffnet etwas den Mund und hat den linken
Hinterfuss unter den Leib gezogen. Der Schwanz schlingt sich zwischen
den Beinen hindurch. Die Mähne ist gross und lockig. Der Styl der
Zeichnung weist auf Italien hin. Das Thier ist naturwahr aufgefasst
und mit Grossheit behandelt. Der Druck scheint mit dem Reiber gemacht zu sein.

Das Blatt ist leider leicht lädirt.

H. 5 Z. 10 L., B. 7 Z. 1 L.

(Feuillet peu endommagé d'origine italienne.)

No. 488.

Christus am Kreuze. (Um 1490.)

(Jésus-Christ attaché à la croix, du dernier quart du 15ᵉ siècle.)

Der Heiland, in der Mitte am Kreuze, dessen Querbalken sich oben
durch die ganze Breite des Blattes erstreckt, ist etwas nach rechts gewendet, während das mit Dornenkrone und Glorie versehene Haupt
auf die linke Seite neigt. Seine Füsse reichen fast bis zum Erdboden,
welcher um den Stamm des Kreuzes steinig ist. Links steht, in ein
weites Obergewand gehüllt, die heilige Jungfrau, rechts Johannes,

der zum Heiland emporblickt und in der Linken ein geschlossenes Buch hält.

Fehlt Passavant.

Das Blatt, wie es scheint oben und unten verschnitten, ist mit lebhaften Farben colorirt. Eine Linie schliesst das Ganze ein.

H. 2 Z. 10 L., B. 2 Z. 3 L.

(Feuillet colorié et, comme il parait, coupé en haut et en bas.)

No. 489.

* **Hirſchjagd und Amoretten.   Florentiniſches Niello.**
(1480—1500.)

(Une chasse au cerf, dix amours et enfans.   Nielle florentin du dernier quart du 15e siècle.)

Dieses reizende Niello, von grosser Schönheit in der Zeichnung und ungemeiner Feinheit in der Ausführung, ist bei Passavant I. p. 325 No. 671 beschrieben. Es ist auf dem zu No. 427 gehörigen Kupfer abgebildet.

H. 10 L., B. 3 Z. 1 L.

(Une reproduction se trouve sur la planche appartenant à No. 427.)

No. 490.

* **Herkules zerreißt den Nemeiſchen Löwen.   Italieniſches Niello.**   (Um 1500.)

(Hercule terrasse le lion de Némée.   Nielle italien du commencement du 16e siècle.)

Der Held, nackend, kniet nach rechts gekehrt, mit dem linken Beine auf dem Hinterkörper des Löwen und zerreisst mit beiden Händen seinen Rachen.   Seinen Buckelschild trägt er an einem Bande hinter dem Rücken und auf dem Haupte eine niedrige, runde Kopfbedeckung, von welcher vier Bänder rechtshin flattern.   Links im Mittelgrunde ein Baum, entfernter noch einige andere Bäume, rechts ein Fels, auf welchem ein Strauch.

Durchmesser 1 Z. 6 L.

No. 491.

Chrifti Geburt. Niello. (Um 1500.)

*(La naissance de Jésus-Christ. Nielle du commencement du
16' siècle.)*

Rundes Niello von vortrefflicher Zeichnung und Ausführung. Passavant I. p. 257 No. 459.

Durchmesser 1 Z. 7 L.

(Feuillet d'une exécution magnifique.)

No. 492.

Die Sibylle und der Kaifer Auguftus. Niello. (Um 1500.)

*(La Sibylle et l'empereur Auguste. Nielle du commencement du
16' siècle.)*

Rundes Niello, offenbar von derselben Hand und von vorzüglicher
Ausführung wie das vorige Blatt. Passavant I. p. 313 No. 608.

(Feuillet d'une exécution magnifique.)

No. 493.

*Die heilige Dreieinigkeit erfcheint einem Sterbenden. (Um 1500.)

*(La sainte trinité paraissant à un mourant, de la fin du
15' siècle.)*

Reiche Composition mit Schriftbändern und gothischen Inschriften.
Ein Sterbender mit abgemagerten Körperformen, liegt mit dem Kopfe
links in einem Bette, vor welchem ein runder Tisch mit einem aufgeschlagenen Buche, einem Mörser und vier Gefässen steht. Ein Mönch
steht auf der Stufe des Bettes und erfasst mit der Linken die Hand
des Sterbenden, während er in der Rechten eine brennende Kerze hält.
Rechts am Fusse des Bettes steht der Teufel mit einem Haken in der
Linken. Dem Teufel gegenüber am Kopfe des Bettes links ein Engel.
Ueber dem Bettaufsatze kniet die heilige Jungfrau nach dem Heiland
gewendet. In der Mitte des Blattes hängt der Heiland am Kreuze,
aufblickend zu Gott-Vater, der oben unter einem Thronhimmel mit

Vorhängen zwischen zwei Engeln erscheint, welche die Leidenswerkzeuge Christi halten; im Brustbilde Gott-Vater segnend mit dem heiligen Geiste, umgeben von strahlendem Gewölke. Hinter dem Bette erblicken wir unter dem Kreuzesstamme sechs klagende Männer und zwei Frauen; ein Mönch mit Brille liest aus einem Buche. Rechts neben dem Heiland der heilige Bernhard. Rechts unter ihm ein Schrank mit geöffneten Thüren, in welchem ein Teufel beide Hände nach drei auf dem oberen Regale stehenden Büchsen ausstreckt, während neben ihm ein Mann den Kopf in den Schrank und die Hand in eine um seinen Leib gegürtete Tasche steckt. Oben auf dem Schranke stehen ein Becher, eine hohe Kanne und eine Schüssel. Auf den Pfeilern des Aufsatzes an dem Kopfende des Bettes knieen zwei Engel und am Aufsatze selbst ist innerhalb eines Ringes und Kranzes ein durchbohrtes Herz angebracht.

H. 9 Z. 9 L., B. 7 Z.

(Feuillet important.)

No. 494.

Maria mit der Uhr, oder das Zeitglöcklein.
(Um 1500.)

(La Vierge à l'horloge, ou la clochette du temps, de la fin du 15e siècle.)

Passavant II. p. 206 D. führt dieses Blatt nach unserem Exemplare auf. Es ist eine Copie nach einem Blatte des alten niederdeutschen Meisters ß. mit dem Schneidemesser und scheint das Original der heiligen Jungfrau mit der Uhr des Israel von Meckenen (Bartsch No. 145) zu sein.

Durchmesser 1 Z. 9 L.

No. 495.

Maria mit der Uhr, oder das Zeitglöcklein.
(Um 1500.)

(La Vierge à l'horloge, ou la clochette du temps, de la fin du 15e siècle.)

Nach Passavant II. p. 206 die Copie C im Sinne des Originals, aber mit dem Unterschiede, dass oben zu beiden Seiten des Kopfes der heiligen

Jungfrau, die den heiligen Benedict mit der Rechten am Kinn fasst,
zwei Bandrollen flattern. Leicht colorirt.

Durchmesser 1 Z. 11 L.

(Feuillet légèrement colorié.)

No. 496.

Maria mit der Uhr, oder das Zeitglöcklein.
(Um 1500.)

*(La Vierge à l'horloge, ou la clochette du temps, de la fin
du 15ᵉ siècle.)*

Anders behandelt als das vorhergehende Blatt und von Passavant
nicht angezeigt.

Durchmesser 1 Z. 6 L.

No. 497.

Maria mit der Uhr, oder das Zeitglöcklein. Von Israel
von Meckenen.

*(La Vierge à l'horloge, ou la clochette du temps, par Israël
de Meckenen.)*

Dieses Blatt ist von Bartsch unter No. 115 des Meisters beschrieben.

H. 4 Z., B. 3 Z. 10 L.

No. 498.

Die Einsetzung des heiligen Abendmahls.
(Um 1500.)

(La Cène, de la fin du 15ᵉ siècle.)

Bei Passavant II. p. 218 No. 59 beschrieben.

H. 3 Z. 1 L., B. 2 Z. 3 L.

No. 499.

Der Rofenkranz der Bruderſchaft Jeſu.
(Um 1500.)

(Le rosaire de la société de Jésus, de la fin du 15ͤ siècle.)

Christus am Kreuze, umgeben von Aposteln und anderen Heiligen
in einem Rosenkranze, in welchem fünf Kronen angebracht sind. Der
Stamm des Kreuzes steht unten im Fegefeuer, aus welchem zwei
schwebende Engel büssende Seelen abgeschiedener Menschen erlösen.
Auf dem Quer-Balken Gott-Vater in halber Figur mit der Weltkugel in
der Linken, links die gekrönte heilige Jungfrau mit dem Kinde, rechts
ein anbetender Engel, sämmtlich in halber Figur. Oben rechts im
Winkel die Stigmatisation des heiligen Franciscus, links die Messe des
Papstes Gregor, und in der Mitte das Schweisstuch der heiligen Veronica. Im Unterrande steht:

Jeſus Bruderſchafft
des Hymeliſchenn Roſenkranh.

Das Exemplar ist colorirt. Fehlt bei Passavant.

H. 3 Z. 9 L., B. 2 Z. 7 L.

(Feuillet colorié.)

No. 500.

Chriſtus am Oelberg. (Um 1500.)

(Jésus-Christ au mont des Oliviers, de la fin du 15ͤ siècle.)

Der Heiland kniet fast in der Mitte nach rechts gekehrt, wo auf
einem Fels der Leidenskelch steht; ein Engel mit dem Kreuze schwebt
unmittelbar über dem Fels und Gott-Vater mit Weltkugel und heiligem
Geiste erscheint über dem Engel in Gewölk. Drei Jünger schlafen vor
und hinter den Füssen des Heilandes auf dem bewachsenen Fussboden;
Petrus mit dem Schwerte links. Im Hintergrunde, hinter dem geflochtenen Zaune des Gartens, ist eine Anzahl Soldaten mit Fahne,
Windlichtern und Waffen; Judas tritt zur bedeckten Pforte herein. Eine

drei Linien breite Blumenumrandung schliesst das Bild ein, ist jedoch auf diesem Exemplare oben leider verschnitten. Das Blatt ist reich colorirt.

H. 3 Z., B. 2 Z. 2 L. mit der Bordüre.

(Feuillet richement colorié, fortement rogné à la marge du haut.)

No. 501.

St. Georg. Deutſches Niello. (1500—1525.)

(St. George. Nielle allemand, du 1er quart du 16e siècle.)

Bei Passavant I. p. 308 No. 571.

Durchmesser 1 Z. 3 L.

No. 502.

St. Georg. Deutſches Niello. (1500—1525.)

(St. George. Nielle allemand, du 1er quart du 16e siècle.)

Alte Copie des vorigen Blattes, welche Passavant fehlt.

Durchmesser 1 Z. 3 L.

No. 503.

St. Georg. Deutſches Niello. (1500—1525.)

(St. George. Nielle allemand, du 1er quart du 16e siècle.)

Bei Passavant I. p. 308 No. 574.

Durchmesser 1 Z. 7 L.

No. 504.

St. Georg. Deutsches Niello. (Gegen 1500.)

(St. George. Nielle allemand, du 1er quart du 16e siècle.)

Nach Passavant I. p. 308 No. 573 ist dieses Blättchen eine ver-
kleinerte Copie des Blattes von M. Schön, Bartsch 51.

Durchmesser 1 Z. 6 L.

No. 505.

St. Georg. Deutsches Niello. (1500—1525.)

(St. George. Nielle allemand, du 1er quart du 16e siècle.

Mit der Radirnadel hergestelltes Blättchen. Passavant I. p. 308
No. 572.

Durchmesser 1 Z. 6 L.

No. 506.

St. Georg. Deutsches Niello. (1500—1525.)

(St. George. Nielle allemand, du 1er quart du 16e siècle.)

Bei Passavant I. p. 308 No. 575.

Durchmesser 1 Z. 1 L.

No. 507.

St. Christoph. Niederländisches Niello. (Um 1520.)

(St. Christophe. Nielle néerlandais, gravé vers 1520)

Bei Passavant III. p. 71 No. 210.

Durchmesser 1 Z. 9 L.

No. 508.

St. Urfula.   Vom Meister S.

(St. Ursule, du maitre S.)

Bei Passavant III. p. 77 No. 258.

Das gut erhaltene Exemplar hat breiten Papierrand

H. 3 Z. 5 ½ L., B. 2 Z. 5 L.

(Feuillet bien conservé et grand de marges.)

Typographische Werke.

(Ouvrages typographiques.)

No. 509.

Biblia latina. (Mainz, Gutenberg.) 881 Blätter zu
2 Columnen mit 36 Zeilen. Folio.

Von dieser kostbaren ersten gedruckten Bibel besitzen wir das 52.
und 56. Blatt des zweiten Bandes auf Papier gedruckt. Die zweite
Hälfte der zweiten Columne ist leider fortgeschnitten.

(Les 52⁰ et 56⁰ feuillets du 2ᵈ volume de la précieuse première
bible à 36 lignes imprimée par Gutenberg à Mayence. La
seconde moitié de la seconde colonne en est
découpée.)

No. 510.

Pfalmorum Codex. Moguntiae, per Joh. Fuſt et Petr.
Schoiffer, 1457. Folio.

Ein Blatt dieses ersten, mit Jahreszahl versehenen Buches, dieses
Meisterwerkes der Buchdruckerkunst, auf Pergament gedruckt.
Seite 1, Zeile 1: Aut in fine miſericordiā fuā abſcidet:

(Un feuillet de peau de vélin du premier livre imprimé avec
une date.)

No. 511.

**Durandi Rationale divinorum officiorum. Magunt. J. Fust
et P. Schoiffer, 1459. Folio.**

Das 49. Blatt auf Pergament gedruckt. Dasselbe enthält je 2 Columnen zu je 63 Zeilen.

(Le 49 feuillet imprimé sur peau de vélin en 2 colonnes à
63 lignes par page.)*

Ueber den für die Stadt Mainz überaus verderblichen aber für
die Verbreitung der Buchdruckerkunst so erfolgreichen Streit der Erzbischöfe Diether von Isenburg und Adolph von Nassau besitzen wir in
Nachstehendem wohl die reichste Sammlung von jenen höchst seltenen
mainzer Einblattdrucken.

Ein vollständiger, getreuer Abdruck derselben befindet sich unter
den gleichlautenden Nummern meines Werkes „Die Anfänge der Druckerkunst".

No. 512.

__*Kaiser Friedrich III. Bulle der Entsetzung des Erzbischofs
Diether von Isenburg vom Erzbisthum Mainz.
Sonnabend vor Laurenzii. (8. August 1461.)__

*(Bulle de l'empereur Frédéric III. regardant l'enlèvement de
l'archevêque Diether d'Isenbourg de l'archevêché de Mayence.
Samedi avant Laurent. (le 8. Août 1461.)*

Diese Bulle ist in 28 Zeilen mit den Typen der Bibel von 1462
auf einem unbeschnittenen Bogen gedruckt. Der Initial W ist in diesem
Exemplare noch nicht eingeschrieben. Sie beginnt:

**Jr friederich von gottis gnaden. Romischer Keyser. in allen citten
merer des Riches. zu Hungern Dalmacien Croacien ic. Konig /**

und schliesst:

**Jm cziwenbcziwencziigsten. Des keyserthumß Jm cehenden. vnd des
hungristen Jm dritten Jaren**

(Un feuillet sur papier non-rogné, imprimé à 28 lignes avec les
types de la Bible de 1462.)

No. 513.

*Papst Pius II. Entsetzungsbulle des Erzbischofs von Mainz, Graf Diether von Isenburg. (21. August 1461.)

(Bulle du pape Pie II. regardant l'enlèvement de l'archevêque de Mayence, Comte Diether d'Isenbourg [le 21. Août 1461.)

Diese Bulle ist mit den Typen von Durandi Rationale in 87 Zeilen auf einen grossen, unbeschnittenen Bogen in Folio gedruckt. Der Initial **p** ist in unserem Exemplare eingeschrieben und am Schlusse steht handschriftlich: **Cop collacionata p me Jo Stube nōt.** Sie beginnt:

Jus eps suus suoꝗ dei ad ppetuā rei memoriā Jn apl'ice sedis specula . . . .

und schliesst:

Millesimoquadringentesimosexagesimoprimo. Duodecimo kalend' Septembris. Pontificatus nostri Anno tercio.

(Un grand feuillet en folio non-rogné, imprimé a 87 lignes avec les types de Durandi Rationale.)

Brit. mus.

No. 514.

*Papst Pius II. Bulle für Adolph von Nassau, Erzbischof von Mainz.

(Bulle du pape Pie II. pour Adolphe de Nassau, archevêque de Mayence.)

Diese Bulle ist ebenfalls mit den Typen von Durandi Rationale gedruckt und zwar in 27 Zeilen auf einen Bogen in Folio. Der Initial **p** ist in diesem Exemplare eingeschrieben und am Schlusse steht handschriftlich: **Cop collationata p me Jo Stube not..**

Sie beginnt:

Jus epūs suus suoꝗ dei Dilco filio Adolpho de Nassau electo magūtiñ . . .

und schliesst:

Anno incarnacōnis dominice Millefimoquadringelefimofexagefimopnto. duodeciō kalenb' Seplēbris. Pontificatus noftri Anno lexcio

'Un feuillet en folio imprimé à 27 lignes avec les types de Durandi Rationale.)

Bril ber

*No. 515.

Ein anderes Exemplar derselben Bulle mit Abweichungen, woraus erhellt, dass Zwei verschiedene Auflagen dieser Bulle gedruckt wurden.

'Autre exemplaire de la même bulle avec des variantes dans le texte, d'où il resulte, qu'on en a imprimé deux diverses éditions.)

Brit. Murem

No. 516.

*Papft Pius II. Bulle an das mainzer Rapitel bezüglich Diether von Ifenburg und Adolph von Naffau.

(Bulle du pape Pie II. adressée au chapitre de Mayence, rélative à Diether d'Isenbourg et Adolphe de Nassau.)

Mit den Typen von Durandi Rationale in 24 Zeilen auf einen halben Bogen gedruckt. Der Initial P ist eingeschrieben und am Schlusse steht: Collationata p me 3o Stube not. Sie beginnt:

Jus Epus feruus fuoz Dei. Dilectis filijs Capl'o ecclefie Maguntiñ . . . . .

(Imprimée sur nn demi-feuillet à 24 lignes avec les types de Durandi Rationale.)

Prit. J'oce

No. 517.

*Papft Pius II. Oulle an die Kapitelherren, Pröpfte etc. der Kirche und Diöces Mainz über die Entfetzung des Erzbifchofs Diether von Jfenburg.

(Bulle du pape Pie II. au chapitre de Mayence, relative à l'enlèvement de l'archevêque Diether d'Isembourg.)

Mit Durandi Rationale Typen in 18 Zeilen auf einen unbeschnittenen Bogen gedruckt. Der Initial **p** ist eingeschrieben und unter der 18. Zeile steht: **Cop collationata p me 30 Stube not.** Sie beginnt:

Jus Epũs feruus feruou dei. Dilectis filijs Uniuerfis Capitulis. . . . . .

(Un feuillet non-rogné, imprimé à 18 lignes avec les types de Durandi Rationale.)

Brit · mus

No. 518.

*Manifeft des Erzbifchofs Adolph von Naffau gegen Diether von Jfenburg.

(Manifeste de l'archevêque Adolphe de Nassau contre Diether d'Isembourg.)

Mit den Typen von Durandi Rationale in 58 Zeilen auf einen Bogen in Folio gedruckt. Der Initial **W** ist nicht eingeschrieben. Es beginnt:

pr haben vernũmẽ das Diether von Jfenberg der fich etliche / . . . . .

und schliesst:

Als wir / des cju uch befunder getruwen haben.

(Un feuillet en folio imprimé à 58 lignes avec les types de Durandi Rationale.)

Brit· Mus.

No. 519.

*Papſt Pius II. Sendbrief an alle Prälaten, Fürſten etc.,
die Miſſion des Cardinals Beſſarion und den
Türkenzehend betreffend.

*(Missive du pape Pie II. à tous les prélates, princes etc.
regardante la mission du cardinal Bessarion et les
décimes des Turcs.)*

Mit Durandi Rationale Typen in 28 Zeilen auf einen halben, oben
beschnittenen Bogen gedruckt. Der Initial P ist eingeschrieben und die
Unterschrift des Notar Stube hinzugefügt.

Es beginnt:

Jus Epüs feruus feruoꝛ dei Vniuerſis venerabilibꝫ fratrbꝫ. Ar-
chiepis......

und schliesst:

Anno.. Milleſimoquadringenteſimoſerageſimoprimo. pridie noñ. Septembris. Pötiſicatus noſtri Anno quarto.

*(Un feuillet imprimé à 28 lignes avec les types de Durandi
Rationale.)*

No. 520.

***Belial von Jacobus de Therama. Bamberg, Albrecht
Pfiſter. Ohne Jahr, Seitenzahlen, Signaturen
und Cuſtoden. 94 Blätter in Folio.

*(Belial par Jacques de Therama, imprimé par Albert Pfister à
Bamberg. Sans dates, signatures et réclames.
94 feuillets en folio.)*

Blatt 1 a: Von der zeit der gebonten vrteil.

Jede volle Seite enthält 28 Zeilen.

Von diesem höchst seltenen Drucke sind ausser vorliegendem, nur
noch zwei Exemplare bekannt: Eins im Besitze des Lord Spencer, dem
aber, wie sich aus vorliegendem Exemplare ergiebt, das erste Blatt
fehlt; das andere, von Sprenger in seinem Buche: Aelteste Buch-

Von zorn. / Von trauer. /

Von der iuden furfordrung fur das iungst gericht
mit irem aufzugen.

Der ersten furfordrung.

Der ersten furfordrung vnd am ersten die geistliche

Der verurdirten furßten furfodrung / prelaten.

Von den gemein lauten vnd ire aufzug.

wie man vor reu sol gröe einf brieff des aufpruchs

Belial kann gen helle mit seinem spruch brieff.

Moises kann zu ihesu mit seinem spruch brieff.

Von der zeit der gebornen vrteil.
Ein ander brieff zu einem andern richter von got.
Ein brieff von kunig iosaphat zu kunig salomon.
Ein dag brieff befials   Befials iśilisrir.
Ein brieff vñ des kindtergauñgs der sage vñ dem iúg-
ten gericht vnd vñ allen fundē wie sie geftrafft sint
vnd wie sie geftrafft werden.
Von hoffart. //   Von neidr. //   Dū rrhlzhrir.

druckergeschichte von Bamberg, Seite 28 No. 4 beschriebene, damals im Besitze des Prior Bonifacius in Würzburg, welches nur 90 Blätter enthielt und verlorengegangen zu sein scheint. Unser Exemplar, das einzig bekannte mit dem ersten Blatte, hat 91 Blätter, da die drei letzten fehlen. Von Blatt 24 ist die untere, rechte Ecke von 10 Zeilen bis über die Mitte weggerissen.

Die Typen sind dieselben, mit denen die 36zeilige Bibel von Gutenberg gedruckt wurde; der Belial ist noch seltener als diese 36zeilige Bibel.

Das Exemplar hat breiten, wenig beschnittenen Rand und ist sehr
gut erhalten.

(On ne connait que 2 exemplaires outre le présent et tous les trois sont incomplets. Le nôtre contient 91 feuillets, dont le coin inférieur de 10 lignes du 21e est déchiré. Il est le seul exemplaire connu avec le premier feuillet, dont un facsimile s'y trouve. Ce livre rarissime est imprimé avec les types employées par Gutenberg pour la Bible à 36 lignes, qui sont cependant déjà assez usées. L'exemplaire est peu rogné,
grand de marges et en bonne
conservation.)

No. 521.

Doctrinale. 26 Zeilen. In Quarto.

Ein Blatt, auf Pergament gedruckt, des von Holtrop in den Monumens typographiques, Livr. XI. Planche 61 im Facsimile gegebenen Doctrinale. Rechts misst die Höhe des Textes 6 Z. 6 L., links dagegen 6 Z. 7 L.

(Un feuillet imprimé sur peau de vélin du „Doctrinale" décrit chez
Holtrop, Monumens, livr. XI. pl. 61.)

No. 522.

*Johann Mentelin's Anzeige über die aus seiner Druckerei gegen 1470 erschienene Ausgabe von Joannis Asterani de Ast Summa de casibus conscientiae.

*(Avis de Jean Mentelin sur son édition parue vers 1470 de
l'ouvrage intitulé „Joannis Asterani de Ast Summa de
casibus conscientiae". Seul exemplaire connu!)*

17

No. 523.

*Peter Schoiffers Anzeige über die aus seiner Officin im
Jahre 1470 hervorgegangene Ausgabe von
Hieronymi Epiſtolae.

*(Avis de Pierre Schöffer sur son édition des lettres du St. Jérôme,
imprimée en 1470.)*

Diese interessante Anzeige, von welcher sich wohl kein zweites
Exemplar erhalten hat, ist in Folio mit den Typen der Bibel von 1462,
sowie der Ausgabe selbst von Hieronymi Epistolae 1470 gedruckt und
enthält 46 Zeilen.

(Cet avis intéressant et probablement unique est imprimé en folio
avec les types de la Bible de 1462 et des lettres du
St. Jérôme et contient 46 lignes.)

No. 524.

Joannis de Turrecremata Meditationes.   Romae, 1473.
Quarto oder klein Folio.

30 Blätter mit 33 Holzschnitten.   Das Exemplar ist in rothes Maroquin mit Goldschnitt gebunden.

(Relié en maroquin rouge, tranche dorée.)

No. 525.

*Paſſional van Jhefus vnd Marien leuende.   Mit Metall-
und Holzschnitten.   Lübeck, 1478.   Quart.   Ohne
Seitenzahlen, Signaturen und Cuſtoden.

Blatt 1 a: Hir heuel ſik an de nye Ee vnd' dat paf- / ſional van
Jhefus vnd' Marien leuende / ....

Blatt 306 b: .... / ghedrucket to Lubeke .. ... dusentveer-
hundert vnde in deeme / lroviij. jare. ....

306 Blätter. Blatt 11 fehlt und ist handschriftlich ergänzt, ebenso
ein Stück der unteren Hälfte des 94. Blattes bis zur 12. Zeile und in

Blatt 154 ist ein Moderloch, durch welches fünf Zeilen des Textes nicht mehr vollständig erhalten sind. In den Text sind 144 Bilder eingedruckt und zwar 25 Metallschnitte und 119 Holzschnitte. Dieser interessante Druck scheint allen Bibliographen unbekannt geblieben zu sein.

(306 feuillets dont ils manquent le 11° et un morceau de la moitié inférieure du 94°, qui sont refaits à la main. Le feuillet 154 a un trou par l'humidité qui a gâté 5 lignes du texte. Il y a dans ce livre 144 gravures dont 25 gravées sur métal et 119 sur bois.)

No. 528.

Joannis de Turrecremata Meditationes. Impreſſum per Johannem Numeiſter, 1479. Alein folio.

Blatt 1a. Metallschnitt, die Erschaffung der Thiere darstellend. Darunter: Meditationes Reuerendiſſimi patris / domini Johannis de Turrecremata Sa- / croſancte Romane ecclesie Cardinalis poſi / te et depicte de ipſius mandato in ecclesie / ambitu ſancte Marie de Minerua Rome

48 Blätter mit 34 Metallschnitten.

Blatt 48b, Zeile 7:

Contemplacôes ſupradicte per reueren / diſſimum patrem dominū Johannem / de Turrecremata . . . . .; impreſſe p iohannem numeiſter cleri- cum magnū / tinū Anno dñi Milleſimoquadringen- / teſimoſeptuageſimo- nono. . . . . .

Schönes Exemplar mit breitem Rande und einigen unbedeutenden Wurmstichen.

(48 feuillets avec 34 gravures sur métal. Bel exemplaire grand de marges, très-peu piqué de vers.)

No. 527.

Dat boeck vanden leuen ons liefs heren ihefu criſt' anderweruen gheprint. Mit Holzschnitten. Zwoll, Peter Os van Breda, 1515. (1495.) folio.

Blatt 1a: Dat boeck van den leuen ons liefs heren ihefu criſti an- derweruen gheprint. etc. 6 Zeilen. Darunter ein grosser Holzschnitt.

17*

Blatt 1 b beginnt das Inhaltsverzeichniss, welches 15 Seiten füllt.
Blatt I bis CCCXLVII Text. Schluss auf Blatt 347 a: ſ̣ ᴚoe ſꝳoll /
ghepꝛent bꝯ̈ mij Pelcr os van Oꝛeda mit / die ſelue litter ende figuren
daer ſij ᴚant / werpē eerſt mede ghepꝛent ſijn geweeſt ꝛc / Ᏻheeꝯ̈nt Ᏽnt
iaer ons heeren ᴀᴇᴇᴇᴇ / crv. den twint'chſten dach in nouembꝛi Deo
gracias. Hierunter zwei Wappenschilder.

Dieser Druck enthält 50 in Holzschnitt ausgeführte Copieen der
    Passion des Johann von Cöln. (Siehe No. 125.)

(347 feuillets avec 50 gravures sur bois, des copies d'après la
    la Passion de Jean de Cologne. Voir No. 125.)

No. 528.

Ᏻeures a luſaige de Reins. Paris, Philippe Pigoochet, 1502. Octav.

Bei Brunet, 5. Ed. Tom. 5, col. 1569.

Das Exemplar befindet sich noch im Originalbande von braunem
    Leder.

(Exemplaire dans sa reliure originale de veau brun.)

No. 529.

Die ghetijden van onſer lieuer vrouwen. Paris, Ᏼhielman Kerver, 1509. Octav.

Bei Brunet, 5. Ed. Tom. 5, col. 1616.

Sämmtliche Bilder sorgsam in Farben gemalt. Rothes Maroquin
    mit Goldschnitt.

(Exemplaire avec les gravures soigneusement coloriées et relié en
    maroquin rouge tranche dorée.)

No. 530.

Heures. Paris, Philippe Pigouchet, 1510. Octav.

Bei Brunet, 5. Ed. Tom. 5, col. 1569.

Exemplar auf Pergament gedruckt, die Initialen in Gold und
Farben gehöht.

(Exemplaire imprimé sur peau de vélin, les initiales rehaussées
d'or et de couleurs.)

No. 531.

Heures a lusaige de Rome. Paris, Gillet Hardouin,
1515. Quarto.

Bei Brunet, 5. Ed. Tom. 5, col. 1629.

Dieses auf Pergament gedruckte Exemplar hat Brunet unter
No. 215 angeführt. Der Titelholzschnitt ist in Farben
gemalt und die meisten Initialen mit Gold gehöht.

(Exemplaire imprimé sur peau de vélin; la gravure sur bois au
titre colorié et la plûpart des initiales rehaussées d'or.)

No. 532.

Heures. Paris, Gilles Hardouyn. 1520. Groß Octav.

88 Blätter mit 14 grossen Holzschnitten. Rothes Maroquin mit
Goldschnitt. Fehlt Brunet.

(88 feuillets avec 11 grandes gravures sur bois, relié en maroquin
rouge, tranche dorée. Edition non-mentionnée par
Brunet.)

No. 533.

𝕳𝖔𝖗𝖊 𝖇𝖊𝖆𝖙𝖎𝖋𝖋𝖎𝖒𝖊 𝖛𝖎𝖗𝖌𝖎𝖓𝖎𝖘 𝖒𝖆𝖗𝖎𝖊 𝖋𝖊𝖈𝖚𝖓𝖉𝖚 𝖔𝖋𝖚𝖒 𝖗𝖔𝖒𝖆𝖓𝖚𝖒.
𝖕𝖆𝖗𝖎𝖘, 𝕿𝖍𝖎𝖊𝖑𝖒𝖆𝖓 𝕶𝖊𝖗𝖛𝖊𝖗, 1522. 𝕲𝖗𝖔𝖘 𝕺𝖈𝖙𝖆𝖛.

Bei Brunet, 5. Ed. Vol. 5. col. 1623 No. 196.

Exemplar auf Pergament gedruckt, vortreflich erhalten und in
braunem Originallederbande mit Goldschnitt.

(Exemplaire magnifique imprimé sur peau de vélin et dans une
reliure originale en veau brun, avec la tranche dorée.)

REGISTER.

18

Leipzig, Druck von Hundertstund & Pries.

PREISLISTE

DER VERSTEIGERUNG

FRÜHESTER ERZEUGNISSE

DER

DRUCKERKUNST

DER

T. O. WEIGELSCHEN SAMMLUNG.

,

PRIX D'ADJUDICATION

DE LA VENTE PUBLIQUE

DE

PREMIÈRES PRODUCTIONS

DE L'ART D'IMPRIMER

DE LA COLLECTION

DE

M. T. O. WEIGEL.

LEIPZIG

27—29. MAI 1872.

Preisliste

der

Versteigerung

vom

27. Mai 1872.

No.		Thlr.	Ngr.	No.		Thlr.	Ngr.
1—10	. .	370	—	46	. . .	3	10
„ 11	. . .	1125	—	„ 47	. . .	3	15
„ 12	. . .	104	—	„ 48	. . .	20	—
„ 13	. . .	70	—	„ 49	. . .	130	—
„ 14	. . .	201	—	„ 50	. . .	73	—
„ 15	. . .	25	—	„ 51	. . .	130	—
„ 16	. . .	42	—	„ 52	. . .	125	—
„ 17	. . .	301	—	„ 53	. . .	31	—
„ 18	. . .	445	—	„ 54	. . .	6	—
„ 19	. . .	20	—	„ 55	. . .	42	—
„ 20	. . .	40	—	„ 56	. . .	50	—
„ 21	. . .	399	—	„ 57	. . .	11	—
„ 22	. . .	140	—	„ 58	. . .	10	—
„ 23	. . .	321	—	„ 59	. . .	23	—
„ 24	. . .	51	—	„ 60	. . .	8	—
„ 25	. . .	60	—	„ 61	. . .	50	—
„ 26	. . .	12	—	„ 62	. . .	140	—
„ 27	. . .	15	—	„ 63	. . .	36	—
„ 28	. . .	111	—	„ 64	. . .	22	—
„ 29	. . .	40	—	„ 65	. . .	6	—
„ 30	. . .	25	—	„ 66	. . .	8	15
„ 31	. . .	80	—	„ 67	. . .	50	10
„ 32	. . .	50	—	„ 68	. . .	45	—
„ 33	. . .	61	—	„ 69	. . .	264	—
„ 34	. . .	12	—	„ 70	. . .	114	—
„ 35	. . .	40	—	„ 71	. . .	105	—
„ 36	. . .	255	—	„ 72	. . .	110	—
„ 37	. . .	50	—	„ 73	. . .	50	—
„ 38	. . .	16	—	„ 74	. . .	42	—
„ 39	. . .	26	—	„ 75	. . .	34	—
„ 40	. . .	11	—	„ 76	. . .	3	—
„ 41	. . .	25	—	„ 77	. . .	48	—
„ 42	. . .	6	—	„ 78	. . .	10	—
„ 43	. . .	4	15	„ 79	. . .	28	—
„ 44	. . .	4	—	„ 80	. . .	140	—
„ 45	. . .	9	—	„ 81	. . .	150	—

No.	Thlr.	Ngr.	No.	Thlr.	Ngr.
82	20	—	130	1	—
83	10	—	131	3	15
84	7	—	132	3	15
85	70	—	133	10	—
86	90	10	134	50	—
87	62	—	135	6	20
88	50	—	136	45	—
89	30	10	137	15	—
90	25	—	138	8	—
91	83	—	139	5	—
92	20	—	140	2	—
93	70	—	141	3	5
94	55	—	142	3	—
95	40	—	143	5	5
96	35	—	144	10	—
97	11	—	145	2	—
98	4	10	146	4	—
99	4	—	147	56	10
100	71	5	148	15	—
101	8	5	149	10	25
102	15	15	150	8	5
103	51	—	151	51	15
104	10	—	152	30	—
105	25	10	153	4	—
106	60	5	154	4	—
107	10	—	155	1	25
108	7	15	156	2	20
109	910	—	157	3	25
110	50	—	158	2	20
111	60	—	159	3	25
112	196	—	160	4	10
113	110	—	161	5	10
114	45	—	162	8	—
115	21	—	163—166 · zu 191 ·		
116	3	20	167	1	—
117	2	15	168	13	—
118	4	10	169	5	—
119	4	5	170	201	—
120	6	—	171	8	15
121	5	—	172	8	—
122	20	—	173	3	—
123	25	15	174	3	—
124	15	5	175	10	—
125	9	10	176	2	—
126	3	—	177	4	—
127	3	—	178	4	—
128	5	—	179	25	20
129	6	5			

No.		Thlr.	Ngr.	No.		Thlr.	Ngr.
180	. . .	30	10	227	. . .	2	—
181	. . .	120	—	228	. . .	13	—
182	. . .	92	5	229	. . .	12	—
183	. . .	95	5	230	. . .	2	—
184	. . .	75	10	231	. . .	6	20
185	. . .	40	15	232	. . .	2	10
186	. . .	91	—	233	. . .	7150	—
187	. . .	40	—	234	. . .	10	—
188	. . .	51	10	235	. . .	1200	—
189	. . .	18	—	236	. . .	1245	—
190	. . .	101	—	237	. . .	201	—
191	. . .	50	—	238	. . .	40	—
192	. . .	2	20	239	. . .	141	—
193	. . .	21	—	240	. . .	20	15
194 mit 163—166		30	—	241	. . .	100	15
195	. . .	10	—	242	. . .	45	—
196	. . .	40	—	243	. . .	103	10
197	. . .	3	—	244	. . .	95	—
198	. . .	3	—	245	. . .	74	—
199	. . .	135	—	246	. . .	66	—
200	. . .	18	—	247	. . .	71	—
201	. . .	6	5	248	. . .	54	—
202	. . .	9	15	249	. . .	16	—
203	. . .	5	25	250	. . .	22	—
204	. . .	6	—	251	. . .	90	15
205	. . .	50	—	252	. . .	350	—
206	. . .	50	10	253	. . .	3310	—
207	. . .	40	—	254	. . .	21	5
208	. . .	20	—	255	. . .	60	—
209	. . .	10	15	256	. . .	12	—
210	. . .	2	—	257	. . .	19	—
211	. . .	10	5	258	. . .	13	15
212	. . .	15	—	259	. . .	13	—
213	. . .	10	—	260	. . .	1605	—
214	. . .	1	20	261	. . .	10	—
215	. . .	17	—	262	. . .	35	5
216	. . .	5	—	263	. . .	220	—
217	. . .	6	—	264	. . .	24	10
218	. . .	3	—	265	. . .	235	-
219	. . .	5	25	266	. . .	100	—
220	. . .	20	5	267	. . .	71	—
221	. . .	4	—	268	. . .	620	—
222	. . .	12	—	269	. . .	2360	—
223	. . .	15	—	270	. . .	40	—
224	. . .	2	20	271	. . .	31	15
225	. . .	2	15	272	. . .	2001	—
226	. . .	16	5	273	. . .	201	—
				274	. . .	71	—

No.		Thlr.		Ngr.	No.		Thlr.		Ngr.
275	41	Thlr.	—	Ngr.	323	71	Thlr.	—	Ngr.
276	20	„	10	„	324	30	„	—	„
277	24	„	15	„	325	300	„	—	„
278	215	„	—	„	326	151	„	—	„
279	91	„	—	„	327	223	„	—	„
280	100	„	—	„	328	300	„	—	„
281	1502	„	—	„	329	100	„	—	„
282	20	„	—	„	330	70	„	—	„
283	51	„	—	„	331	47	„	—	„
284	100	„	—	„	332	24	„	15	„
285	51	„	—	„	333	23	„	—	„
286	25	„	10	„	334	30	„	15	„
287	40	„	10	„	335	51	„	—	„
288	120	„	—	„	336	300	„	—	„
289	22	„	15	„	337	152	„	—	„
290	70	„	—	„	338	250	„	—	„
291	37	„	10	„	339	31	„	—	„
292	5	„	—	„	340	60	„	—	„
293	26	„	—	„	341	18	„	—	„
294	19	„	10	„	342	7	„	—	„
295	30	„	10	„	343	15	„	—	„
296	510	„	—	„	344	15	„	—	„
297	800	„	—	„	345	72	„	—	„
298	30	„	10	„	346	188	„	10	„
299	100	„	10	„	347	181	„	—	„
300	20	„	10	„	348	15	„	—	„
301	18	„	—	„	349	30	„	—	„
302	13	„	—	„	350	10	„	—	„
303	16	„	—	„	351	20	„	—	„
304	22	„	—	„	352	250	„	—	„
305	15	„	—	„	353	15	„	—	„
306	100	„	—	„	354	10	„	—	„
307	7	„	5	„	355	170	„	—	„
308	50	„	—	„	356	13	„	—	„
309	20	„	10	„	357	505	„	—	„
310	30	„	10	„	358	161	„	—	„
311	8	„	—	„	359	100	„	—	„
312	12	„	10	„	360	50	„	—	„
313	205	„	—	„	361	106	„	—	„
314	220	„	—	„	362	75	„	10	„
315	4	„	—	„	363	162	„	—	„
316	50	„	10	„	364	70	„	—	„
317	1800	„	—	„	365	395	„	—	„
318	1650	„	—	„	366	215	„	—	„
319	300	„	—	„	367	15	„	—	„
320	60	„	—	„	368	65	„	—	„
321	705	„	—	„	369	16	„	—	„
322	119	„	—	„	370	8	„	—	„

No.	Thlr.	Ngr.	No.	Thlr.	Ngr.
371	15	—	419 ⎫		
372	20	10	420 ⎬	1745	—
373	19	10	421 ⎭		
374	13	—	422	8	10
375	12	10	423	1505	—
376	210	—	424	2100	—
377	10	—	425	2100	—
378	25	—	426	408	—
379	22	15	427	665	—
380	12	—	428	320	—
381	8	—	429	560	—
382	50	—	430	125	10
383	8	—	431	506	—
384	20	—	432	61	—
385	40	10	433	10	—
386	45	—	434	8	—
387	160	—	435	8	—
388	12	15	436	4	—
389	10	—	437	59	—
390	10	—	438	24	—
391	6	—	439	25	—
392	30	—	440	10	—
393	60	10	441	10	—
394	8	—	442	5	—
395	8	—	443	20	—
396	12	—	444	6	—
397	50	—	445	1155	—
398	60	—	446	55	15
399	149	—	447	6	—
400	70	—	448	3	—
401	551	—	449	5	—
402	66	—	450	13	—
403	5	15	451	3	—
404	11	5	452	60	—
405	35	—	453	2	—
406	3950	—	454	50	—
407	320	—	455	6	—
408	120	—	456	7	—
409	305	—	457	1	—
410	605	—	458	5	—
411	1506	—	459	4	—
412	12	10	460	3	—
413	2800	—	461	6	—
414	1040	—	462	7	15
415	400	—	463	1	—
416	60	—	464	1	—
417	405	—	465	1	—
418	30	15	466	2	—

No.		Thlr.		Ngr.	No.		Thlr.		Ngr.
467	. . .	8	Thlr.	5 Ngr.	501	. . .	68	Thlr.	— Ngr.
468	. . .	3	,,	— ,,	502	. . .	16	,,	— ,,
469	. . .	50	,,	— ,,	503	. . .	19	,,	5 ,,
470	. . .	1	,,	— ,,	504	. . .	30	,,	— ,,
471	. . .	1	,,	— ,,	505	. . .	21	,,	10 ,,
472	. . .	10	,,	10 ,,	506	. . .	2	,,	— ,,
473	. . .	—	,,	15 ,,	507	. . .	17	,,	5 ,,
474	. . .	2	,,	— ,,	508	. . .	12	,,	— ,,
475	. . .	3	,,	5 ,,	509	. . .	58	,,	— ,,
476	. . .	92	,,	— ,,	510	. . .	40	,,	— ,,
477	. . .	50	,,	— ,,	511	. . .	21	,,	— ,,
478	. . .	106	,,	— ,,	512	. . .	121	,,	— ,,
479	. . .	59	,,	— ,,	513	. . .	200	,,	— ,,
480	. . .	1	,,	— ,,	514	. . .	170	,,	10 ,,
481	. . .	5	,,	5 ,,	515	. . .	175	,,	10 ,,
482	. . .	3	,,	— ,,	516	. . .	130	,,	10 ,,
483	. . .	305	,,	— ,,	517	. . .	160	,,	10 ,,
484	. . .	86	,,	— ,,	518	. . .	150	,,	10 ,,
485	. . .	6	,,	— ,,	519	. . .	160	,,	10 ,,
486	. . .	12	,,	— ,,	520	. . .	2320	,,	— ,,
487	. . .	25	,,	— ,,	521	. . .	40	,,	5 ,,
488	. . .	6	,,	10 ,,	522	. . .	100	,,	— ,,
489	. . .	200	,,	— ,,	523	. . .	100	,,	— ,,
490	. . .	50	,,	10 ,,	524	. . .	300	,,	— ,,
491	. . .	60	,,	— ,,	525	. . .	100	,,	10 ,,
492	. . .	60	,,	— ,,	526	. . .	300	,,	— ,,
493	. . .	116	,,	— ,,	527	. . .	175	,,	— ,,
494	. . .	30	,,	— ,,	528	. . .	281	,,	— ,,
495	. . .	51	,,	— ,,	529	. . .	72	,,	— ,,
496	. . .	5	,,	12 ,,	530	. . .	200	,,	— ,,
497	. . .	356	,,	10 ,,	531	. . .	177	,,	— ,,
498	. . .	31	,,	— ,,	532	. . .	71	,,	— ,,
499	. . .	4	,,	— ,,	533	. . .	491	,,	— ,,
500	. . .	3	,,	20 ,,					

Gesammterlös
Somme totale } Thlr. 81992. 12 Ngr.

Druck von Hundertstund & Pries in Leipzig.